Diseño editorial
Imagen gráfica / maquetación / portada
Juan Esteve Galvañ

Imprenta
BoD

ISBN
978-84-1373-1629

Editorial:
BoD · Books on Demand GmbH, In de Tarpen 42,
22848 Norderstedt (Alemania)

Impresión:
Libri Plureos GmbH, Friedensallee 273,
22763 Hamburg (Alemania)

AGRADECIMIENTOS:

Nada de todo esto hubiese sido posible sin mi padre MIGUEL.

Él siempre nos ha enseñado que con humildad, esfuerzo, amor por la naturaleza, respeto por los demás, sacrificio para conseguir objetivos y con constancia todo es posible, hasta escalar la montaña mas grande.

GRACIAS PAPÁ

Quiero agradecer a mi mujer Ari y a mis hijos Juan Miguel, Nerea y Alma el haberme acompañado, ayudado y soportado en esta locura y pasión que siento por la Montaña y la naturaleza.

Tambien al resto de la familia que siempre está a mi lado apoyandome y animandome en cada uno de mis proyectos.

Y como no ha esos dos angeles de la guarda, (Mi madre y mi hermana) que están todos los días a mi lado, ayudándome, dándome fuerzas y acompañándome en todas mis locuras.

GRACIAS FAMILIA

Y por último, quiero agradecer a todas esas personas que han querido aprender a mi lado, que me han acompañado o he acompañdo en las aventuras de empresa o deportivas que he realizado y decirles que juntos hemos crecido como profesionales, como deportistas y como personas.

GRACIAS COMPAÑEROS

FSC
www.fsc.org
MIXTO
Papel procedente de fuentes responsables
Paper from responsible sources
FSC® C105338

INDICE

CONTENIDOS **núm. pág**

PROLOGO DEL AUTOR:

Este Libro-Temario para el Certificado de Profesionalidad de Guía por Barrancos secos y acuáticos es un programa formativo diseñado para capacitar a profesionales en la conducción de grupos por barrancos con todo tipo de dificutad. Este temario aborda una amplia variedad de temas esenciales para el ejercicio de esta profesión, combinando conocimientos teóricos y habilidades prácticas.

En primer lugar, se profundiza en los aspectos geográficos y geológicos de las áreas de la montaña para poder afrontar aproximaciones y retornos, así como planificar nuevas aperturas en expediciones. Se estudian las características específicas de estos entornos, incluyendo la flora y fauna local, así como los fenómenos climáticos y la geología de la región. Este conocimiento proporciona la base para entender los riesgos naturales y facilita la planificación segura de itinerarios de aproximación y retorno.

La seguridad es un componente central en el temario. Se examinan los protocolos de actuación en situaciones de emergencia, el uso de equipos de protección y las técnicas de rescate en barrancos. Además, se aborda la interpretación de mapas y la orientación con brújula, habilidades esenciales para guiar grupos de manera efectiva y segura.

En el ámbito de la planificación, se enseñan técnicas para diseñar itinerarios adecuados a diferentes niveles de habilidad y condición física de los participantes. También se aborda la gestión de grupos, comunicación efectiva y la resolución de posibles conflictos que puedan surgir durante la travesía.

La formación incluye aspectos relacionados con la sostenibilidad y el respeto al medio ambiente. Se fomenta la educación ambiental, promoviendo prácticas responsables que minimicen el impacto humano en los ecosistemas montañosos y en los rios.

En el ámbito técnico, se instruye sobre el manejo de cuerdas y técnicas de progresión por barrancos con todo tipo de dificultades. Estas habilidades son cruciales para superar obstáculos y garantizar la seguridad del grupo en terrenos más exigentes.

Finalmente, se dedica atención a la normativa y regulaciones vigentes relacionadas con la actividad de guía de barrancos. Esto incluye aspectos legales, responsabilidades del guía y requisitos para obtener licencias y permisos necesarios.

En resumen, este Libro-temario del Certificado de Profesionalidad de Guía por Barrancos secos y acuáticos ofrece una formación integral que combina una buena formación teórica y 30 salidas formativas, entre montaña y barrancos, por la geofrafía de la Comunidad Valenciana.

Este temario no incluye el módulo sobre primeros auxilios.

UF2879

Entorno baja/media montaña, cartografía, conservación, meteorología y orientación

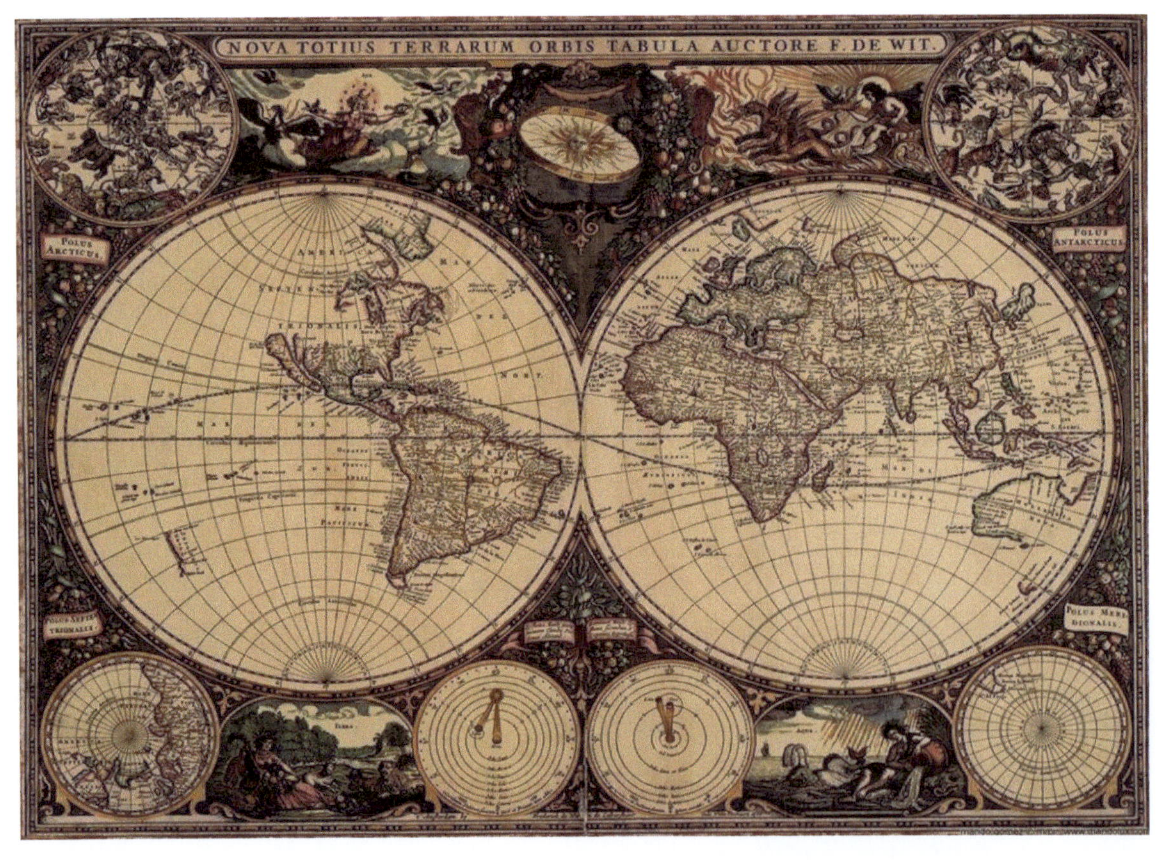

Los mapas

Concepto de mapa

Un mapa es una representación a escala y sobre un plano, de una parte de la superficie terrestre. Contiene detalles que representan los elementos de la realidad.

Tipos de mapas

- Múltiples: incluyen información variada de relieves, límites, comunicaciones, poblaciones, etc. Aquí se incluyen los
mapas topográficos, los que más se ajustan a las necesidades de desplazamiento en montaña
- Temáticos: solo representan una categoría de datos, como los meteorológicos, demográficos, etc.

¿Cómo se hacen los mapas?

- Para confeccionar un mapa se realiza primero una fotografía aérea
- Se traza la altimetría, representación del relieve mediante las curvas de nivel.
- Se realiza la planimetría, representación en dos dimensiones de los elementos del paisaje (ríos, poblaciones, carreteras...)
- Se completa con revisiones de campo (se incorpora la toponimia

La cartografía en España

- La Cartografía en España depende de dos organismos públicos:
    • Instituto Geográfico Nacional (IGN), fundado en 1870 con la misión de realizar el mapa topográfico de toda España a escala 1:50.000.
    • El Servicio Geográfico del Ejército (SGE), que aunque inició sus trabajos en 1810, no se constituyó como Servicio hasta 1939
    • Estos dos organismos editan el Mapa Topográfico Nacional, a escala 1:50.000, que consta de 1.130 hojas.
    • Cada mapa 1:50.000 contiene a su vez 4 mapas 1:25.000
    • Existen editoriales que realizan mapas especialmente pensados para excursionistas de montaña, con tintas hipsométricas y sombreados característicos para resaltar el relieve (suelen utilizar escalas de 1:25.000 y 1:40.000)

Partes de un mapa

- Las partes que debe tener son:
    • Campo: representación del territorio a escala (mapa propiamente dicho)
    • Marco: sistemas de referencia empleados (separa el campo del margen). Coordenadas geográficos y UTM
    • Margen: información anexa para su interpretación (declinación magnética, equidistancia, escala, leyenda...)
    • Reverso: numeración del mapa, datos estadísticos...

Elementos de un mapa

- La escala

• Concepto: proporción entre la realidad y su representación en el mapa:

• Escala numérica: definida por una fracción o relación numérica. (ejemplos: 1:500, 1:10.000, 1:25.000, 1:50.000, 1:100.000, etc...)

• ¿Qué significan estos números? El primero es una unidad (cm, dm, metro...) en el mapa y, el segundo, son unidades en la realidad.

• En el caso de una escala:

1:25.000– 1cm=250 m. ó 4cm=1km

1:50.000– 1cm=500 m. ó 2cm=1km

• Escala gráfica: segmento subdividido o graduado según la realidad. Es decir, de una forma rápida podemos visualizar distancias reales en el mapa, transportado esta escala a cualquier parte del mismo.

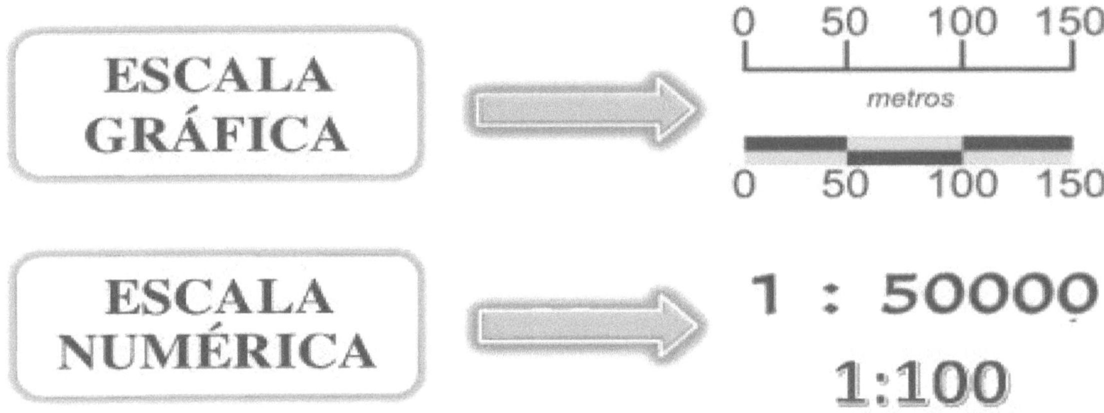

Mapas según escala:

• Gran escala: son aquellos en los que se representa un terreno de poca extensión pero con mucho detalle, es decir, son muy precisos.

Ejemplos: 1:100 se puede utilizar para planos de un edificio; 1:500 para una zona urbana...

• Pequeña escala: representan terrenos de gran extensión con menos detalle.

Ejemplos: 1:200.000, para comunidades autónomos, 1:1.000.000 para todo territorio español.

- La leyenda

La constituyen los signos y símbolos convencionales que representan los elementos reales del terreno:

• Color rojo: obras (poblaciones, líneas eléctricas, carreteras – pueden ser verdes o amarillo si son comarcales o locales-)

• Color marrón: movimiento de tierras (incluidas curvas de nivel)

• Color azul: agua y obras hidráulicas

• Color verde: elemento vegetal

• Color negro: elemento industrial o administrativo (ferrocarril, caminos, límites de terreno...)

Tambien existen los códigos de uso del suelo

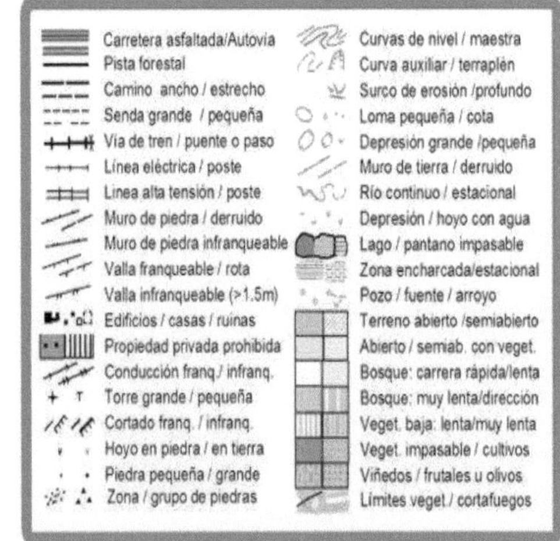

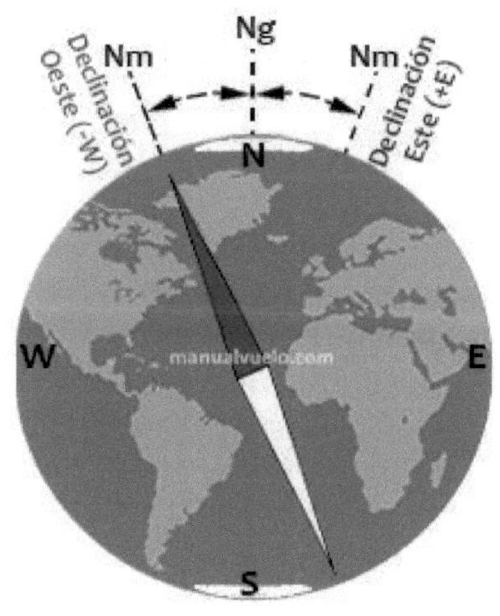

Fig.296 - Declinación.

Nortes de un mapa y datos magnéticos:

-Nortes de un mapa

Existen tres nortes:

*Norte geográfico:

el que está definido por el eje de rotación de la tierra: los mapas tienen su parte superior orientada hacia este norte.

*Norte magnético:

se utiliza para algunas mediciones geodésicas y es el que nos marca una brújula.

*Norte de cuadrícula (o de mapa):

es el derivado de los sistemas de proyección utilizados para confeccionar mapas. En nuestro campo es muy útil, puesto que siempre nos indica el norte y con una mera acción supoerficial de orientación visual podemos localizar el norte.

Declinación magnética

- Es el ángulo formado entre el norte geográfico y norte magnético (se representa con la letra griega delta: "δ") El ángulo formado por el norte geográfico y el norte de cuadrícula se denomina convergencia de cuadrícula y se representa con la letra griega omega: "ω"

Datos magnéticos

- Incluye los datos de declinación para el centro de la hoja y un gráfico con las direcciones del norte magnético, norte geográfico y norte de cuadrícula.

Variación de la declinación

- La declinación magnética varía en función del magnetismo terrestre. Según el lugar del planeta donde nos encontremos, la declinación puede ser oeste (occidental), nula o este (oriental). La declinación magnética en España es Oeste.

- En ciertas actividades (navegación, largas travesías por espacios sin muchas referencias como desiertos o el polo), es necesario calcular la declinación actual para no apartarse mucho de la ruta

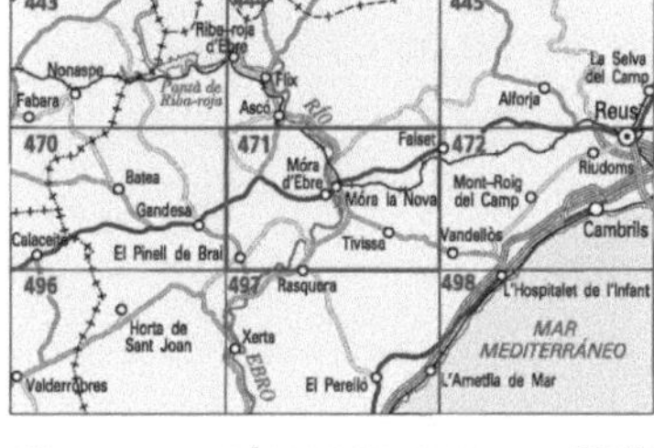

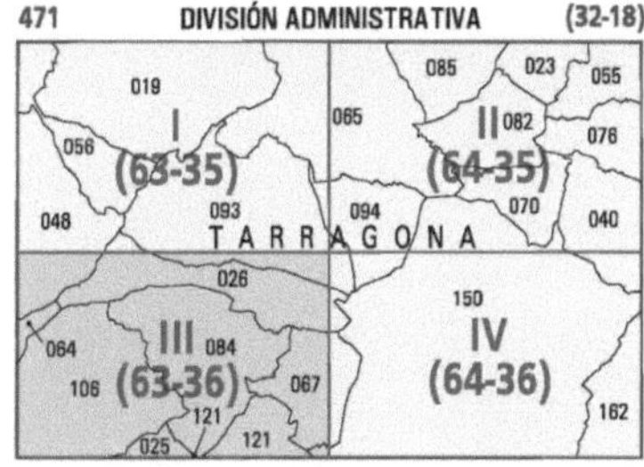

Designación y distribución de las hojas topográficas

- Viene dada por:

* Designación nominal: nombre de la población más importante o, si no existe, accidente geográfico

* Designación numérica: un número para los mapas de 1:50.000 y un número más el cuadrante correspondiente en números romanos (I,II,III,IV) para los de 1:25.000.

Interpretación de mapas

- Curvas de nivel

* Concepto

Línea imaginaria en el terreno que contiene puntos con la misma altura y que se plasma de forma real en el mapa (=isohipsas)

Podemos imaginar que cortamos el terreno en una serie de planos horizontales a igual distancia unos de otros. El contacto de estos planos y el terreno determina una línea curva que se pasa al papel.

* Reglas que deben cumplir las curvas de nivel:

º Todas las curvas de nivel son cerradas

º Las curvas de nivel no se cortan, bifurcan ni se juntan (salvo excepciones)

º Las curvas de nivel cerradas tienen una cota mayor que las que las rodean (con excepción de hoyas, depresiones...)

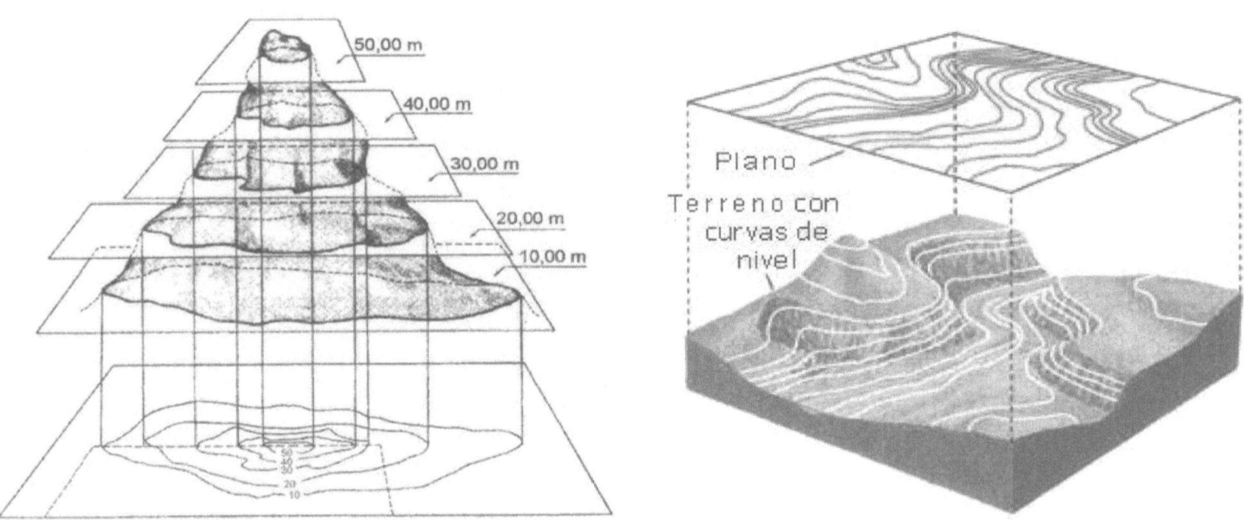

* Tipos de curvas de nivel

Convencionales: se representan en color marrón.

Maestras o directoras: trazo más grueso y sustituyen a una convencional cada cinco de estas.

Auxiliares: entre dos curvas de nivel convencionales. Es discontinua y equidistante de estas y se usa cuando queremos dar más información

* Equidistancia de las curvas de nivel

- Es la diferencia de altura entre dos curvas consecutivas, constante dentro de cada mapa.
- En mapas 1:50.000 es de 20 metros y en los de 1:25.000 es de 10 metros
- Por el espacio que hay entre dichas curvas (y no por la equidistancia), podremos deducir:
- Cuando están muy juntas el terreno tiene gran inclinación (pendiente)
- Si están muy separadas, la pendiente es menor

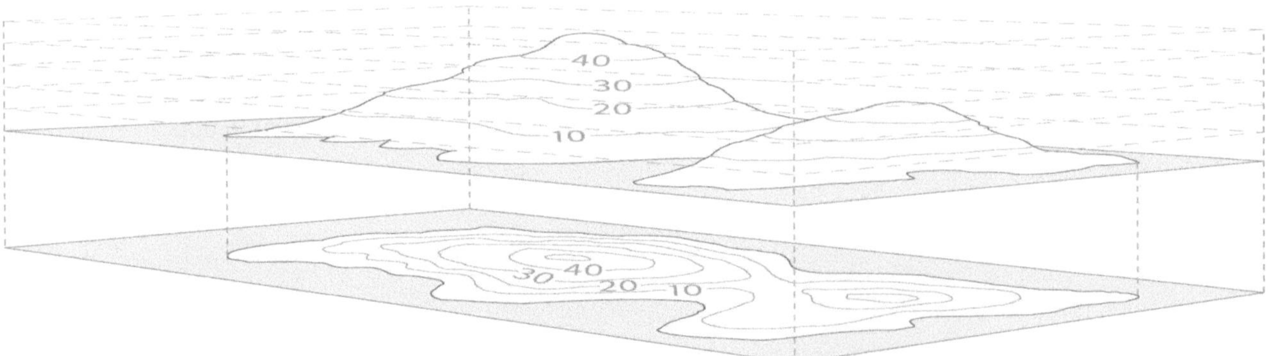

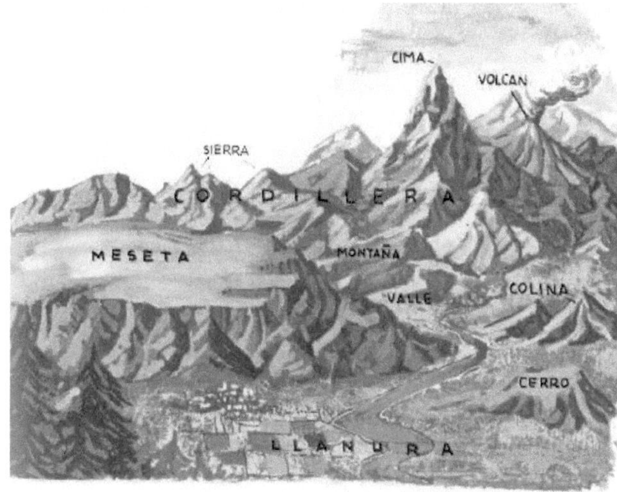

Elementos importantes del relieve.

- "Cima" y "llanura"

* Concepto de Cima: Cumbre o altura superior de un monte.

º Se representa con un punto o triángulo (si es vértice geodésico) dentro de curvas concéntricas englobadas en otras de menor altitud.

º A menor escala son también colinas, montículos o cota.

* Concepto de Llanura: zonas de mínima pendiente. Las curvas de nivel están muy separadas

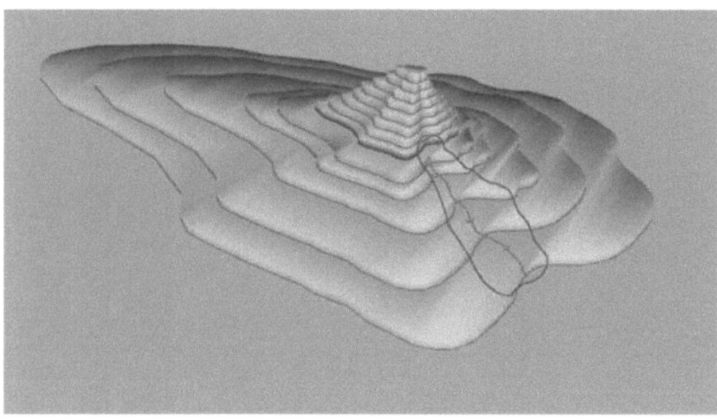
dibujo de una ladera

"Depresión"

- Zona más baja que lo que lo rodea.
- Se representa con curvas concéntricas englobadas en otras de mayor altitud.
- A menor escala forman hoyas, fosos, agujeros...

"Ladera"

- Declive de un monte por alguno de sus costados.
- Se representa con curvas aproximadamente equidistantes, rectilíneas y paralelas
- También se define como la superficie que une la divisoria con la vaguada.

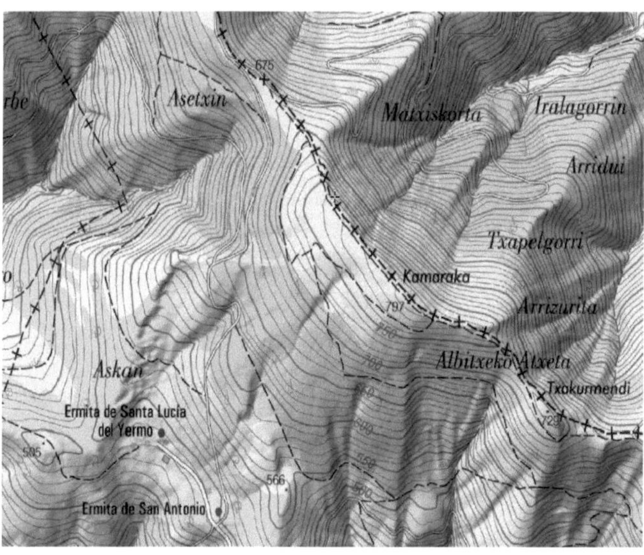

"Vaguada" y "divisoria"

- Línea que señala la parte más honda de un valle o el camino que siguen las aguas corriente abajo.

- Se representa como la sucesión de los puntos de máxima curvatura de las curvas de nivel, es decir, donde hacen un cambio fuerte de dirección.

- Estas curvaturas apuntan hacia la cota más alta
- Suelen ser arroyos, gargantas...

La Divisoria es la Línea que separa las direcciones hacia donde caen las aguas.

- Se representan igual que las vaguadas pero con la curvatura apuntando hacia cotas bajas
- Suelen ser crestas, espolones, salientes...

"Collado"
- Zona deprimida entre dos colinas.
- Es el punto de encuentro entre dos divisorias y dos vaguadas
- Si existe vía de comunicación se denomina también puerto de montaña. Si caminamos en direcciones opuestas se asciende y perpendicularmente se desciende.

JUGUEMOS A ENLAZAR

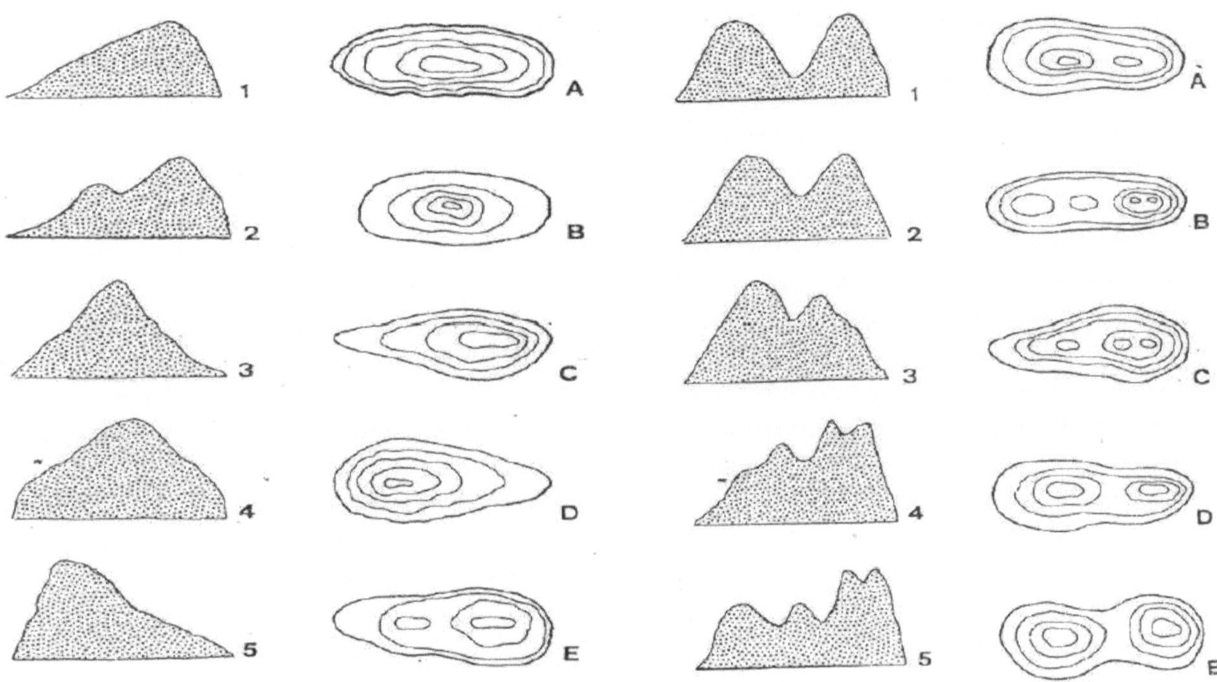

Distancias y Pendientes

Tipos de distancias

- La distancia real o natural solo es posible conocerla con exactitud con mediciones sobre el propio terreno.
- Distancia reducida: es la que medimos sobre el plano sin tener en cuenta desniveles. Sabiendo la escala del mapa, podemos medir la distancia con un cordel, una regla o un curvímetro.
- Distancia geométrica: es aquella que se mide sobre el plano teniendo en cuenta los desniveles.

- Método numérico: utilizando el teorema de Pitágoras

La suma del cuadrado de los catetos es igual al cuadrado de la hipotenusa, o lo que es lo mismo, la hipotenusa es igual a la raíz cuadrada de la suma de los catetos.

-Método gráfico: colocar una línea horizontal y otra vertical formando un ángulo recto. Trasladar la distancia reducida a la línea horizontal y el desnivel a la vertical. Unir con una línea (hipotenusa) y medir. Calcular según escala.

TEOREMA DE PITÁGORAS

A
HIPOTENUSA
CATETO
B
CATETO
C

$$(\text{CATETO})^2 + (\text{CATETO})^2 = (\text{HIPOTENUSA})^2$$

5 4 3
12 5 13
21 29 20

Ejercicio:

Busca dos puntos en tu mapa topógrafico y realiza este mismo ejercicio.

Realizalo varias veces hasta que lo tengas automátizado.

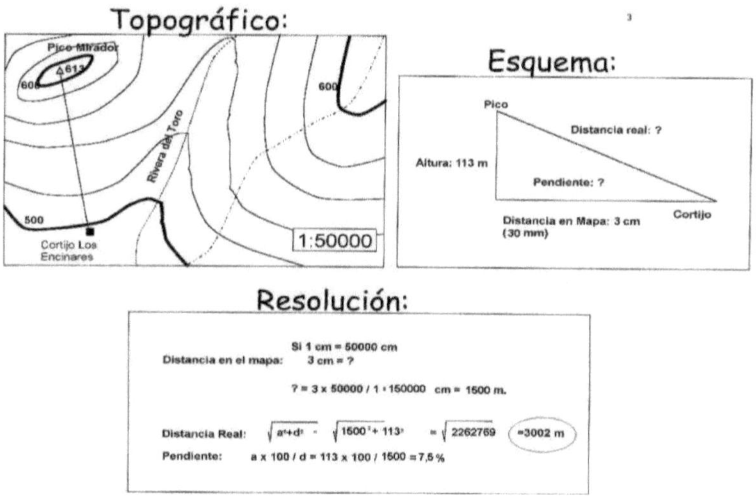

La pendiente.

- Es la inclinación del terreno y con mayor exactitud es la relación que existe entre la distancia recorrida y la altura ascendida al recorrerla.
- Las curvas de nivel nos dan información rápida y aproximada de la dificultad de la pendiente.
- ¿Cómo puede saberse el sentido de la pendiente?

    Por el sombreado de los planos

    Por los arroyos cercanos

    Por las tintas hipsométricas (blanco, marrones, verde, amarillos...)

    Por la altitud señalada en las curvas de nivel

    Por cotas o cimas cercanas

Se puede expresar de dos formas: en porcentaje (para desniveles suaves) y en grados sexagesimales (para pendientes fuertes)

CALCULO EN PORCENTAJE

Para calcular la pendiente de una rampa, de un terreno o de una cubierta necesitamos conocer dos datos: la distancia de la pendiente y la altura de la pendiente. Conocidos estos dos datos, habría que aplicar la siguiente formula para calcular la pendiente en tanto por ciento:

Pendiente (%) = (altura / distancia) x 100

CALCULO EN GRADOS

La longitud de la pendiente se calcula gracias al teorema de Pitágoras. Este teorema consiste en calcular la raíz cuadrada de la suma del cuadrado de la longitud y del cuadrado de la altura.

Es decir: Longitud de la pendiente = Raíz cuadrada ((longitud x longitud) + (ancho x ancho))

TABLA DE CONVERSIÓN DE PENDIENTES

Pendiente en Grados	Pendiente en %	Pendiente en Grados	Pendiente en %
0	0		
1	1,75	46	103,6
2	3,49	47	107,2
3	5,24	48	111,1
4	6,99	49	115
5	8,75	50	119,2
6	10,51	51	123,5
7	12,28	52	128
8	14.05	53	132,7
9	15,84	54	137,6
10	17,63	55	142,8
11	19,44	56	148,3
12	21,26	57	154
13	23,09	58	160
14	24,93	59	166,4
15	26,79	60	173,2
16	28,67	61	180,4
17	30,57	62	188,1
18	32,49	63	196,3
19	34,43	64	205
20	36,4	65	214,5
21	38,39	66	224,6
22	40,4	67	235,6
23	42,45	68	247,5
24	44,52	69	260,5
25	46,63	70	274,7
26	48,8	71	290,4
27	50,95	72	307,8
28	53,17	73	327,1
29	55,43	74	348,7
30	57,74	75	373,2
31	60,09	76	401,1
32	62,49	77	433,1
33	64,94	78	470,5
34	67,45	79	514,5
35	70,02	80	567,1
36	72,65	81	631,4
37	75,36	82	711,5
38	78,13	83	814,4
39	80,98	84	951,4
40	83,91	85	1143
41	86,93	86	1430
42	90,04	87	1908
43	93,25	88	2864
44	96,57	89	5729
45	100	90	infinito

Relación entre pendiente y dificultad de una ruta en la montaña

Pendiente (%)	Angulo (Q)	Decripción
0	0	Terreno Llano
3'5	2	Leve inclinación.
5	3	Máxima en vías férreas.
9	5	Pendientes grandes en carreteras generales
14	8	Pendiente fuerte en carreteras de montaña
21	12	Pendientes muy fuertes en carreteras de montaña
30	17	Cuestas fuertes en pistas forestales
50	27	Típica en senderos de montaña
70	35	Pendientes de montaña fuertes
100	45	Pendientes muy fuertes. ocasionalmente se necesitaran las manos. Con nieve, equipo de alpinismo (piolet y crampones).
173	60	Requiere atención. Hay que trepar por terrenos rocosos. Puede requerir uso de cuerda. Con nieve se requerirá equipo de alpinismo.
373	75	Requiere técnicas de escalada.
inf	90	Pared vertical, sólo superable con técnicas de escalada de dificultad.

Trazado de rutas y perfiles

Trazado de rutas.
Existen diferentes formas de trazar una ruta en un mapa. Hay métodos avanzados en los que mediante un GPS la ruta queda trazada automáticamente, y otros que están más a nuestro alcance.

Uno de ellos es utilizar el procesador de textos de word y utilizando la barra de dibujo. Muy útil para trazar rutas en mapas topográficos previamente guardados en el ordenador.

Para ubicar zonas más amplias o visualizar el acercamiento al inicio de la ruta, podemos utilizar el programa Google earth.

Nosotros en esta formacion vamos a trabajar con BaseCamp de Garmin. Lo puedes descargar directamente desde su página web https://www.garmin.com/es-ES/software/basecamp/

Perfiles topográficos
- Es un gráfico en el que se representa a "escala" un corte transversal del relieve en una determinada dirección según el recorrido a realizar.
- Para su representación se utilizan dos ejes perpendiculares:
  *en el horizontal se anota la distancia
  *en el vertical la altitud
- Nos puede ayudar a:
  *Comprender mejor la orografía del trayecto
  *Facilitar los cálculos de tiempos en función de las subidas y bajadas del recorrido

Trazado de perfiles

Igualmente existen diversas formas de obtener perfiles del trazado de una ruta:

- El GPS nos lo dará directamente.
- Con el ordenador, utilizando la hoja de cálculo excel, e introduciendo distancias y altitudes, se pueden obtener perfiles bastante significativos y visualmente muy buenos.
- También existe la posibilidad de trazar perfiles a mano, útil para preparar rutas desconocidas sobre un mapa o para aprender los conceptos básicos de los mismos (o también cuando no se dispone de ordenador)

Elaboración de un perfil a mano:

Paso 1:

- Trazar sobre el mapa una línea, línea de perfil, en la zona cuyo perfil queremos conocer.

Paso 2:

- Tomar un papel milimetrado, de longitud ligeramente mayor a la del correspondiente perfil. Se coloca encima del mapa haciendo coincidir el borde del papel con la línea de perfil. Se anotan y marcan sobre el papel milimetrado todas las cotas de nivel que cortan a la línea de perfil.

Paso 3:

- Trazamos en el papel un eje vertical donde, a escala, representaremos la altura. En este eje se marcan los puntos correspondientes a las cotas que hemos obtenido del mapa. Proyectamos los valores de distancia horizontal y vertical. Los puntos así hallados pertenecen a la línea de perfil.

Paso 4:

- Unimos, al fin, todos los puntos trazados y obtendremos así la silueta de nuestro perfil.

Ejemplos:

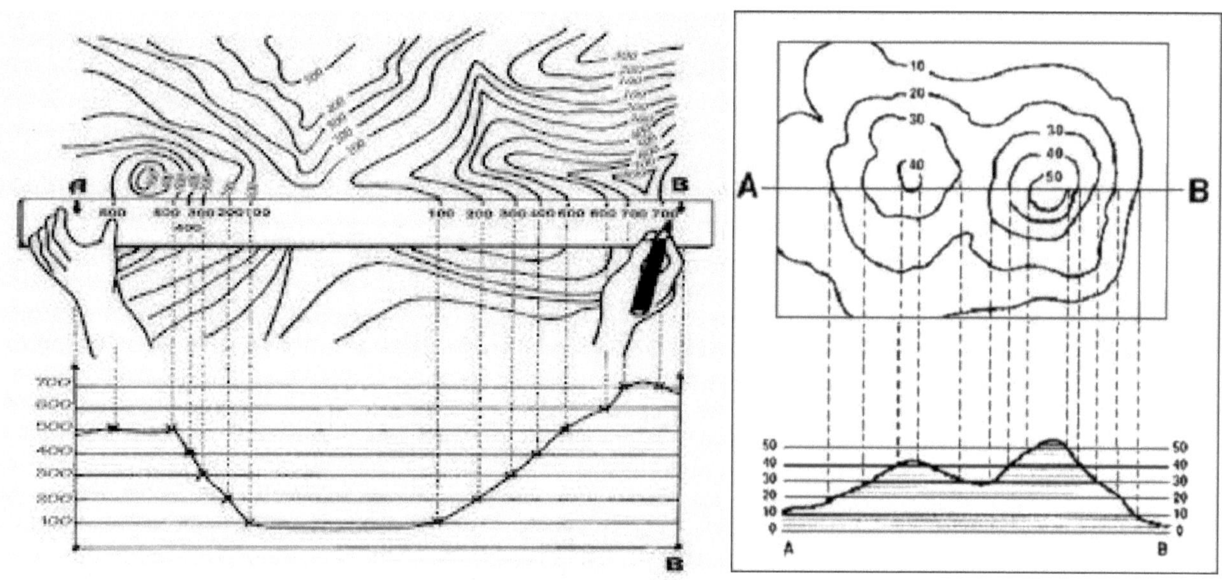

NOTA:
Utiliza papel cuadriculado y obtendras un mejor resultado

Sistemas de referencia

Concepto: En cartografía, un sistema de referencia nos ayuda a localizar un punto determinado en un mapa.
- Para ello, necesitaremos dos datos o valores (al igual que un sistema de referencia genérico, en el que con un valor "x" y otro "y", ubicamos un punto en un sistema de dos ejes perpendiculares)
- Los mapas topográficos utilizan dos sistemas diferentes:

*Coordenadas Geográficas: sistema que utiliza valores angulares (grados sexagesimales), utilizando como ejes un paralelo y un meridiano.

Las coordenadas geográficas se expresan tradicionalmente en el sistema sexagesimal, a veces anotado como «GMS»: grados (°) minutos (') segundos (''). La unidad básica es el grado de ángulo (1 revolución completa = 360°), luego el minuto de ángulo (1° = 60'), luego el segundo de ángulo (1° = 3600'').

Para dar una comparación aproximada en distancia de estas unidades en la superficie de la Tierra, el perímetro de la Tierra que corresponde a 360° es de unos 40.000 km. Más concretamente, son 40.075,017 km en el ecuador; por tanto:
- un grado equivale a unos 111,319 km (en el ecuador);
- un minuto es aproximadamente 1,855 km (en el ecuador);
- un segundo es de unos 30,92 m (en el ecuador).

*Coordenadas UTM: utiliza distancias métricas.

Veamos las Coordenadas Geográficas
"Paralelos"
- Un paralelo es la línea imaginaria originada por el corte de un plano perpendicular al eje de rotación de la tierra
- El paralelo origen o paralelo cero (también llamado Ecuador) divide la tierra en una mitad norte y una mitad sur (además es el paralelo de mayor longitud)
- Cualquier plano paralelo a este conforma otro paralelo.

"Meridianos"
- Un meridiano es una línea imaginaria originada por el corte de un plano que contiene al eje de rotación de la tierra (en teoría estas línea miden lo mismo)
- El meridiano origen o meridiano cero (también llamado de Greenwicht) divide la tierra en una mitad este y una mitad oeste.
- Este pasa por un barrio londinense del mismo nombre y atraviesa España por su lado este, saliendo al mar y quedando toda Andalucía al Oeste del mismo

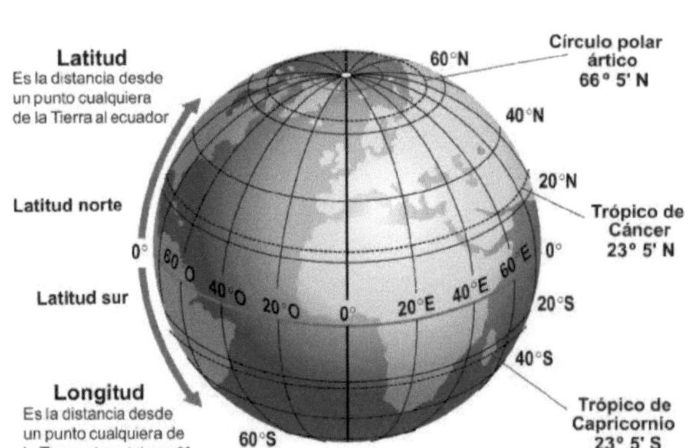

Concepto de longitud y latitud

En función de los paralelos y los meridianos, un punto en el mapa queda definido por unas coordenadas geográficas expresadas en grados:

- Longitud: distancia en grados, minutos y segundos que separa a ese punto del meridiano de Greenwicth (puede ser Oeste o Este)
- Latitud: distancia en grados, minutos y segundos que separa a ese punto del Ecuador (puede ser Norte y Sur)

Valores de la latitud y longitud

En el esquema se puede observar el rango de latitudes y longitudes:

Latitud: de 0º a 90º, norte o sur (hemisferio norte o boreal y sur o austral) La medida de un grado de latitud equivale a unos 111 km, un minuto a unos 1800 metros y un segundo a unos 30 metros

Longitud: de 0º a 180º, este u oeste. La medida de un grado de longitud en el ecuador es de 111 km y en el paralelo 80º es tan solo de unos 19 km

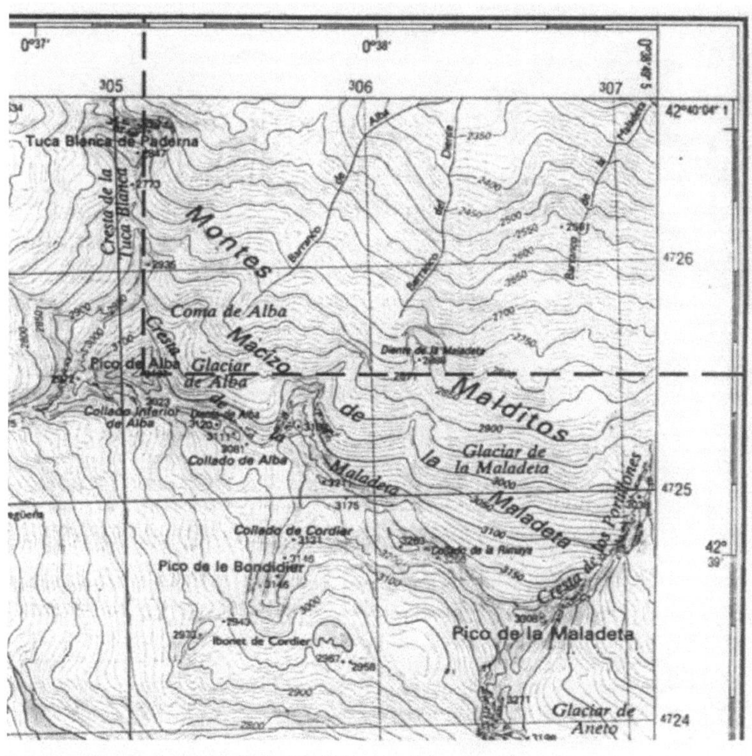

Ejemplo,
Queremos localizar el pico de Alba.

Vemos que en los laterales de arriba-derecha tenemos varias numeraciones. La mas exterior corresponde a la Coordenadas Geograficas.
Van de abajo hacia arriba o lo que es lo mismo de sur a norte.
Entre una y otra podemos observar que existen 6 tramos de color blanco y negro. Cada uno de los tramos blancos y negros corresponen a 10 segundos. En otras ocasiones no tenemos este regleta, pero podemos utilizar una regla.

Ejemplo:
"Pico de Alba"

Latitud: Con el borde de la brújula sobre el Pico de Alba, y en dirección E-W observamos el punto de corte en el margen derecho con la escala graduada. Cada "minuto" está dividido en seis segmentos con alternancia clara-oscura (de 10 segundos cada uno): 42º39'25"

Longitud: realizamos la misma operación colocando la brújula con el borde en dirección N-S: 0º37'18".

De forma inversa podríamos localizar un punto dadas las coordenadas geográficas

Veamos ahora las Coordenadas UTM

Zonas UTM: ¿En qué consisten ? En un mapa que representa todo el globo terráqueo y en el que se trazan líneas horizontales y verticales dando lugar a "zonas".

Husos y bandas UTM

- La Tierra queda representada de la siguiente forma:

* De Oeste a Este hay 60 "husos" (numerados del 1 al 60), paralelos al meridiano de Greenwich, quedando 30 a cada lado de este. Cada huso equivale a un valor angular de 6o (unos 668 km en la zona del ecuador)

* De Sur a Norte hay 20 "bandas" (nombradas desde la C a la X), paralelas al ecuador, quedando 10 al sur del mismo (de la C a la M) y 10 al norte (de la N a la X). Cada banda equivale a un valor angular de 8o (unos 890 km)

* En total suman 1200 zonas. Los polos quedan excluidos (bandas A,B e Y,Z)

Valores UTM en España, Andalucía y Málaga

La Península Ibérica queda incluida íntegramente en los husos 29, 30 y 31 y en las bandas S y T.

- Andalucía queda incluida en los husos 29 y 30 y banda S
- Málaga queda incluida en el huso 30 y banda S

Cada zona se divide en cuadrados de 100 Km.de lado (representados por dos letras); estos a su vez se subdividen en cuadrados de 10 kms de lado (trazados con una línea negra en mapas 1:50.000) y estos a su vez se dividen en cuadrados de 1Km (cuadrículas de color azul) . ¡Los más útiles para nosotros!

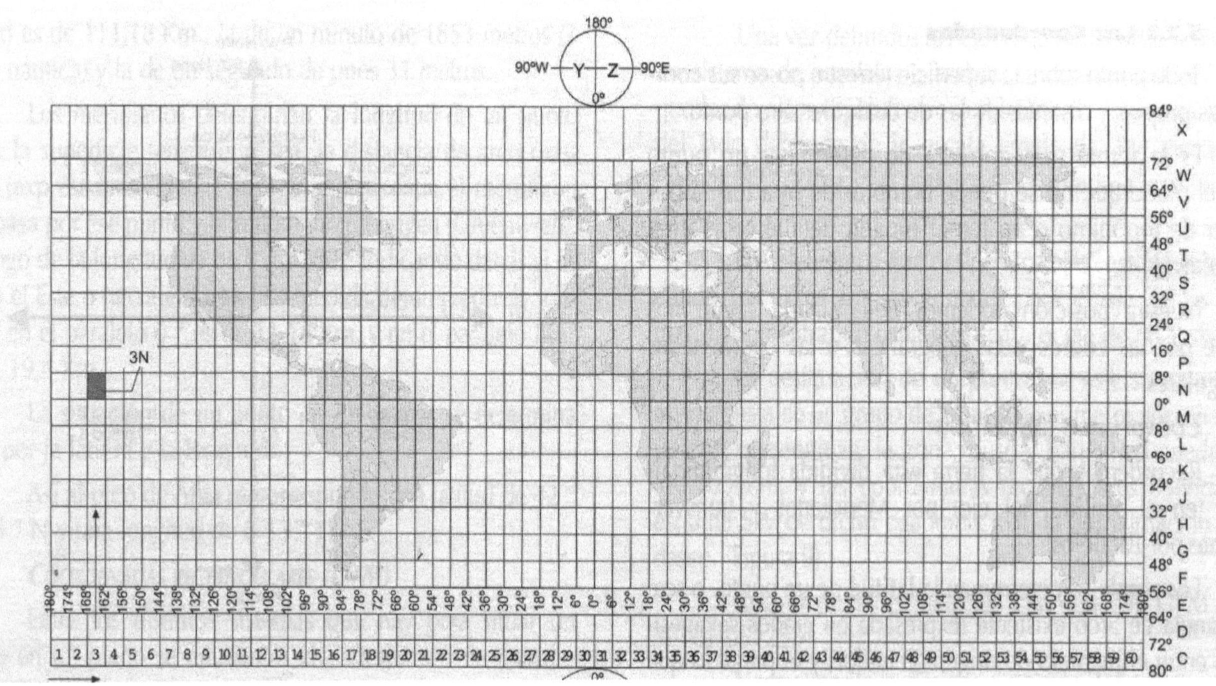

Utilidad de las coordenadas UTM

Los mapas topográficos reflejan las coordenadas UTM en el marco: en la parte superior e inferior la coordenada "Este" en kilómetros (en relación al kilómetro 500 que está en el meridiano central de la zona) y en la parte izquierda y derecha la coordenada "Norte" (indican la distancia en kilómetros al Ecuador). Estos números suelen venir en color azul en mapas 1:25.000 y negro en los de 1:50.000

De ellos parten líneas dividiendo todo el campo del mapa en cuadrículas que siempre van a medir 1 km de lado en la realidad:

-En los mapas 1:25.000, estas cuadrículas miden 4 cm de lado

-En los mapas 1:50.000, estas cuadrículas miden 2 cm de lado

Teniendo en cuenta que cada cuadrícula mide 1 km de lado en la realidad, podremos calcular fácilmente las coordenadas de un punto cualquiera (o dadas las coordenadas, localizar el punto) de dos formas:

- haciendo cálculos según la escala del mapa
- o más fácilmente, con la brújula si tiene la escala del mapa

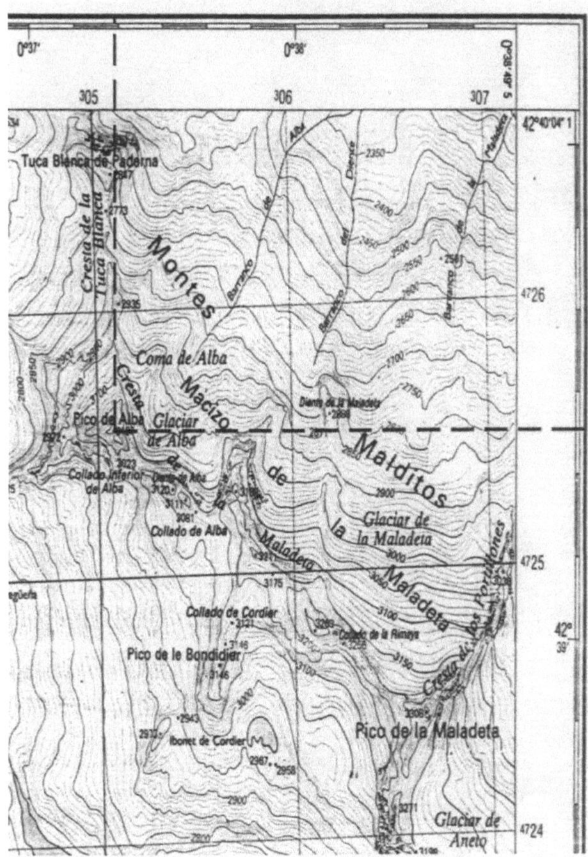

Localización con coordenadas UTM

Cálculo de las coordenadas de un punto del mapa.

Veamos el mismo ejemplo con el Pico de Alba

- Con el borde de la brújula sobre el Pico y paralelo a la línea UTM más próxima, localizar el punto de corte con la coordenada. Este en el marco del mapa:
- calcular según la escala del mapa los metros (75 m). Realizar el mismo proceso con la coordenada Norte (550 m).

La coordenada resultante es Este=305.075 y Norte=4.725.550

Más fácil es medir directamente con la escala de la brújula correspondiente al mapa:

- se mide desde la línea izquierda para la coordenada Este y desde la línea de abajo para la coordenada Norte.

-Localización de un punto en el mapa dadas las coordenadas

Ejemplo: Localizar el punto correspondiente a las coordenadas:

Este: 305.075

Norte: 4.725.550

- Localizar la cuadrícula de unión de la franja que está al Este del km. 305 del marco superior o inferior y al Norte del km. 4.725. del marco derecho o izquierdo.
- Calcular 75 metros hacia la derecha (bien con la escala del mapa o directamente con la escala de la brújula) y marcar una línea vertical
- Calcular 550 metros hacia arriba sobre la línea vertical anterior. Ese será el punto correspondiente a la coordenada.

Orientación

Introducción

- Orientarse significaba en la antigüedad buscar el Oriente. Actualmente significa buscar la dirección Norte y, a partir de ahí, el resto de direcciones.
- La Rosa de los Vientos representa sobre un plano todas las direcciones y su denominación.
- Los rumbos principales son:
  Norte, Sur, Este y Oeste.
- Los rumbos intermedios son:
  NE, NW, SE y SW.

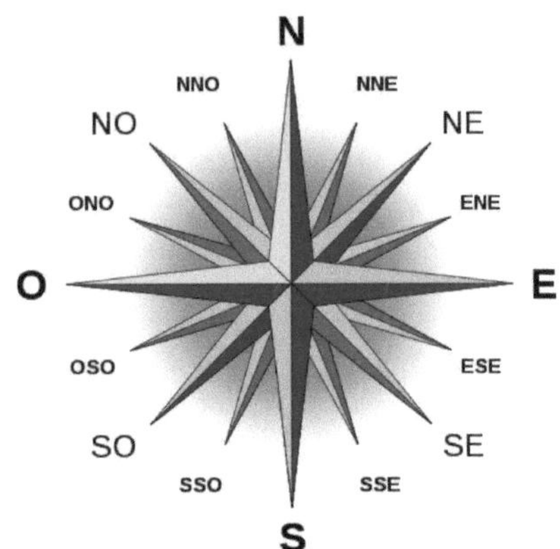

Medios de orientación:

- Medios artificiales:	- Medios naturales:
*Brújula	*Sol
*Mapa	*Estrellas
*GPS	*Luna
*Altímetro	*Vegetación
*Curvímetro	*Animales...
*Podómetro	

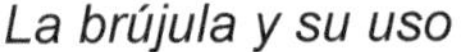

La brújula y su uso

Principio de funcionamiento: Consta de una aguja imantada que se alinea con el campo magnético terrestre, es decir, la aguja siempre señala al norte magnético.

Partes de una brújula

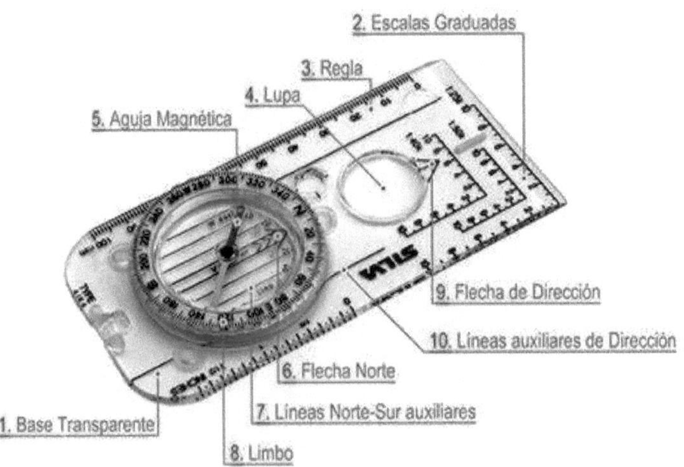

BASE: es de plástico y transparente. En sus laterales llevan una regla y generalmente dos escalas gráficas. Suelen llevar lupa y perforados un triángulo y un círculo para señalizar los mapas. En ella se encuentra la flecha de dirección, que se emplea para la toma de rumbos y para indicar nuestro sentido de marcha. Además lleva una referencia o índice que nos ayuda a hacer la lectura de rumbos.

LIMBO: es móvil. Está graduado en su borde en 360º (generalmente a intervalos de 2º) y llevan señalados los puntos cardinales.

En su interior está la flecha norte y las líneas norte-sur que nos servirán de referencia para establecer rumbos con el mapa.

AGUJA MAGNÉTICA: gira libremente en el interior del limbo atraída por el magnetismo terrestre, luego, siempre indica el Norte. Suelen ser de color rojo o naranja.

Empleo de la brújula

En su manejo es imprescindible mantenerla siempre horizontal, sino su funcionamiento se ve alterado. Debemos colocarla siempre delante de nosotros con la flecha de dirección en sentido de nuestra marcha. Debemos mantenerla alejada de objetos ferromagnéticos y campos magnéticos (líneas de alta tensión, otras brújulas, líneas ferroviarias, objetos metálicos...)

Diferenciemos entre:

AZIMUT: Ángulo que forma la dirección de marcha con el norte geográfico, es decir, los que medimos sobre el mapa o tomamos en la realidad.

RUMBO: Un rumbo en topografía es la dirección de una línea, definida por el ángulo horizontal entre el norte magnético y la línea que representa un lado de la poligonal. Es decir, el rumbo mide la dirección de una línea con respecto al norte magnético. Los rumbos no exceden los 90 grados, y se miden desde el Norte o Sur hacia el Este u Oeste

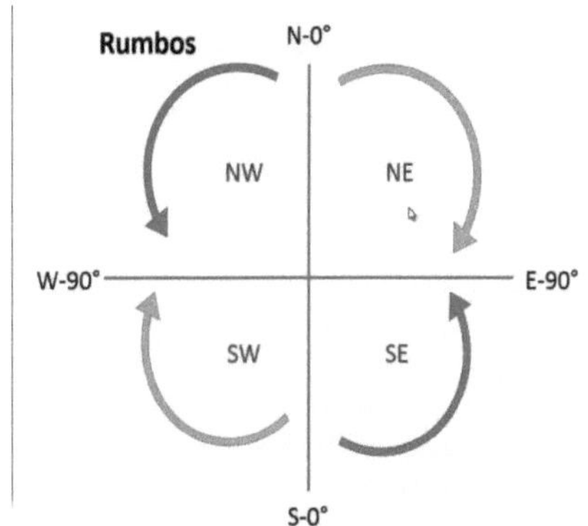

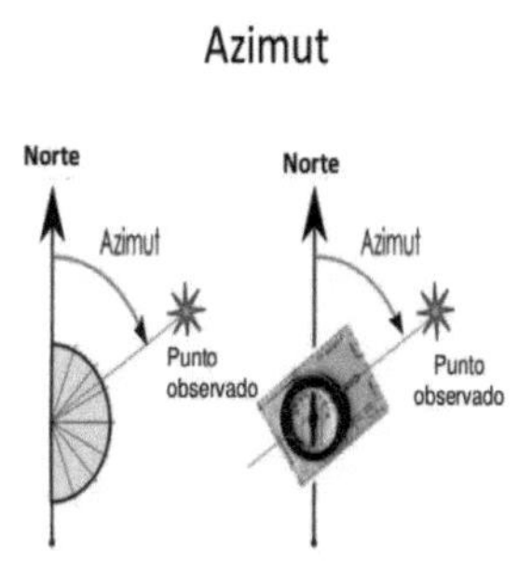

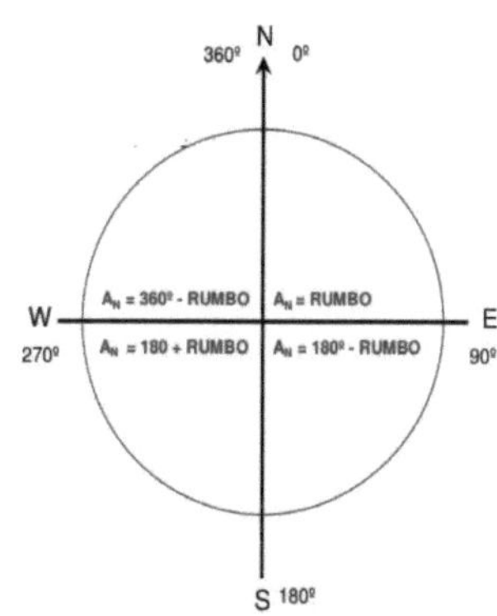

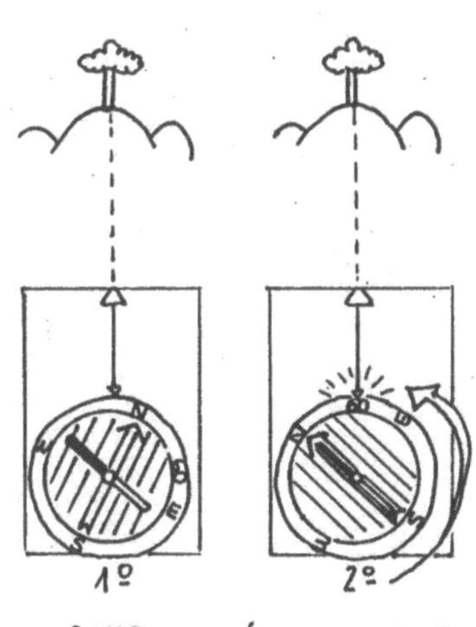

¿Cómo calcular un rumbo viendo el destino al que queremos llegar?

1. Señalar con flecha de dirección al objeto (podemos ayudarnos con el cordón de la brújula)

2. Hacer coincidir la N dibujada en el limbo con la aguja magnética (moviendo este)

3. Mirar el rumbo a seguir en el corte de la escala graduada con la línea coincidente con flecha de dirección de la placa base (línea índice o de referencia)

¿Cómo calcular un rumbo viendo el destino al que queremos llegar?

1. Colocar el rumbo dado en el corte con la flecha de dirección de la placa base (línea índice o de referencia)
2. Hacer coincidir la N dibujada con la aguja magnética, ¡sin mover limbo!(pivotando sobre nuestros pies)
3. Seguir la dirección que indica la flecha de dirección

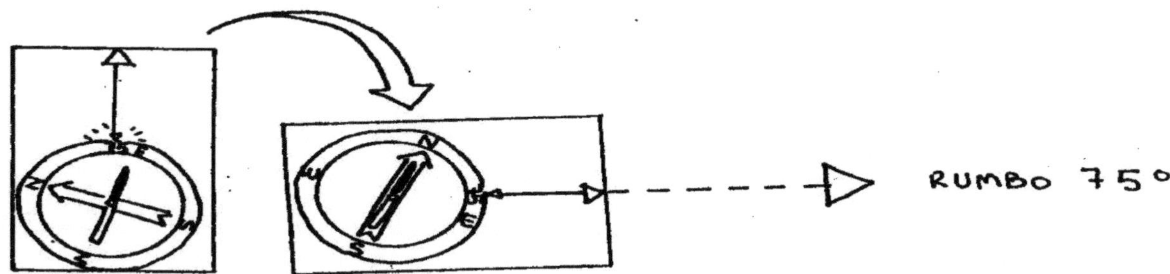

Utilización de mapa y brújula

Cuando consultamos un mapa es fundamental tenerlo siempre orientado. ¿Qué significa esto? Que el norte del mapa debe coincidir con el norte real, es decir, la parte superior del mapa siempre debe señalar al norte.

Solo así estaremos seguros de que, lo que vemos delante de nosotros, corresponde con lo que hay delante del punto del mapa donde estamos situados.

Podemos hacerlo de varias formas:

*Conocimiento previo del norte por indicios naturales

*Conocimiento previo del norte por referencias de elementos naturales o artificiales

*Con la ayuda de la brújula

Orientar el mapa con la brújula

Debemos "hacer coincidir la parte superior del mapa con la aguja magnética".Otra forma consiste en colocar la brújula con uno de sus bordes laterales encima de un meridiano (líneas UTM), hacemos coincidir la flecha norte (o N) con línea de referencia; girar el mapa con la brújula encima hasta que la aguja magnética quede encima de la flecha norte.

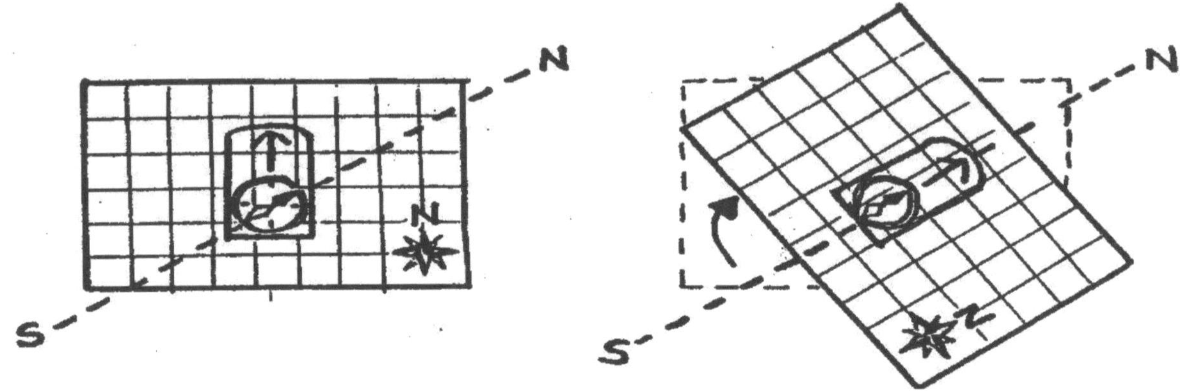

Cuando usemos un MAPA, éste debe siempre estar orientado al NORTE, podemos hacerlo por referencias naturales, conociendo dónde está el norte o bien usando nuestra brújula.

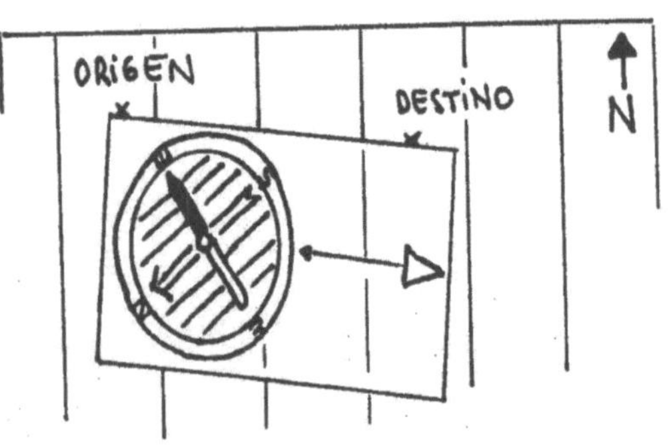

Vamos de Oringen a Destino:

1º. Unir ambos puntos con el borde de la brújula (señalando de origen a destino)

2º. Girar el limbo hasta que la flecha norte coincida con las líneas meridiano.

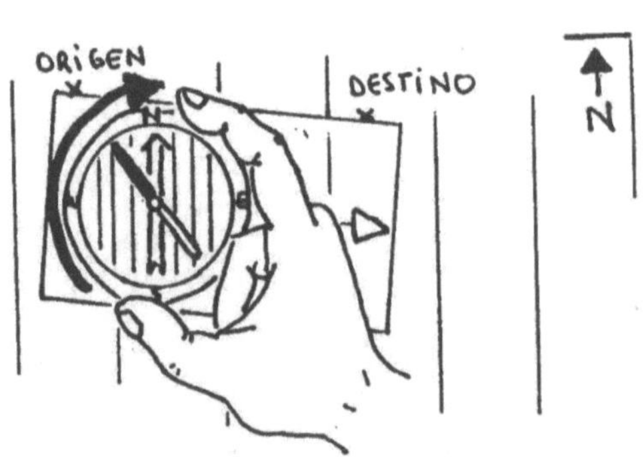

3º. Orientar el mapa al norte

4º. Seguir la dirección marcada por la flecha de dirección o mirar el rumbo dado

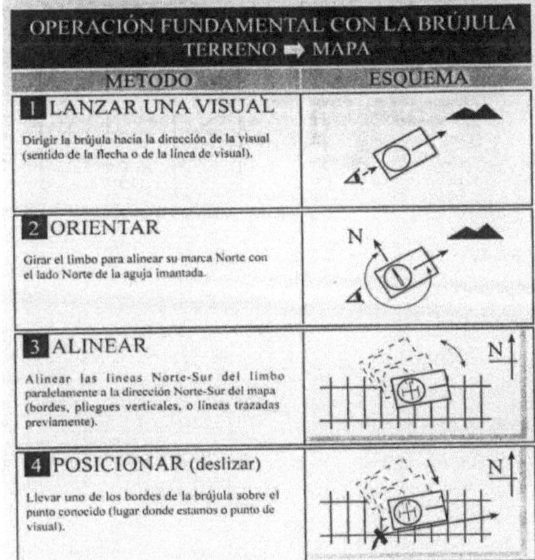

OPERACIÓN FUNDAMENTAL CON LA BRÚJULA
TERRENO ➡ MAPA

METODO	ESQUEMA
1 LANZAR UNA VISUAL Dirigir la brújula hacia la dirección de la visual (sentido de la flecha o de la línea de visual).	
2 ORIENTAR Girar el limbo para alinear su marca Norte con el lado Norte de la aguja imantada.	
3 ALINEAR Alinear las lineas Norte-Sur del limbo paralelamente a la dirección Norte-Sur del mapa (bordes, pliegues verticales, o líneas trazadas previamente).	
4 POSICIONAR (deslizar) Llevar uno de los bordes de la brújula sobre el punto conocido (lugar donde estamos o punto de visual).	

Localización de elementos (terreno-mapa)

Viendo un objetivo sobre el terreno, procedemos a trasladarlo hasta el mapa:

1. Señalar con flecha de dirección al objeto

2. Hacer coincidir norte con aguja magnética

3. Alinear líneas N-S del limbo con líneas meridiano del plano

4. Deslizar el borde de la brújula desde el punto conocido donde estamos sobre el plano hasta localizar el objeto

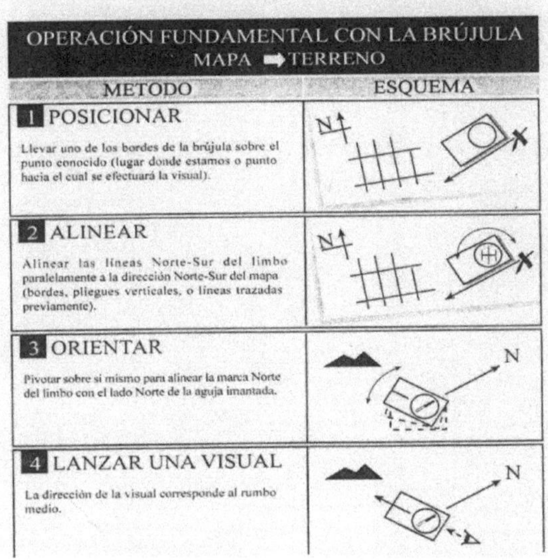

OPERACIÓN FUNDAMENTAL CON LA BRÚJULA
MAPA ➡ TERRENO

METODO	ESQUEMA
1 POSICIONAR Llevar uno de los bordes de la brújula sobre el punto conocido (lugar donde estamos o punto hacia el cual se efectuará la visual).	
2 ALINEAR Alinear las líneas Norte-Sur del limbo paralelamente a la dirección Norte-Sur del mapa (bordes, pliegues verticales, o líneas trazadas previamente).	
3 ORIENTAR Pivotar sobre si mismo para alinear la marca Norte del limbo con el lado Norte de la aguja imantada.	
4 LANZAR UNA VISUAL La dirección de la visual corresponde al rumbo medio.	

Localización de elementos (mapa-terreno)

Localizar en el terreno un punto identificado en el plano.

¿Cómo?

1. Poner el borde de la brújula en la línea que une nuestra posición y el punto del plano.

2. Alinear N-S del limbo con líneas meridiano

3. Alinear marca N con aguja magnética

4. Lanzar una visual hasta localizar el punto

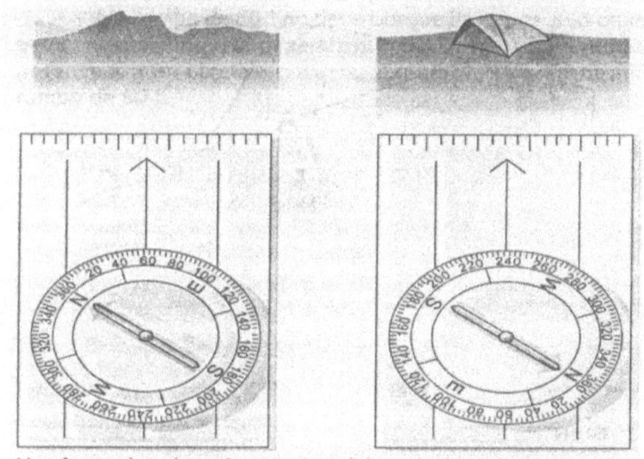

Una forma de volver al punto de salida: calcula y ajusta el rumbo de vuelta, que será el opuesto al rumbo original en la circunferencia de la brújula.

"Rumbo inverso o contrarumbo"

Esta técnica nos sirve para verificar la dirección que seguimos.

Consiste en mirar hacia atrás de donde nos encontramos para comprobar el alineamiento con puntos de referencia anteriores o el punto de salida.

¿Cómo se hace? Podemos utilizar dos métodos:

1. Sumando o restando 180º al valor del rumbo:
Se suman cuando nuestro rumbo actual está entre 0º y180º.
Se restan cuanto está entre 180º y 360º

2. Girar la brújula sin mover el limbo hasta hacer coincidir la aguja magnética con el S del limbo (o, lo que es lo mismo, alinear la parte blanca de la aguja magnético con el N del limbo)

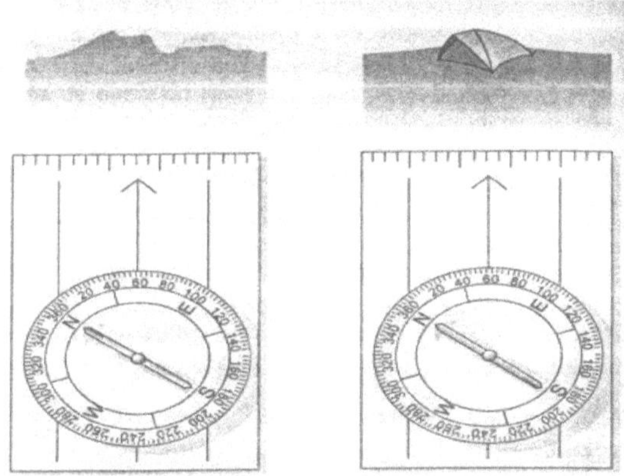

Otra forma de regresar a un punto de salida: mantén el rumbo original marcado, pero alinea el extremo sin color de la aguja con la flecha de orientación.

"Rodear obstáculos"

Obstáculos pequeños y visibilidad aceptable:

1. Dejar una referencia
2. "Si podemos localizar un objeto" al otro lado del obstáculo en la misma dirección, avanzar hacia él.
3. Si "no" podemos localizarlo, rodear el obstáculo y realizar un contrarumbo.

"Obstáculos grandes o con poca o nula visibilidad"

1. Localizar un punto de referencia en mi posición para no perder el sentido de marcha.
2. Con el rumbo a seguir en mi brújula, andar en el sentido del borde trasero de la misma (es decir, en 90).
3. Contabilizar los metros (o tiempo) utilizados hasta superar el obstáculo.
4. Retomamos el rumbo original hasta superar el obstáculo.
5. Seguimos la dirección del borde trasero de la brújula, esta vez en sentido contrario al anterior deshaciendo los metros (o tiempo) contabilizados antes.
6. Retomar rumbo inicial.

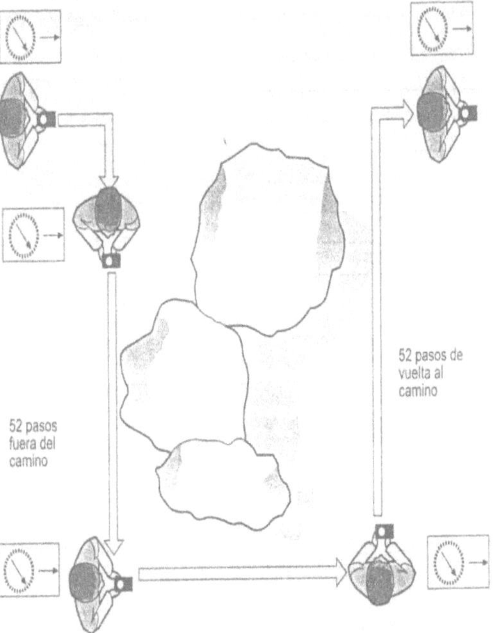

"Triangulación"

Nos sirve para determinar nuestra posición (cuando la desconocemos) identificando uno o más puntos de referencia en el terreno y en el mapa

¿Cómo lo hacemos?

Dos métodos:

1. Si nos encontramos en una "línea" (camino, cresta, tendido eléctrico...):

- Tomar el rumbo a un punto conocido del terreno y mapa.
- Colocar la brújula encima del mapa con el borde en el punto conocido y hacer coincidir las líneas meridiano con las N-S

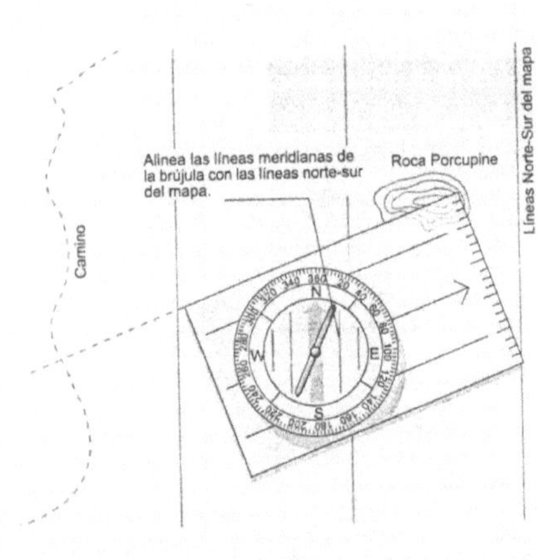

- Seguir el borde hasta que corte con la "línea" donde nos encontramos

2. Cuando "no" estamos en una "línea":

- Medir rumbo a un punto conocido. Colocar la brújula encima del mapa con el borde en el punto conocido y hacer coincidir las líneas meridiano con las N-S.
- Trazar una línea en el mapa siguiendo el borde de la brújula

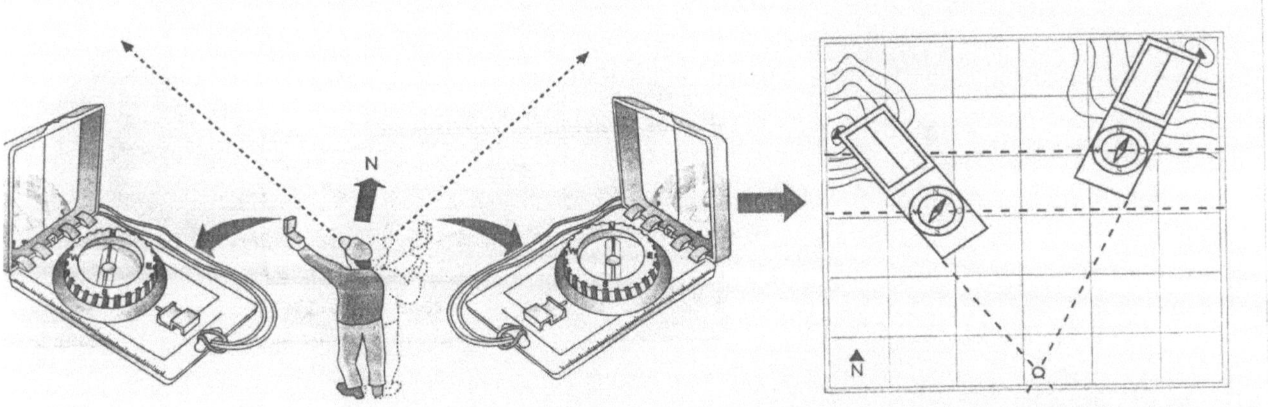

- Hacer lo mismo con un segundo punto que se encuentre aproximadamente a 90º del anterior y con un tercero que se encuentre a 180º: el punto de corte de estas líneas marca nuestra posición (a veces es suficiente con dos puntos). Si las líneas no coinciden exactamente, suelen determinar un pequeño "triángulo", en cuyo centro nos encontramos.

EL GPS

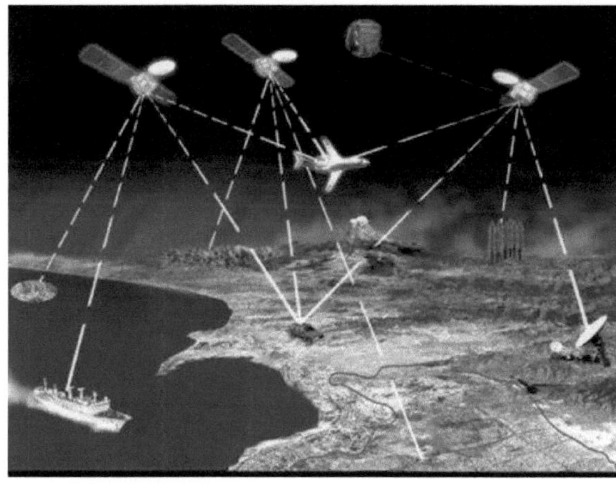

¿Que es el GPS?

- Es el sistema de posicionamiento global y radio navegación
- Utiliza un grupo de satélites que son los puntos de referencia
- Estos satélites envían señales de radio constantemente con la información sobre su posición y la hora.
- El receptor con las diferentes señales recibidas, las procesa y las posiciona.
- La precisión con la que se reciba la señal dependerá de la calidad de la señal.

¿Como calcula el GPS su posición?

- Midiendo la distancia a varios satélites (+4) y triangulando su posición
- El calculo lo realiza en milésimas de segundo:
    * Velocidad= espacio/tiempo
- Velocidad=luz
- Tiempo= relojes internos

- Lo que nos interesa es calcular el espacio, la distancia que hay entre los diferentes satélites y el receptor. Los satélites envían un mensaje con la información sobre la posición donde se encuentran y la hora, de esta forma el receptor puede calcular su posición respecto de los diferentes satélites de los cuales recibe esta información.

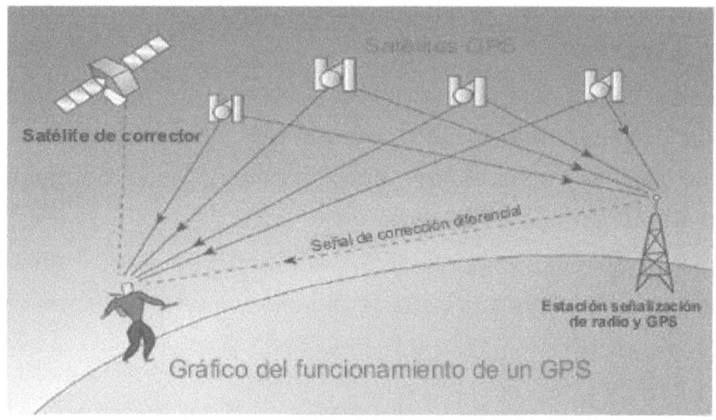

ERRORES DEL SISTEMA

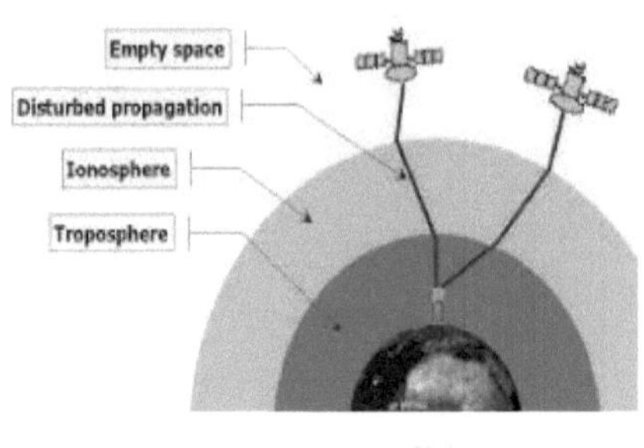

Hay diferentes aspectos que afectan a la precisión del sistema:

ERROR IONOSFERICO
La ionosfera reduce la velocidad de la señal

ERROR MULTISENDA
El rebote de la señal en terrenos accidentados, edificios, etc.

ERROR DE GEOMETRÍA
Angulo relativo entre el GPS y los satélites, cuando mas cerca estén los satélites mas error.

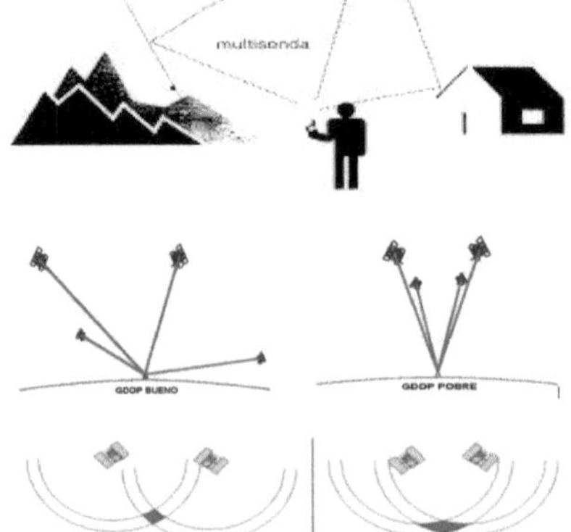

ERROR INTENCIONADO
Error de disponibilidad selectiva, Sistema Militar, Ejercito USA. Actualmente ha sido eliminado.

FUNCIONES DEL GPS

LOCALIZACIÓN
- Posicionamiento por coordenadas: Permite establecer las coordenadas del lugar donde se encuentra el aparato con los diferentes sistemas.
- Los Waypoints: Son los llamados puntos de paso, nos son nada mas que puntos en la tierra representados por coordenadas. El aparato es capaz de establecer la relación entre ellos:
distancias, ubicación respecto a las referencias geográficas, etc.

NAVEGACIÓN:
- Ir a un waypoint: Es la opción mas sencilla, una vez establecidas las coordenadas entre los dos puntos, el aparato nos indicará la dirección a seguir para llegar al punto que deseamos en su distancia mas corta. (Linea recta)

LAS RUTAS: No son mas que sucesión de puntos previamente establecidos. El aparato, una vez llegamos a uno automáticamente nos dirige hacía el otro. Por ejemplo una ruta puede estar formada por 4 puntos: Inicio – desvío a la derecha- caseta – vértice geodésico.

LOS TRACKS: son lo mismo que las rutas, pero la distancia entre los puntos es mínima, por lo tanto la linea recta entre ambos es mucho menor. Eso permite seguir un itinerario con mucha mas precisión. En la ruta anterior el track podría tener 4000 puntos.

OTRAS CONFIGURACIONES NO MAS IMPORTANTES SON:
- Configuración: Cada modelo conlleva una pantallas y una configuración, por lo que es muy conveniente conocer modelo y marca para poder establecerla con éxito. Actualmente con los GPS pulsera hay una autentica revolución, pero su gran debilidad es el tiempo y la carga.
- Mapa: Debemos de poder cargar mapas externos y de hecho debemos de hacerlo.
- Navegación: Es muy importante saber navegar también con el GPS, conocer bien su funcionamiento y direccionar brújula y mapas a la vez.
- Posición: Saber leer el mapa y conocer nuestra posición es fundamental. El GPS es una gran herramienta para trabajar sobre mapas y luego comprobar la exactitud de nuestro posicionamiento y verificar que hemos hecho bien las cosas. Evidentemente este no es su cometido, si no, informarnos de la posición sobre el terreno que tenemos en ese momento.
- Datos: Como podéis comprobar en vuestro GPS, tenemos una gran fuente de información que nos servirá para conocer bien nuestras rutas a la hora de planificarla para nuestros clientes.

CONFIGURACIÓN DEL GPS

Es una parte esencial , hay que configurar los datos del GPS en función de los parámetros que nos interesen. Por ejemplo, para localizarnos en un mapa es necesario que el GPS y el mapa hablen el mismo idioma, que tengan el mismo DATUM. Esta información nos la da el mapa, hay que ser muy estricto con la configuración del datum por que los errores de ubicación pueden ser enormes.

Elementos de configuración que siempre hay que revisar antes del uso:

- Del sistema:
  * Formato de posición: (Grados, UTMS, datum)
  * Unidades: Metros
  * Mapa: Track arriba, Norte arriba, Campos de los datos que queramos ver en pantalla.

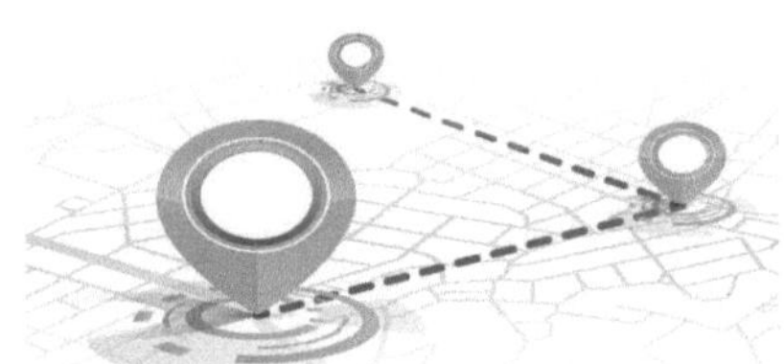

  * Track: Modo de grabación, Mostrar track
  * Restablecimiento de datos: Contadores trayecto a cero.
  * Altímetro: calibrar parámetros.
- General:
  * Pantalla: Ahorro de energía
  * Baterías: Tipos de batería

FUNCIONAMIENTO

Las funciones principales del GPS se basan en los Waypoints y la relación entre ellos. Ya hemos comentado que no son mas que coordenadas, pero también pueden tener mas información como altura, hora y otros datos en el momento de ser creados.

Los podemos obtener directamente sobre el terreno (Marca) o introducirlos en el receptor editando las características.

También los podemos crear directamente sobre un mapa digital, del mismo receptor GPS o bien en un ordenador utilizando un programa predeterminado como el BASECAMP.

Se almacenan en la memoria del receptor.

Goto: Le indicamos que nos dirija a un waypoint.

- El GPS nos dará la distancia mas corta y la dirección a seguir
- Función útil en caso de mala visibilidad para encontrar un punto de referencia

Rutas: Son el encadenamiento de Waypoints

- Enlazadas por lineas rectas son la sucesión de Waypoints
- Si activamos una ruta, cuando pasemos un punto, automáticamente nos dirigirá al siguiente
- El GPS permite editar y guardar diferentes rutas de los Waypoints que tenemos.

Tracks: Son la evolución de las rutas con waypoints mas cercanos en tiempo y espacio. Son caminos digitales.

- Son los elementos mas utilizados para navegar por la montaña.
- El GPS los genera automáticamente mientras está encendido. Hay que configurar la función de grabar y mostrar el track
- Es posible guardarlos y editarlos

Trackback o ruta inversa:

- Esta función nos permite volver sobre nuestros pasos gracias a que los receptores constantemente están generando tracks con los datos de posicionamiento reales del momento.
- Si el aparato no tiene la función directa de trackback, hay que guardar el track actual y hacer la copia invertida.

PROTOCOLO DE USO

Mirar la configuración general

- formatos de posición: UTM, Datum
- Mapa: Norte arriba o track arriba
- Track: Grabar/mostrar
- Restablecer datos
- Altímetro: Calibrar

Track mánager

- Track actual: borrar o guardar. Activar track

Introducir waypoint: Marcar un waypoint y/o editar el nuevo waypoint cambiando los datos sobre el antiguo.

Crear ruta: Seleccionar los puntos, editar la ruta (nombre)

Seguir una ruta: Seleccionar una ruta del listado y activar

Seguimiento de la ruta: La haremos por la pantalla del mapa a través del track que se va grabando. También podemos hacerla por la pantalla de navegación de la brújula o por la pantalla de navegación del procesador del trayecto (Pantalla de datos)

Podemos modificar y personalizar los campos de datos de nuestro GPS para facilitar el seguimiento de la navegación.

Cuando terminamos es muy importante que guardemos el track actual, de esta forma no evitaremos que cuando volvamos a abrir el GPS todavía esté activado.

NOTA:

¿Podemos usar el móvil como GPS?, yo no lo recomiendo, pero si se puede. Aunque tenemos grandes desventajas si no sabemos algunos trucos

- Mucho consumo de batería
- Poca precisión
- Carga de mapas poco definidos Si tenemos que usar algún programa bueno que tiene todos sus complementos, mapas off line, mapas ign, tracks, rutas, multitrack, etc. ese programa es ORUXMAPS.

Y para encontrar todo tipo de rutas WIKILOC

GPS O MÓVIL
¿Que eligirias?

APLICACIONES MOVILES COMO USO DE GPS.

Actualmente las nuevas tecnologías nos invaden y cada ves mas app nos ofrecen posibilidades de navegación, de hecho tenemos un sin fin de programas consolidados:

- Oruxmap, Strava, Wikiloc, Maps, Etc......

En este apartado solamente vamos a ver dos cosas importantes que debemos de tener en cuenta como guías de montaña.

- Seguridad.
- Manejo de aparatos no apropiados.

Hemos dicho durante toda esta parte de la Unidad Formativa que se debe de llevar siempre, como guías, un mapa y una brújula, y sobre todo saber manejarlos bien, aparte debemos de llevar un dispositivo GPS y un móvil. ¿Acaso pensamos que el móvil es para usarlo de GPS?. No, el móvil lo utilizaremos para pedir ayuda en caso necesario, ya que estamos obligados. Pero eso lo veremos mas adelante.

¿Podemos usar el móvil como GPS?, yo no lo recomiendo, pero si se puede. Aunque tenemos grandes desventajas si no sabemos algunos trucos, que explicaremos.

1º.- Mucho consumo de batería

2º.- Poca precisión

3º.- Carga de mapas poco definidos

.... ¿Se os ocurre alguna mas?

Si tenemos que usar algún programa bueno es ORUXMAPS. Y si tenemos que buscar un programa para encontrar todo tipo de rutas, ese es WIKILOC, con estos dos podemos tener muchas fuentes de información.

METEOROLOGÍA

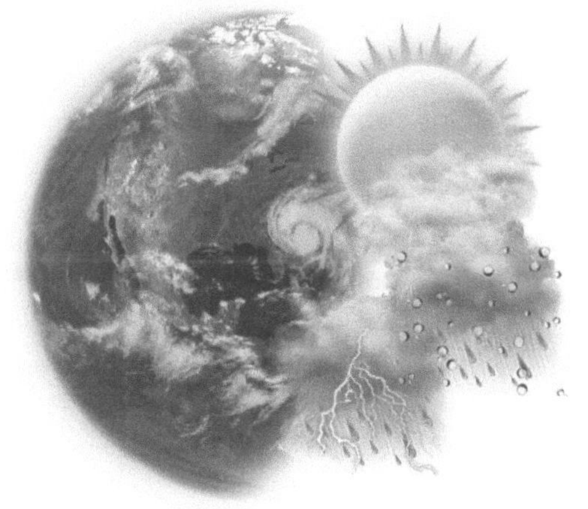

Meteorología es la ciencia encargada del estudio de los objetos que cruzan la atmósfera.

La diferencia entre meteorología y climatología es que la primera se ocupa de los acontecimientos que están ocurriendo en el momento actual en la atmósfera y de la predicción a corto plazo de tiempo, mientras que la segunda utiliza los datos recogidos día a día por los servicios meteorológicos para crear datos estadísticos que definen posteriormente el clima de una región.

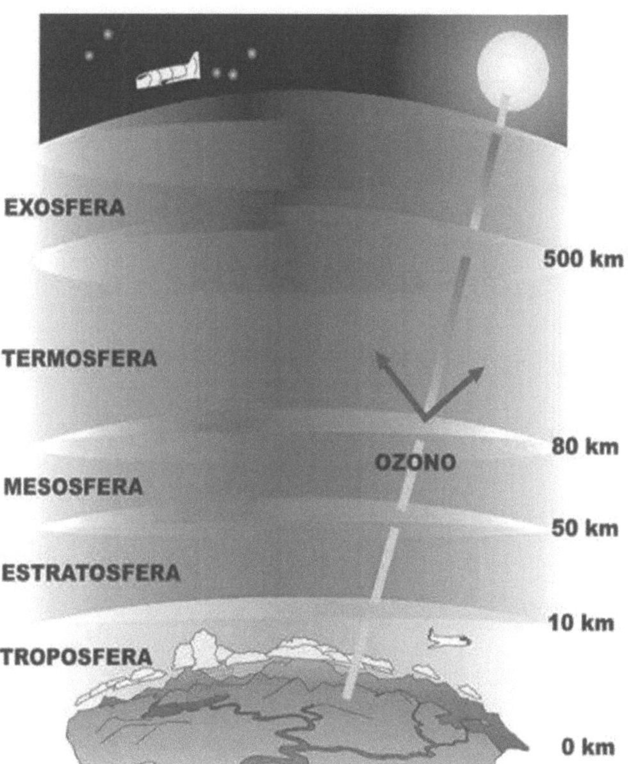

ATMÓSFERA

La atmósfera constituye la envoltura gaseosa de nuestro planeta, tiene mas de 1000 km de espesor y solo los 11 km de la misma, corresponden a la Troposfera y son los responsables de la mayoría de los cambios meteorológicos.

Composición.

- Principales gases que componen la atmósfera son:

1. Nitrógeno en un 78%
2. Oxigeno en un 21%
3. Argón en un 0'9%
4. Dióxido de carbono en 0'03%
5. Ozono en un 0'000001%
6. Vapor de agua en cantidades variables.

Los últimos tres gases, juegan un papel fundamental en lo que se refiere a los equilibrios radiactivos (ozono y dióxido de carbono) y fenómenos meteorológicos (vapor de agua)

Capas de la atmósfera:

Troposfera.

- Es la mas importante desde el punto de vista meteorológico
- Contiene el 80% de los gases de la atmósfera y prácticamente la totalidad del vapor de agua
- Es de espesor variado (unos 17 km en el ecuador - 8km en los polos - 11km en latitudes medias)
- Esta superficie de discontinuidad se denomina tropopausa y se caracteriza por que al llegar a ella, se detiene bruscamente el ritmo del descenso de la temperatura.

Estratosfera

- Contiene el el 19% de los gases atmosféricos y se extiende hasta la una altitud de 50 kilómetros.

Mesoesfera

- Se extiende hasta los 80km de altitud

Termoesfera o ionosfera

- Como curiosidad en esta capa se producen las auroras boreales.

Alteraciones de la dinámica atmosférica a causa del hombre

- Destrucción de la capa de ozono
- Aparición de lluvia ácida en determinadas zonas
- Aumento de la concentración de gases de efecto invernadero
- Incremento de la concentración de partículas sólidas (aerosoles) (Boina de contaminación)

Intensificación del efecto invernadero

- Se produce por que aumenta la absorción de la radiación de onda larga procedente de la tierra y se propicia el calentamiento atmosférico global

Rayos UVA. Medida preventivas:

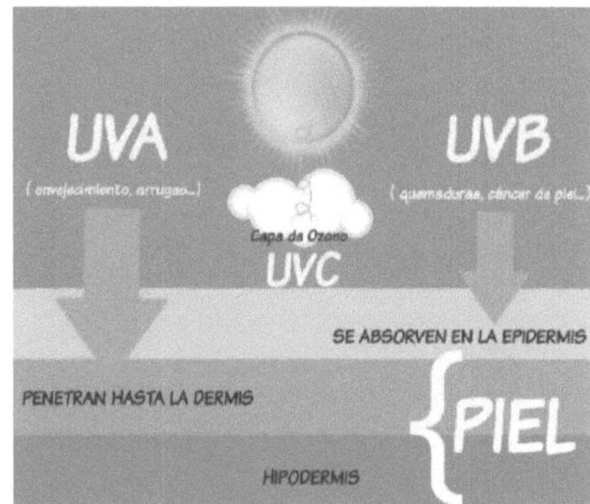

- Debemos prestar una atención especial a los efectos de la radiación ultravioleta
procedente del Sol, en especial, a la conocida como ultravioleta B.
- Las personas que realizan actividades al aire libre están mas expuestas a sus efectos
nocivos. Estos efectos (quemaduras, cáncer de piel, cataratas) se incrementan con la altura, ya que la capa de aire que nos protege es menor y también dependen del tipo de piel del sujeto.
- En cualquier caso debemos tener en cuenta lo siguiente:
  -Extremar las precauciones con niños
  -Necesidad de emplear gafas de sol, cubrirse el cuerpo y la cabeza, y emplear cremas protectoras adecuadas.

Minimizar la exposición al sol entre las 13 y 16 horas.

CIRCULACIÓN GENERAL ATMOSFÉRICA

La fuente de esa energía y el origen de esos procesos están en el Sol.

Podemos considerar al sol como la maquina que mueve esta gigantesca máquina térmica que es la atmósfera.

Estudia la distribución de los vientos dominantes en la atmósfera a nivel planetario y sus causas

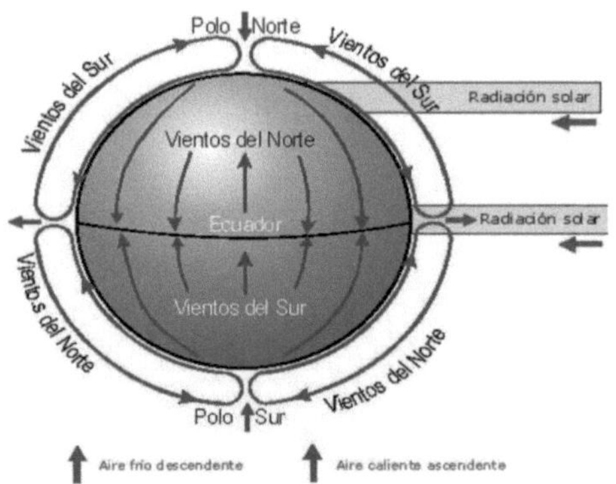

Célula de Hadley

• En esta célula, meramente térmica, el calentamiento ecuatorial origina corrientes de aire ascendentes (se corresponden con zonas de bajas presiones en superficie), estas masas de aire elevadas se desplazan en niveles altos hasta llegar a los polos, donde descienden hasta la superficie, dando lugar a la aparición de zonas de altas presiones y transportando la energía calorífica procedente del ecuador.

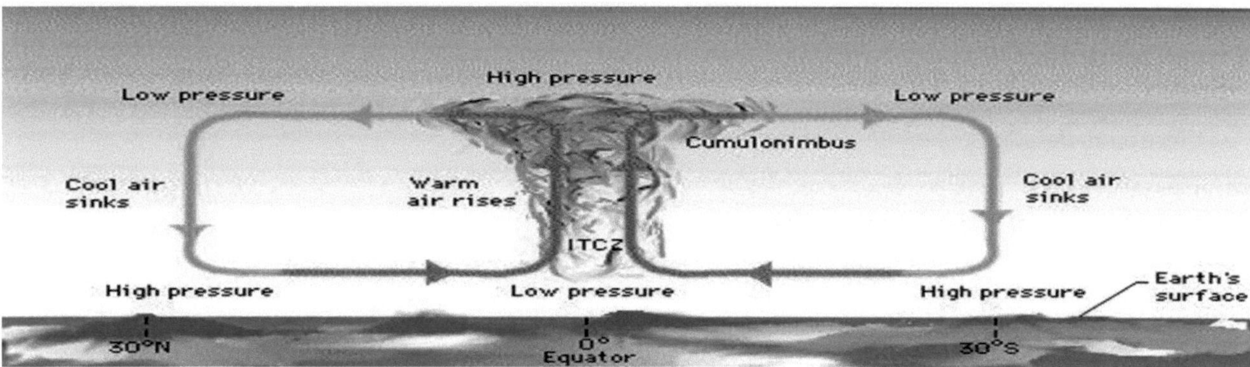

PARÁMETROS ATMOSFÉRICOS

Para hacer una previsión del tiempo de manera acertada necesitamos conocer, al menos, cuatro parámetros de la atmósfera tomados en el mismo lugar y al mismo tiempo, estos son:

- Temperatura
- Presión
- Viento
- Humedad

TEMPERATURA.

- La temperatura media de la superficie terrestre es de unos 15º
- La temperatura es variante, normalmente disminuye a medida ascendemos en la atmósfera. Estas variaciones por unidades de longitud constituyen el gradiente térmico vertical.
- GTV=0'65ºc x 100m (A 3000m hay 18º menos que a nivel del mar)
- Podemos encontrar el GTV adiabático
  (aire seco) 1ºc x 100m
  (aire húmedo) 0'5ºc x 100m
- Medida de la temperatura: Se mide con los termómetros
- La isoterma 0ºC: las lineas que unen puntos con igual temperatura se denominan isotermas

• Inversión Térmica:

Es en el momento en el cual por condiciones anticiclónicas, falta de vientos predominantes, etc. el calor acumulado en los valles crea formaciones nubosas (nieblas y brumas) que al contacto con las vertientes montañosas (se enfrían) se hacen mas pesadas. Por lo tanto ante la falta de insolación existen temperaturas mucho mas frías en el valle que en alto de la montaña.

LA PRESIÓN

• La presión atmosférica es el peso por unidad de superficie que ejerce la columna de aire, que se extiende desde un punto dado hasta el limite de la atmósfera.

• Medida y Unidades

Se mide con el barómetro

Unidad de medida son los hectopascales=milibares

• Variaciones de la presión:

Las zonas de alta presión se denominan ANTICICLONES

Las zonas de bajas presiones se denominan BORRASCAS

• Situaciones atmosféricas estándar:

Presión Nivel del mar: 1013 mb

Temperatura a nivel del mar: 15ºC

GTV: 0'65ºc x 100m

• Disminución de la presión: 1mb x 10m que ascendemos (5000m la presión sería de 500mb)

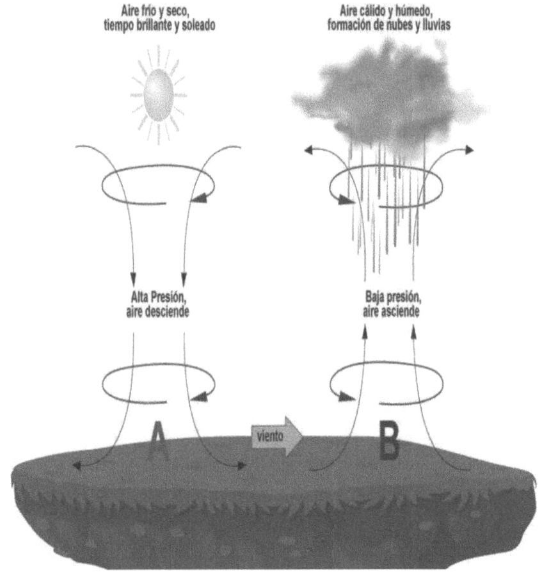

Imagen funcionamiento presión atmosférica

EL ALTÍMETRO

• El altímetro es un barómetro aneroide graduado en unidades de presión y en unidades de altura. Cuando ascendemos la presión disminuye y cuando descendemos la presión aumenta. Si tenemos en cuenta que el aparato hace el cálculo de 10m x cada 1 mb de presión ya tenemos nuestro altímetro.

• Tenemos que tener ciertas consideraciones con el uso de los altímetros y son las siguientes. Si la atmósfera está mas cálida que la estándar, la altitud será mas alta que la verdadera, y viceversa. (Siempre comprobar con mapas y trabajar conjuntamente)

• Pronósticos con nuestro altímetro:

Fuerte bajada de presión (subida de decenas de metros de altitud) es un signo de empeoramiento del tiempo, tanto mas grande cuando mas duradera sea.

- En resumen:

*Bajadas presión: fenómenos breves (tormentas, vientos racheados, etc)

*Subidas presión: Estabilidad y mejoría del tiempo.

Una subida de 4 mb en 12 horas se puede considerar una variación significativa. Por tanto, en montaña podríamos aprovechar la noche para tener un pronóstico del tiempo a la mañana siguiente siempre y cuando no movamos el altímetro de lugar.

EL VIENTO

• Los movimientos horizontales del aire constituyen el viento. Entonces podemos afirmar que el origen del viento está en las diferencias de presión, el aire sale de los anticiclones y se dirige a las depresiones o borrascas.

• En el hemisferio norte los anticiclon giran en sentido del de las agujas del reloj.

• Los instrumentos que miden el viento son los anemómetros y las veletas. Uno la velocidad y el otro mide la dirección.

La velocidad la medimos en m/s, km/h, nudos o millas por hora

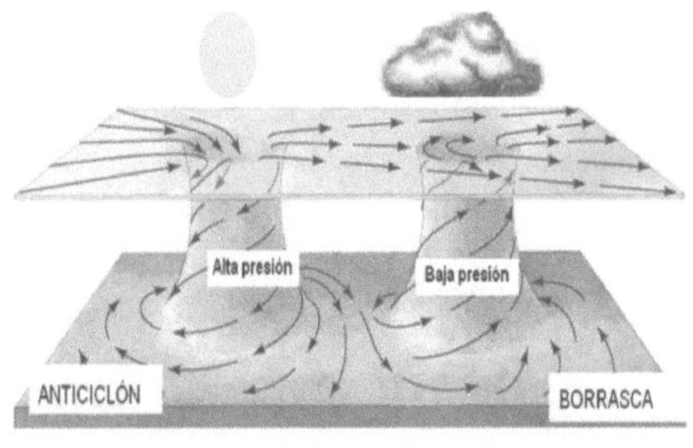

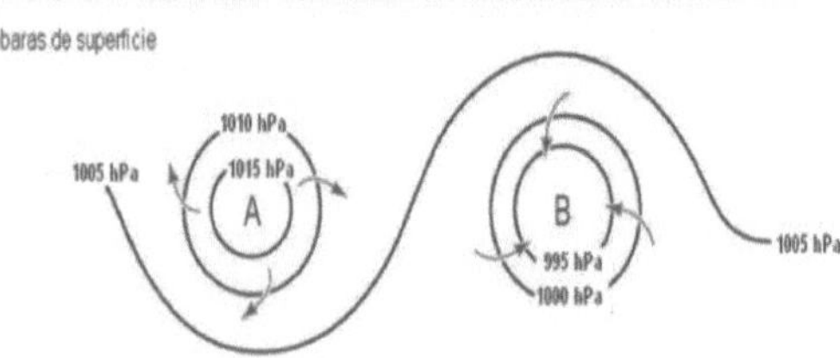

Equivalencias

- 1m/s=3'6 km/h=1'94nudos
- 1 nudo=1'852km/h=0'514m/s

• La dirección del viento se da dando el punto

Vientos en altura:

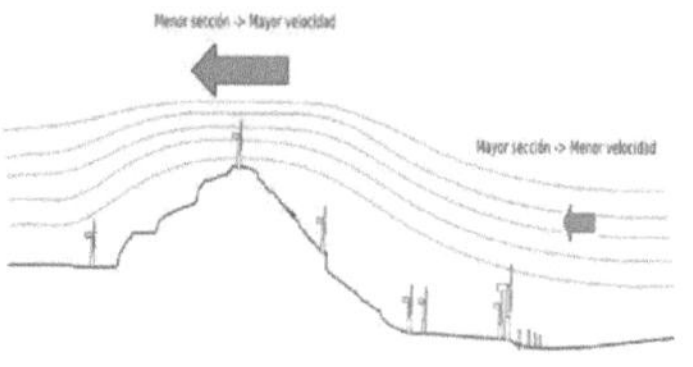

- El viento se acelera en la cima de las montañas y esta velocidad será mas alta cuanto mas alta sea la montaña. Teniendo en cuenta la aceleración de las cimas y la aceleración al soplar según el eje del valle: el viento se acelerará especialmente en los puertos de montaña y collados.

Sensación térmica

- El viento aumenta la sensación de frio

* viento y nieve= ventisca

* viento y nieve= cornisas, placas, inestabilidad del manto nivoso, peligro aludes

TABLA DE VALORES DE SENSACION TERMICA POR FRIO (WIND CHILL)

		TEMPERATURA DEL AIRE EN GRADOS CELSIUS (C)										
		0	-5	-10	-15	-20	-25	-30	-35	-40	-45	-50
VIENTO A 10 m (km/h)	5	-2	-7	-13	-19	-24	-30	-36	-41	-47	-53	-58
	10	-3	-9	-15	-21	-27	-33	-39	-45	-51	-57	-63
	15	-4	-11	-17	-23	-29	-35	-41	-47	-54	-60	-66
	20	-5	-11	-18	-24	-30	-37	-43	-49	-56	-62	-68
	25	-6	-12	-19	-25	-32	-38	-44	-51	-57	-64	-70
	30	-6	-13	-19	-26	-32	-39	-46	-52	-59	-65	-72
	35	-7	-13	-20	-27	-33	-40	-47	-53	-60	-66	-73
	40	-7	-14	-21	-27	-34	-41	-47	-54	-61	-67	-74
	45	-8	-14	-21	-28	-35	-41	-48	-55	-62	-68	-75
	50	-8	-15	-22	-29	-35	-42	-49	-56	-63	-69	-76
	55	-8	-15	-22	-29	-36	-43	-50	-56	-63	-70	-77
	60	-9	-16	-23	-29	-36	-43	-50	-57	-64	-71	-78
	65	-9	-16	-23	-30	-37	-44	-51	-58	-65	-72	-79
	70	-9	-16	-23	-30	-37	-44	-51	-58	-65	-72	-79
	75	-9	-17	-24	-31	-38	-45	-52	-59	-66	-73	-80
	80	-10	-17	-24	-31	-38	-45	-52	-59	-67	-74	-81

Umbrales aproximados:

Riesgo bajo:	-10 a -27	Riesgo de hipotermia por permanencia prolongada a la intemperie.
Riesgo moderado:	-28 a -39	Riesgo de congelaciones por exposición prolongada, 10 a 30 minutos*.
Riesgo alto:	-40 a -54	Riesgo de congelaciones en 10 minutos*.
Riesgo muy alto:	55 ó menos	Riesgo de congelaciones en menos de 2 minutos*.

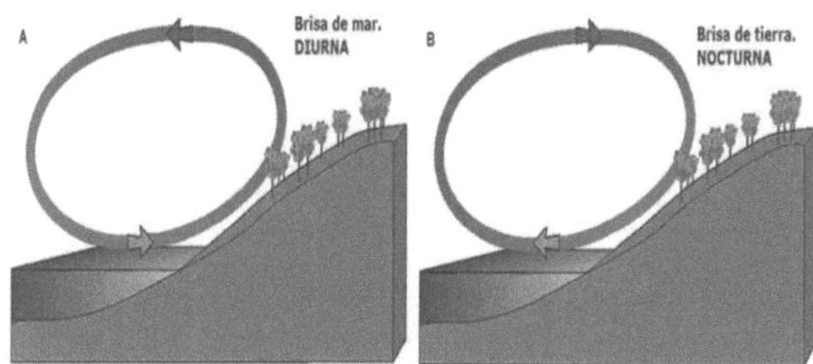

Las brisas

- Existen 3 tipos:

* Brisa del valle: Remonta de aguas abajo. Se inicia entre las 9'00 y las 10'00 horas en verano y hacía las 13'00 horas en invierno

* Brisa de Montaña: Se trata de descenso de aire frio. Se establece poco después de terminar la brisa del valle. Su flujo es irregular y corresponde a pequeños paquetes de aire frio.

* Brisa glaciar: Se debe a un enfriamiento local y permanente por la presencia de hielo. El aire se enfría en contacto con el hielo y tiende a bajar por el valle.

El efecto Föehn

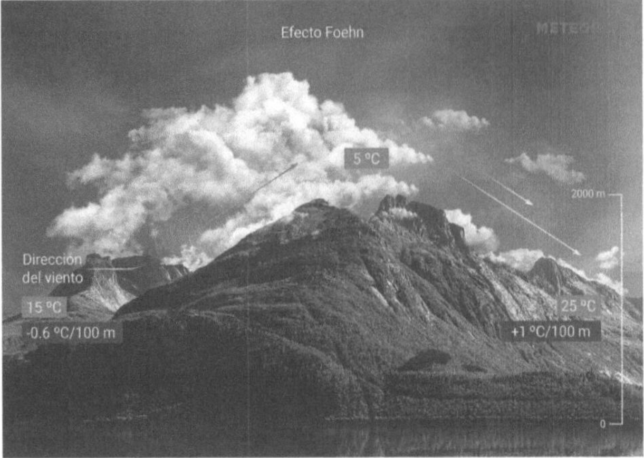

El Föehn es uno de los vientos a tener mas en cuenta cuando practicamos montaña. Es un viento de sur que sopla en los valles, llega muy caliente y húmedo, al elevarse cuando choca con una montaña solo pierde temperatura a razón de 0'5ºC por cada 100m, sin embargo, cuando baja seco recupera la temperatura a razón de 1ºC x 100m, con lo cual eleva mucho la temperatura de las caras norte provocando fusión de nieve y peligro de aludes.

La humedad

-Se entiende por humedad relativa del aire al % de vapor de agua que tiene una determinada masa de aire. Ese valor no es constante y depende principalmente de su temperatura.

-Cuando una masa de aire tiene la cantidad máxima de vapor de agua que puede contener se dice que está saturada o que se ha llegado a su punto de saturación. Esta al 100% de capacidad de vapor de agua.

-Se mide con el higrómetro

-La humedad relativa es la relación entre la cantidad de vapor contenida en un volumen de aire y la cantidad máxima de vapor de agua que podría contener el mismo volumen expresándola en %.

Medidas de precipitación

-La lluvia se mide en pluviómetros y en litros metro cuadrado, o en su equivalente milímetros de altura (mm)

LAS NUBES

Cómo leer las nubes ¿Va a llover?

Antes de pasar a explicar este breve tema, recordar que debéis siempre consultar la meteorología antes de entrar a realizar una actividad de montaña. NUNCA debéis de olvidar vuestra seguridad. La página web recomendada para tal efecto es la de AEMET.

Es de vital importancia que en la previsión comprobéis la meteo en las zonas altas de la cuenca hidrográfica del barranco que pretendéis realizar, puesto que se puede dar el caso en las grades cuencas que en un punto esté lloviendo abundantemente y en el lugar de realización de la actividad haya un sol de justicia.

No pretendemos formar profesionales meteorólogos, pero tampoco viene mal tener ciertos conocimientos al respecto. No son pocas las veces en las que un grupo de nubes nos invita a abandonar la montaña. En ocasiones y ya en el coche miramos por el retrovisor y lo que nos despide es un sol radiante no, lo siguiente.

No pretendemos hacer una guía y decálogo sobre qué hacer o no en la montaña, y mucho menos si hablamos de fuerzas de la naturaleza. Pero sí que tengamos unas nociones básicas que en situaciones de peligro relativo o controlado nos permita tener más información al respecto de qué hacer ante un frente nuboso.

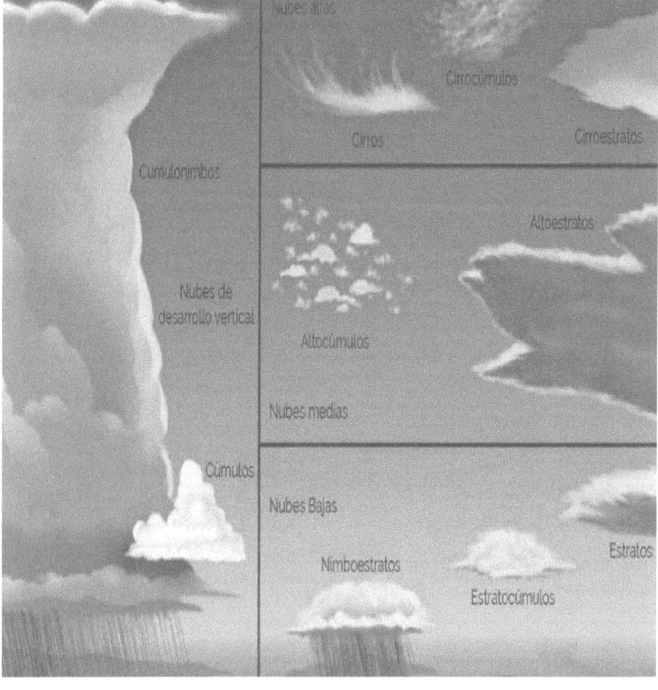

Existen 4 grandes grupos de nubes.

- Altas
- medias
- bajas
- verticales.

Dentro de estos grupos existen otros tanto tipos que anticipan frentes fríos, anticiclones, borrascas, danas, tormentas, etcétera.

Os las describo:

1. Nubes altas.
   Cirros, Cirro-cúmulos,Cirro-estratos.
2. Nubes medias.
   Alto-cúmulos, Alto-estratos, Nimbo-estratos.
3. Nubes bajas.
   Estrato-cúmulos, Estratos.
4. Nubes de desarrollo vertical.
   Cúmulos, Cumulonimbos.

Cirros

Las nubes de tipo cirros están hechas de hielo. Son delgadas y muy tenues. Generalmente predicen buen tiempo hasta que comiencen a espesar debido a una caída en la presión barométrica. Requieren por lo tanto observación para comprobar su evolución.

Cirro-cúmulos.

Las nubes de tipo cirro cúmulos son nubes blancas que se sitúan a una altura de entre 5,02 y 13,71 Km. Están formadas fundamentalmente por cristales de hielo. Indican que el buen tiempo ya está aquí.

Cirro-estratos.

Son también hielo a gran altitud. En ocasiones cubren todo el cielo y son tan finas que es posible ver el sol o la luna. Estas nubes suelen producir un curioso efecto de halo. Mientras más gruesas mayor será la posibilidad de que llueva o nieve en las 24 horas siguientes. Si son seguidas nubes de altitud media, el chaparrón lo tienes garantizado.

Alto-cúmulos.

Se sitúan en la capa media. Hablamos de entre 1,98 y 7,01 KM. Si la formación se inicia a la mañana normalmente por la tarde suelen traer tormentas eléctricas.

Alto-estratos.

De color gris con tonos azulados. En la mayoría de las ocasiones predicen tormentas. Se trata de un nuboso uniforme. El sol luce tenue y turbio. Normalmente asociados a frentes cálidos suelen traer lluvias o nevadas débiles.

Nimbo-estratos.

Capas uniformes normalmente de gris oscuro. Cubren todo el cielo y se producen en situaciones de lluvias. Con frecuencia reposan en forma de nieblas sobre las montañas.

Estrato-cúmulos.

Formada por una capa de nubes grises y de dimensión horizontal, más largas que altas. Dan un tono plomizo al cielo y normalmente no producen lluvia, aunque sí denotan humedad.

Estrato.

Pueden formar nieblas a ras de suelo. Se distinguen con facilidad del resto de tipos de nubes y normalmente cubren zonas bajas de valles en situaciones de buen tiempo.

Cúmulos.

Con bordes claramente definidos y un aspecto similar al algodón. Los cúmulos pueden formarse solos o en grupos, también en fila. Los cúmulos son precursores de otros tipos de nubes, como el cúmulo-nimbo. Ambos y cuando se forman con intensidad están asociados con fenómenos de tiempo severo tales como granizo, trombas o mangas de agua y tornados.

Cumulonimbos.

Nubes típicas que anuncian tormentas intensas. Pueden llegar a producir granizo. Puede alcanzar hasta 15 kilómetros de altura y a esta altura, los vientos aplanan la punta de la nube en forma de yunque. Son oscuras en la base y están asociadas a tormentas, nieve, granizo, relámpagos y tornados.

TORMENTAS

- La tormenta es una descarga brusca de electricidad atmosférica que se manifiesta por un resplandor breve, el relámpago, y por un ruido seco o estruendo sonoro, el trueno.
- El relámpago es la manifestación luminosa de una descarga eléctrica brusca
- El trueno se debe a la expansión rápida de los gases a lo largo de un canal de descarga eléctrica
- El rayo es la descarga con relámpago que salta de una nube al suelo y que puede alcanzar hasta 200000 amperios

APLICACIONES PARA MOVILES

Antiguamente para la profesión de Guía se exigía encarecidamente que siempre se llevase el parte meteorología impreso. Actualmente y con el auge de las aplicaciones móviles podemos acceder a infinidad de modelos meteorológicos y llevarlos descargados para una misma zona.

Algunas de las aplicaciones más útiles

Aemet

Meteoblue

El tiempo

Yr

Avamet

NIVOLOGÍA

EL MANTO NIVOSO

El manto nivoso está formado por una superposición de distintas capas de nieve, las cuales se corresponden a nevadas o acumulaciones de nieve debido al efecto del viento. Cada capa de nieve evoluciona en función de las condiciones meteorológicas imperantes una vez se ha depositado dicha capa, ya sea sobre el terreno como encima de otra capa de nieve. De esta manera, podremos estar pisando nieve en polvo mientras duren las bajas temperaturas tras la nevada o avanzar por una superficie incómoda e irregular debido a la acción del viento. Por el contrario, en primavera pasaremos de nieve encostrada a primera hora a nieve húmeda y pastosa a mediodía.

El manto nivoso, en el cual se forman las avalanchas, está delimitado por la atmósfera (por encima) y por la superficie del suelo (por la parte inferior).

Este condicionante provoca grandes fluctuaciones de la temperatura de la nieve, especialmente en el ciclo calentamiento-enfriamiento, durante las horas diurnas y nocturnas y también a las condiciones meteorológicas predominantes. Normalmente, estos efectos se combinan para producir una superficie que es más fría que la superficie límite inferior, la cual está aislada de las fluctuaciones diurnas.

El efecto a largo plazo es un gradiente de temperatura en el manto el cual, por convección, va en la dirección del incremento de temperatura. Por ejemplo, cuando el gradiente de temperatura es 0ºC por todas partes implica un manto completamente húmedo

LOS ALUDES

La nieve supone un riesgo natural cuando las condiciones son propicias para el desencadenamiento de aludes, sobre todo cuando puede afectar a bienes y/o personas. A nivel estadístico, si tomamos el periodo comprendido entre el 1989 y el 2010, han fallecido 152 personas en ambas vertientes del Pirineo a causa de aludes, con una media de 7 personas cada invierno. (Actualmente superamos los 200) Los aludes de grandes dimensiones, que pueden recorrer distancias kilométricas y destruir viviendas, son poco habituales. En cambio, los aludes más peligrosos son aquellos que se desencadenan por un debilitamiento de los anclajes al paso de una o más personas, al ejercer una sobrecarga sobre un manto nivoso con capas débiles internas. Los practicantes de actividades en alta montaña invernal (esquiadores/surfistas fuera pista, esquiadores de montaña, alpinistas, raquetistas, etc) deberían ser capaces de reconocer las laderas donde la nieve es inestable, mediante cursos de formación y mediante la consulta de los boletines de predicción de aludes existentes en los Pirineos.

Un alud es una masa de nieve que se desliza vertiente abajo debido a una inestabilidad en el manto nivoso. En el momento de la caída de un alud intervienen diversos factores como, por ejemplo, las condiciones meteorológicas -que determinan la evolución de la nieve- o las condiciones del terreno, que controlan ese manto nivoso en el suelo.

La nieve, una vez depositada sobre el terreno, está fijada mediante anclajes -que podemos denominar como fuerzas resistentes- los cuales pueden ser naturales (piedras o vegetación), fuerzas de rozamiento entre capas de nieve o la cohesión existente en los granos.

Contrarrestando esas fuerzas resistentes encontramos unas fuerzas motrices que tienden a movilizar el manto. Por un lado tenemos el peso de la nieve, y por otro, la inclinación de la ladera. Cuando el manto nivoso es estable predominan las fuerzas resistentes mientras que en un manto inestable prevalecen las motrices, existiendo en ocasiones un equilibrio precario entre estos dos estados que se romperá a la más mínima variación, desencadenándose el alud.

Para que se produzca un alud ha de observarse una disminución de la cohesión entre los granos o también un aumentodel peso del manto debido a una nevada, al viento o al paso de una persona, animal o máquina.

Para poder evitar o prevenir un peligro debemos, primero, conocer a lo que nos enfrentamos. Gestionar un terreno de aludes será nuestro principal objetivo ya que, por un lado, el manto nivoso acostumbra a ser poco fiable.
Disponer de un buen conocimiento de la gestión del terreno nos permitirá vivir una larga vida disfrutando de la nieve y las montañas. ¿Y por qué decimos esto?: porque el terreno -en contraste con la nieve, la meteorología y la gente- no varía.
El especialista en aludes y nivólogo estadounidense, Bruce Tremper, enumera algunas variables del terreno que a continuación resumo:

- Pendiente (De todas estas variables destacaremos en este curso, sobre todo, la inclinación de la pendiente. El peligro máximo de avalancha se ubica en los 39º, siendo entre los 34º y los 45º las zonas de salida más frecuentes. Le sigue un peligro moderado entre los 30o y los 34o y de manera más residual o menos frecuente, las pendientes de menos de 30º.)
- Anclajes versus obstáculos (árboles o rocas espaciados; ya no anclan sino que obstaculizan en caso de alud)
- Orientación respecto al viento (sobre acumulaciones a sotavento y formación de placas)
- Orientación respecto al sol (en umbrías, mayor posibilidad de formación de capas débiles persistentes)
- Altitud (a más altura, mayor peligro debido a la falta de anclajes naturales, mayor inclinación, manto más variable, más viento...)

¿CUAL ES LA MEJOR PREVENCIÓN?

Conocer y saber los peligros a los que estamos expuestos.

Saber cómo evitar estos peligros.

GESTIÓN DE PELIGRO EN ALUDES

Si observamos síntomas de inestabilidad del manto nivoso debemos:
- Consultar el boletín de Peligro de aludes
- Observar indicios de inestabilidad sobre el terreno
  * Trazando rutas seguras

Nieve reciente

Nieve reciente: a mayor acumulación y densidad, mayor peligro

Reciente y rápido aumento de la temperatura de un manto nivoso que se mantenía frío y seco.

- Gestión del peligro y del terreno:

Una purga inofensiva puede arrastrarnos a un terreno trampa (cruzando una canal con resalte rocoso o risco por debajo de nosotros).

Evita las trampas del terreno y las pendientes largas y/o pronunciadas hasta que se estabilice el manto.

Si se observan purgas al bajar, la mejor opción es flanquear o ir en diagonal para evitar que las purgas que provocamos nos arrastren.

Nieve venteada

Atención a la línea de crestas, bajo collados, entradas de canales y a los lados de los barrancos (carga cruzada).

¡¡¡Atención!!!:

una placa de viento cubierta por nieve reciente que ha precipitado sin viento es muy difícil de detectar.

- Problemática: la nieve venteada puede generar placas desde muy blandas a muy duras y desde delgadas a muy gruesas.

Las placas blandas superficiales se gestionan mejor que las duras porque acostumbran a romperse justo por debajo de donde nos encontremos. Se desencadenan con facilidad y podemos reaccionar con facilidad.

Para identificarlas podemos meter la mano en el manto y sacar pequeños bloques para comprobar su cohesión. Otra opción es desplazarse a vertientes pequeñas para probar como responden bajo nuestro peso.

Las placas duras ya son otra historia; son difíciles de fracturar y cuando esto sucede, nos encontraremos en medio (en el lado “malo” de la fractura).

Detectar una placa dura es difícil y si no se tiene experiencia es mejor evitarlas o, en todo caso, realizar pequeñas pruebas en vertientes seguras (de 6 m. de altura como máximo)

Capas débiles persistentes

Es difícil identificar el problema y es de los más típicos relacionados con accidentes. A menudo no se ven indicios.

Emiten “señales de alarma” como un crujido o "woumph" cuando quedan enterradas por una nevada reciente. En ocasiones se observan grietas que propagan. A menudo no ofrecen estas pistas si se reactivan por nevadas sucesivos, por lo que, la única manera de detectarlas será mediante la elaboración de perfiles en el manto nivoso.

Lo mejor ante este problema es, obviamente, evitarlo y tomar decisiones conservadoras con respecto al terreno.

La lectura detenida del Boletín de Peligro de Aludes y una actitud conservadora serán las mejoras armas para evitar desencadenar este tipo de aludes.

Nieve húmeda

Un alud de fusión está caracterizado por una masa de nieve muy densa, que desciende lentamente y fluye adaptándose a la orografía. Suele discurrir por canales o corredores.

Es un tipo de problema que permite al montañero o esquiador, en ocasiones, prever o esquivar su trayectoria.

Gestionar el problema de la nieve húmeda consiste en anticiparnos y evitar vertientes expuestas durante las horas de más insolación.

Debemos estar atentos a la caída de purgas húmedas o también a la caída accidental de purgas provocadas por otros esquiadores ya que es un indicio claro de inestabilidad.

Deslizamientos basales

Normalmente los aludes que se dan son de origen natural y se pueden observar en cualquier orientación, aunque con más frecuencia en vertientes soleadas.

El problema puede durar de días a meses o toda la temporada.

Su identificación es muy difícil. La aparición de grietas puede ser un indicador aunque no implica la caída del alud por deslizamiento de manera inmediata.

Trampas del terreno

Terreno trampa: es aquel que agrava las consecuencias en caso de alud. Por lo tanto, debemos observar por donde circulamos y evitar este terreno trampa que nos comportaría consecuencias fatales en caso de desencadenarse una avalancha o de resbalón.

Podemos citar algunos ejemplos, como:

- Canales y corredores
- Acantilados o riscos
- Grietas de glaciar
- Obstáculos (árboles, rocas)
- Cambios de pendiente

Trampas del Subconsciente

La manera de actuar y las decisiones a tomar a la hora de cruzar una vertiente serán determinantes, ya sea si circulamos solos o en grupo. Así pues, ¿cómo han de ser esas decisiones?:

Debemos analizar toda la información de la que disponemos, lo cual requiere de un esfuerzo mental y de tiempo.

Ha de ser una decisión más o menos rápida ya que se dispondrá de poco tiempo.

La combinación de requerir un esfuerzo para pensar y el poco tiempo disponible para tomar una decisión induce, en ocasiones, a cometer errores debido a que dominará en esos instantes el subconsciente. Estaremos ante una trampa heurística, es decir, un proceso interno de nuestra mente que nos permite automatizar elecciones y a elegir alternativas rápidas. Se trata de reglas simples, rápidas y que no implican esfuerzo mental. Sólo analizaremos 1 o 2 evidencias (no toda la información) lo que inducirá a ERRORES FATALES.

Factor humano

Factor humano y comportamiento versus accidentes:

1. Familiaridad y hábito: bajamos la guardia cuando estamos en terreno familiar (nos sentimos más seguros).
2. Aceptación y deseo de seducción: nos gusta ser aceptados por los demás (los grupos mixtos tienen más probabilidades de sufrir accidentes que los de un solo género).
3. Compromiso y flexibilidad: cuando estamos muy comprometidos con un objetivo o identidad. No disponer de planes flexibles u opción B.
4. Ser un experto: seguir al supuesto experto.
Recordemos que un líder no siempre tiene conocimientos de aludes. Tal vez será mejor esquiador o tendrá un carácter más fuerte, pero nada más...
5. Trazas: seguir caminos equivocados. Competencias para abrir huella. Vigilemos a quien seguimos!.
6. Social: posicionamiento social e instinto gregario, es decir, actuar juntos pero sin una dirección planificada. Tal vez es mejor salir en grupos pequeños, tomando nuestras propias decisiones consensuadas.

EL PERFIL ESTATIGRÁFICO.

Test de Estabilidad

El manto nivoso es una superposición de capas de nieve, que corresponde a las distintas nevadas que se han producido a lo largo de la temporada.

Cada capa o estrato de nieve presenta unas características morfológicas, termodinámicas y mecánicas concretas. Estas características son las que proporcionan al manto un determinado grado de estabilidad y, por lo tanto, condicionan la posibilidad de que puedan producirse aludes. En función de los elementos meteorológicos (temperatura, precipitación, viento, humedad, etc.) el manto nivoso va evolucionando de un estadio a otro, variando por tanto su grado de estabilidad.

Los sondeos por golpeo y los perfiles estratigráficos o nivológicos son como una radiografía del manto nivoso. Permiten conocer la estructura del manto en un lugar y momento concretos. A partir de ellos, junto con los datos nivometeorológicos diarios, se elaboran los boletines de predicción de aludes.

El sondeo por golpeo consiste en hacer penetrar en el manto una sonda de un tamaño y un peso determinados y calcular la resistencia que ofrece a la penetración. La resistencia a la penetración da idea de la cohesión de cada capa de nieve.

Posteriormente se realiza el perfil estratigráfico, que consiste en hacer un corte vertical en la nieve de manera que todas las capas queden a la vista y puedan ser descritas en detalle (tipo y diámetro de los granos, humedad, dureza y densidad), y finalmente se realiza un perfil de temperatura, tomando este parámetro cada 10 cm, desde la superficie hasta la base del manto.

Mediante el perfil estratigráfico es posible observar el tipo de contacto y el grado de unión entre diferentes capas. Es necesario observar la posible existencia de:

- Superficies de contacto entre una capa de nieve vieja y una de nieve reciente.
- Capas delgadas de débil cohesión (cubiletes o escarchade superficie cubierta por nieve reciente) que forman discontinuidades entre capas de mayor resistencia.
- Costras de re-hielo muy lisas o capas de hielo.

Siguiendo estas pautas de análisis, uno puede hacerse una idea aproximada del grado de estabilidad del manto nivoso en un sector concreto, para una determinada orientación y cota. Dependiendo de la propia experiencia, puede llegarse a estimar el peligro natural y accidental de aludes.

Existen métodos para evaluar la posibilidad de que en una vertiente se produzca el desencadenamiento accidental de una placa, lo que tradicionalmente se ha llamado tests de estabilidad.

Existen algunos -de los muchos tests de estabilidad que existen- que se hacen rápidamente, sin necesidad ni siquiera de la pala y, por otro lado, tests que nos darán más trabajo pero de los que obtendremos más información.

La información que nos proporcionarán estos test será de vital importancia ya que se trata de la comprobación real que alguna cosa sucede por debajo de nuestros pasos. Seguidamente, listamos algunos, ordenados desde los más rápidos a los más laboriosos:

Test de la vuelta maría: observaremos si en el momento de realizar el giro, abriendo huella, se abren grietas en el triángulo de nieve que aislamos al girar.

Test del bastón: cogeremos el bastón al revés e introduciremos la empuñadura en el manto en busca de capes blandes por debajo de la más superficial.

Test de la doble huella: Abriremos dos huellas, separadas una de otra uno o dos metros. De esta manera, el manto habrá quedado descalzado y podrá ceder cuando pasemos o hagamos un pequeño salto.

Test de la mano: aislaremos un bloque de nieve de 30x30 cm y lo presionaremos por su parte superior, observando si cede o desliza.

Test de la ladera: buscar una ladera con inclinación de entre 30-45º y buscar el desencadenamiento de un alud. Lógicamente, debemos buscar una ladera con muy poco recorrido y sin terreno trampa.

Test de la cornisa: Con una sierra o un cordino con nudos desprenderemos una cornisa encima de una vertiente sospechosa, observando si se produce algún desencadenamiento. Nunca realizaremos el desprendimiento de la cornisa con los esquís o los pies.

Test de compresión: Se trata de un test más laborioso que consiste en aislar una columna de 30x30 cm, retirando con la pala la nieve de la parte frontal y de uno de los laterales, mientras que la parte posterior y el otro lateral se cortan con una sierra o cordino. A continuación, colocaremos la pala sobre la columna y golpearemos encima. Los primeros 10 golpes serán suaves, con la punta de los dedos, dejando caer la mano desde la muñeca. Las 10 siguientes, pondremos el codo a la altura de la hoja de la pala y dejaremos caer la mano, golpeando con los dedos o los nudillos. Los últimos 10 golpes se harán con el puño cerrado, dejando caer todo el brazo. Si el bloque cede mientras los aislamos o en los primeros 16 golpes, significará que Técnico de predicción de aludes evaluando la estabilidad del manto mediante un perfil estratigráfico y la identificación del tipo de cristales de nieve de las capes existentes es fácil iniciar una fractura y debemos prestar mucha atención al circular. Si falla en los golpes de 17 a 20 el resultado es dudoso. Si la fractura del manto se produce a partir golpe 21 la fractura del manto será muy poco probable.

Test de la columna extendida: Aislaremos un bloque de 90 cm de ancho y 30 cm de lado, cortando la parte trasera con una sierra o con un cordino con nudos de 2,5 m de largo. A continuación realizaremos una sobrecarga de la misma manera que en el test de la compresión, golpeando sobre la pala con la muñeca, el codo y el hombro. Si observamos una fractura que no atraviesa el bloque entero, continuaremos sobrecargando hasta que esto suceda o hayamos completado los 30 golpes. Si aparece una fractura que cruza el bloque entero mientras lo aislábamos o una vemos que una fractura se inicia y cruza el bloque entero en el golpe siguiente a iniciarse el test, entonces se considera inestable. En cualquier otro caso, es decir, si no aparece fractura o si aparece fractura pero no se propaga por el bloque entero o necesita más de dos veces para propagarse, entonces el test se considera estable.

¿Que hago .... Si hay riesgo de aludes,.... 4 o 5... ?

¡¡¡Quedarme en casa tomando cervezas con los amigos.!!!

MATERIAL OBLIGATORIO Y OTRO A TENER EN CUENTA EN ACTIVIDADES DE NIEVE.

<u>EL ARVA</u>

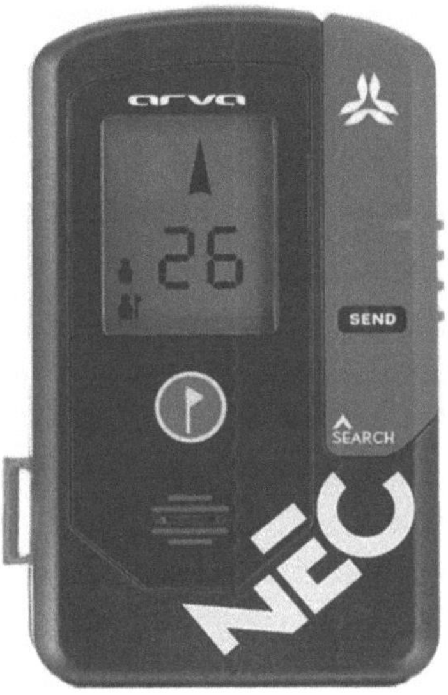

Appareil de Recherche de Victimes d´Avalanches, o lo que es lo mismo, dispositivo de búsqueda de víctimas de avalanchas. De ahí vienen las famosas siglas que forman ARVA. El funcionamiento de este aparato es bastante sencillo. En el modo EMISIÓN, lo que hace es emitir continuamente unas señales con una frecuencia determinada (457 kHz). En el caso de que algún compañero nuestro haya sido sepultado por un alud, cambiando al modo RECEPCIÓN, podremos recibir la señal del Arva del compañero y llegar hasta él en mucho menos tiempo.

¡¡Importantísimo!! ¿Dónde llevar el Arva? NUNCA en la mochila. Si te coge un alud, cuanto más cerca lo lleves del cuerpo, mejor (para eso está el arnés con el que viene). La mochila se puede llegar a perder durante la avalancha.

Principalmente, distinguimos los Arvas dependiendo del número de "antenas" que lleven. Los tenemos desde 1 antena (Pieps Freeride) hasta 4 antenas+GPS (Pieps Vector).

Además, actualmente están saliendo modelos como el Ortovox S1 o el Mammut Pulse que incorporan tecnologías distintas (doble frecuencia, sensor de movimiento...) Obviamente, hay diferencias entre todos. Peso, tamaño, precio...y funcionalidad. Los que más se ven, son los digitales de 3 antenas. Indican dirección y distancia(+/- alcance dependiendo del modelo), mediante la detección de las líneas de flujo que emite el Arva buscado. En relación calidad/precio suelen ser de los más competitivos.

Después tenemos los de 1 única antena, tradicionalmente conocidos como el Arva de los egoístas, pues emite igual que el resto, pero a la hora de recibir requiere de un conocimiento más complejo de la técnica de búsqueda. Son menos intuitivos, requieren mucha más práctica...lo cual, desde mi punto de vista, es una ventaja, pues estás más acostumbrado a usarlo que los "cómodos" de 3 antenas. Sus puntos a favor son el precio, tamaño, autonomía...

Y en la parte "alta" de la tabla, tenemos el Pieps Vector. Las 4 antenas, junto con el GPS, permiten triangular el Arva buscado, lo que hace que la búsqueda sea mucho más rápida y efectiva. El punto débil, el precio...al alcance de pocos bolsillos. Además, hace poco saltó alguna alarma en PIEPS y han pedido que la gente que los compró los devuelva para arreglar some issues....

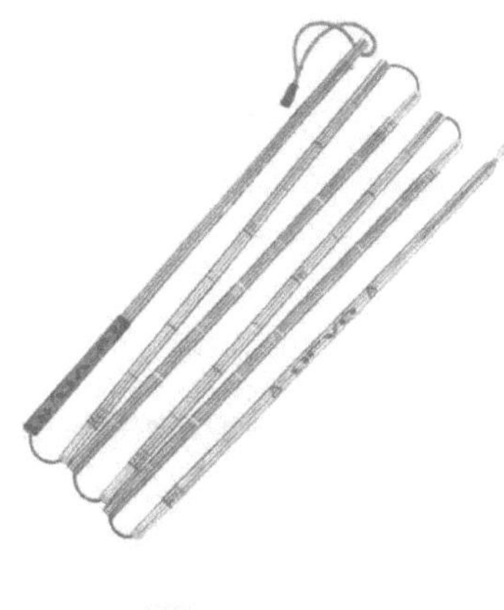

LA SONDA

Quizás, el aparato que menos uso le veamos. Pero ni mucho menos!. Su aplicación principal es determinar la profundidad a la que está enterrada la víctima. Los Arvas nos darán una precisión bastante exacta, pero si queremos determinar el punto exacto, tendremos que usar la sonda. Más adelante hablaremos de técnicas de sondeo, cuándo es el momento en el que hay que usarla...

Las hay más o menos largas, más o menos ligeras...a gusto del consumidor.

LA PALA

Tercer y último elemento de este kit básico. Creo que no hace falta explicar para qué se usa ni cuando hay que usarla...o eso espero!!.

Como el eterno debate de esquí vs snow, aquí tenemos el debate mango retráctil vs mango desmontable. Cada uno tiene sus pros/ contras. En el caso de la desmontable, se puede llegar a perder el mango en una caída, pero sí que permite más "maniobrabilidad" a la pala. Yo llevo una desmontable, pero como en el caso de la sonda, va a gusto del consumidor.

Conclusión...que hay que hacerse con este tipo de cosas. Y sobre todo, una vez las compramos, hay que saber usarlas. No cuesta nada perder media hora después de esquiar practicando un poco con estos trastos, para que el día que tengamos que usarlo de verdad (que esperemos no sea nunca), sepamos usarlo y no perdamos un tiempo valioso.

Como habréis visto en muchos sitios, existe un famoso gráfico que relaciona la probabilidad de supervivencia y el tiempo enterrado:

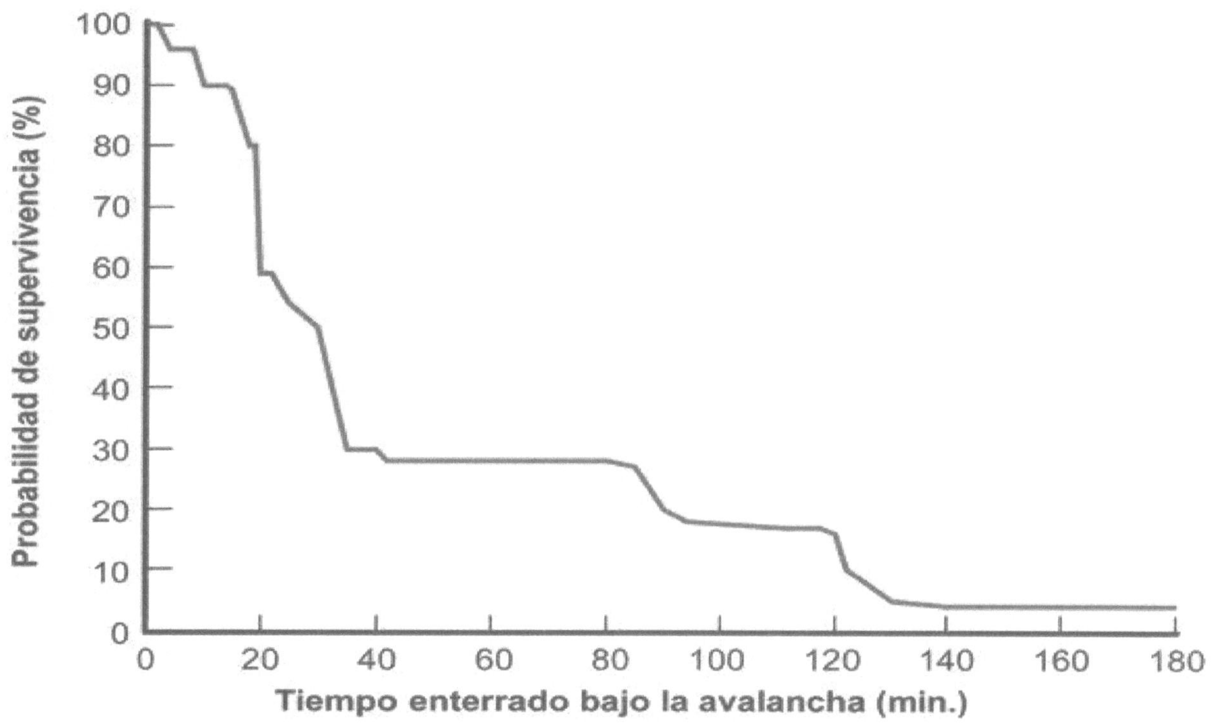

Como veis, los primeros 15-20min son claves. Por eso insisto en tener bien claro los pasos a seguir tras una avalancha, y sobre todo, hay que saber usar el material de seguridad que hemos ido adquiriendo. Si no...a la estadística me remito :-(

EL AVALUNG

El Avalung es otro dispositivo de seguridad diseñado específicamente para situaciones en las que una persona queda enterrada bajo la nieve. Incorpora una boquilla que se conecta a un sistema de filtros en la parte delantera.

Cuando estás bajo la nieve, puedes respirar aire a través de la boquilla. El aire exhalado, que es caliente y pobre en oxígeno, se expulsa a través de una válvula en la parte trasera.

Esto permite que la persona atrapada prolongue su tiempo de supervivencia mientras espera ser rescatada.

EL ABS (AVALANCHE BALLOON SYSTEM)

El avalancha airbag es un dispositivo diseñado para aumentar las posibilidades de supervivencia en caso de una avalancha. Funciona mediante un proceso similar a la segregación inversa.

Cuando se activa, el airbag se infla rápidamente, convirtiéndote en un objeto más grande. Esto te permite flotar en la parte superior de la avalancha en lugar de ser arrastrado hacia abajo por la nieve. Imagina que es como el efecto de las nueces brasileñas: las nueces más grandes tienden a quedarse en la parte superior, mientras que las más pequeñas se desplazan entre los espacios.

El avalancha airbag se integra en una mochila que también puede llevar tu equipo habitual. Aunque estos airbags pueden aumentar tus posibilidades de supervivencia en un 50%, no son una garantía absoluta.

Recuerda que son tu último recurso en situaciones peligrosas y que aún puedes sufrir lesiones incluso si los despliegas.

EL AVAGEAR

El Avagear es un dispositivo que está siendo desarrollado y probado en la actualidad en Estados Unidos. A diferencia del ABS (Sistema de Bolsa de Aire para Avalanchas), que se incluye en una mochila, el Avagear es un sistema de globos que se colocan en la parte del cuello y los hombros de un anorak o chaleco especiales

EL K2 AVALANCHE BALL

El Avalanche Ball es un pequeño bolsillo o riñonera que contiene un globo rojo. Cuando se activa, el globo se infla rápidamente y permanece conectado al usuario mediante una cuerda de seguridad de aproximadamente seis metros.

Durante una avalancha, el globo se mantiene en la superficie de la nieve, lo que facilita su localización visual.

No requiere dispositivos electrónicos ni conocimientos especializados para su uso.

LAS AVALANCHAS

Vas bajando (o subiendo), y de repente el suelo empieza a moverse. Vale, la hemos liado. Momento de accionar cualquier material "adicional" que lleves encima (ABS, Avalung...) y de moverte hacia los lados de la avalancha. Ya se que es fácil decirlo y otra cosa es hacerlo, pero hay que intentarlo. Eso disminuirá algo la probabilidad de quedar enterrado totalmente. Una vez te veas arrastrado, hay que intentar librarse de esquís/bastones, ya que pueden hacer de ancla, tirando hacia abajo. Y a partir de ahí, importantísimo CERRAR LA BOCA y tratar de mantenerse en la superficie dando patadas, nadando...lo que sea. Si no se ve claro, lo que se debería hacer es cubrirse la cabeza con los brazos para conseguir la mayor "burbuja" de aire posible. Y una vez parado, hay que intentar relajarse y esperar. Suena utópico, pero presa del pánico lo único que conseguiremos será gastar más rápido el oxígeno.

ACTUACIÓN ANTE UN RESCATE:

Regla número 1: intentar no perder de vista en ningún momento al compañero envuelto, para tener claro una primera zona de búsqueda. Una vez determinada esa primera zona, conviene que alguien se haga cargo de la situación. Se que suena raro, pero si vamos un grupo de personas, no todos podemos mandar. Esa persona lo normal es que sea la que tenga mayor experiencia, o en su defecto, el que esté más sereno y más capacidad tenga de sobreponerse a la impresión de la avalancha.

Lo primero siempre será ponerse en un lugar seguro. Se acaba de producir un avalancha, por lo que la zona por la que estamos bajando/subiendo no es 100% segura. Una vez ahí, TODOS los Arvas hay que cambiarlos al modo búsqueda, para no interferir en ésta. Si somos un grupo lo suficientemente grande, mientras unos empiezan la búsqueda, alguien tendrá que ser el encargado de realizar la llamada de emergencia pertinente (112 - Emergencias). Si estás tú solo, la prioridad es tu compañero. La llamada tendrá que hacerse una vez esté desenterrado.

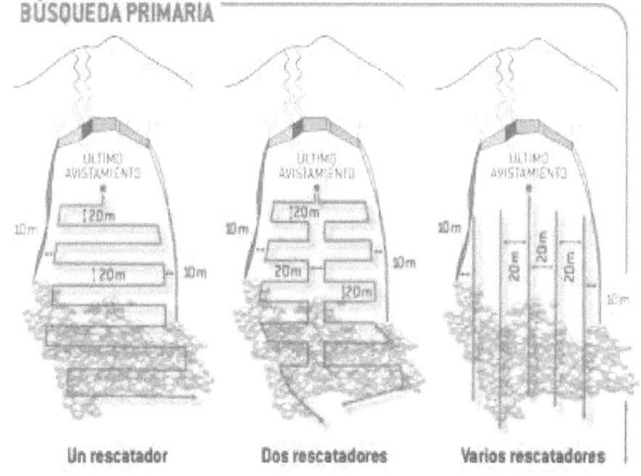

PRIMERA FASE DE LA BÚSQUEDA

Este gráfico (OJO, solo válido para Arvas multiantenas) ilustra bastante, bastante bien, esta primera fase de búsqueda. Si recordamos el último punto donde vimos a la víctima, nos ahorrará unos minutos valiosos de búsqueda. Cada Arva es distinto, y dependiendo de las características de cada uno, habrá una técnica más o menos precisa para optimizar esta primera fase. Con la compra del aparato, lo normal es que el fabricante incluya una descripción que siempre será mejor que lo que yo pueda escribir aquí.

Con Arvas de 3 antenas (los más habituales en el mercado), y si estamos familiarizados con la búsqueda, en muy poco tiempo desde que recibamos la primera señal, llegaremos a una zona muy próxima al lugar donde está enterrado el compañero/a. Pasamos pues a la segunda parte...

SEGUNDA FASE DE LA BÚSQUEDA

Una vez estamos cerca (~5m), toca afinar bien. Importante, el Arva siempre debe estar lo más pegado al suelo posible, para minimizar la distancia todo lo que podamos. Cuando encontremos un "mínimo", marcaremos un poco el lugar. A partir de aquí, hay algunos métodos para terminar de afinar.

Yo os voy a contar la búsqueda en cruz, que creo que es el más eficaz y sencillo.

Básicamente consiste en trazar una cruz (más bien una X), desde el punto donde hemos encontrado el mínimo. Con el Arva pegado al suelo y sin cambiar la orientación/posición de éste, nos alejamos, hasta que la distancia claramente aumente. Volvemos al centro y en sentido opuesto nos volvemos a alejar. Hacemos lo mismo con las otras dos aspas de la X o de la cruz, de manera que vayamos cercando poco a poco el lugar donde haya que cavar.

Una vez tenemos definida la zona donde está enterrado el compañero/a, empezamos a sondar. Se debe sondar lo más perpendicularmente posible a la nieve, y la técnica no tiene mucho misterio. Yo he probado dos maneras de sondaje distintas y las dos resultan bastante eficaces.

TIPOS DE SONDAJE

• Sondaje en espiral : Desde el mínimo, vamos sondando cada 20-30cm, aumentando otros 20- 30cm el radio de cada vuelta del espiral.

• Sondaje con círculos concéntricos : Empezamos con sondajes en un círculo de radio grande, y vamos disminuyendo cada vez hasta encontrar a la víctima.

En principio, ya tenemos localizada al compañero/a...a partir de ahora toca ponerse a sudar de verdad y a cavar como locos. Lo ideal es cavar POR DEBAJO del lugar donde estaría clavada la sonda.

Digamos que si la sonda está clavada en el vértice superior de un triángulo rectángulo, empezaríamos a cavar por la hipotenusa.

Una/dos personas deberían ser los que cavan en horizontal hacia la víctima, mientras que el resto retiran la nieve que van dejando los de delante. Y así, sucesivamente, como formando una V.

Obviamente, el tamaño de la V varía según el número de personas que seamos...

Si hemos sido lo suficientemente rápidos habremos sacado a la persona que se llevó el alud. Por eso insisto en que hay que entrenar y practicar esto de vez en cuando, para que si llega el momento de tener que usar estos conocimientos, podamos hacerlo de la manera más ágil y rápida posible.

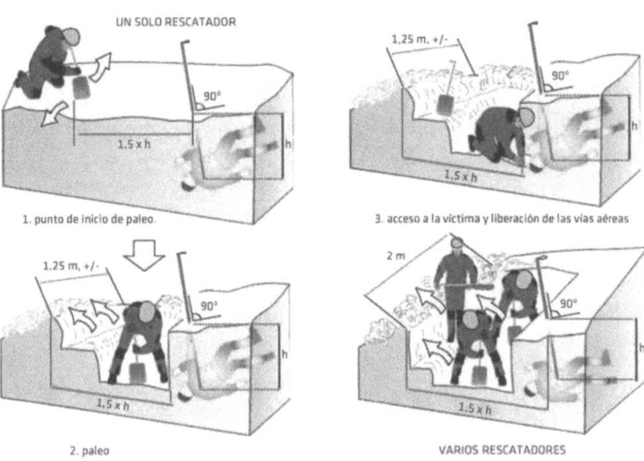

Técnicas de desenterramiento eficientes: un solo paleador, dos paleadores.

AUTOASEGURAMIENTOS Y AUTODENTENCIONES EN CONDICIONES DE PROGRESIÓN POR NIEVE

AUTOSEGURO:

Cuando se evoluciona por nieve debemos de autoasegurarnos al piolet, es una de nuestras herramientas principales en terrenos nivosos. Se hace introduciendo el mango en la nieve para evitar que un resbalón o tropezón se convierta en un accidente.

El piolet se clava mientras los pies están seguros y se mueve cuando han avanzado ambos y se encuentran de nuevo en posición de equilibrio.

Así, si se produce un resbalón, el piolet se sujetará con ambas manos, colgandonos de él. El autoseguro será mas eficaz, cuanto mas metido tengamos el piolet en la nieve.

AUTODETENCIÓN:

Es la unica posibilidad de que dispone un montañero en terreno nivoso de frenar su caida y por esa razón es la técnica mas importante del movimiento sobre nieve, ya que podemos salvar nuestra vida y la de nuestros compañeros.

En el caso de que haya una caida hay que adpotar lo mas rapidamente posible la posición de autodetención. Para ello, el piolet se coloca sensiblemente diagonal sobre el cuerpo, asiéndolo con una mano sobre la cabeza y con la otra sobre el regatón.

El cuerpo se vuelve sobre la pendiente y desde esta posición se clava el pico en la nieve con energia e insistentemente, haciendo fuerza sobre esta y las punteras de las botas, separando las piernas. Si llevamos crampones debemos de levantar las piernas, ya que si no hacemos este gesto saldriamos volteados hacía atras, perdiendo toda forma de frenado.

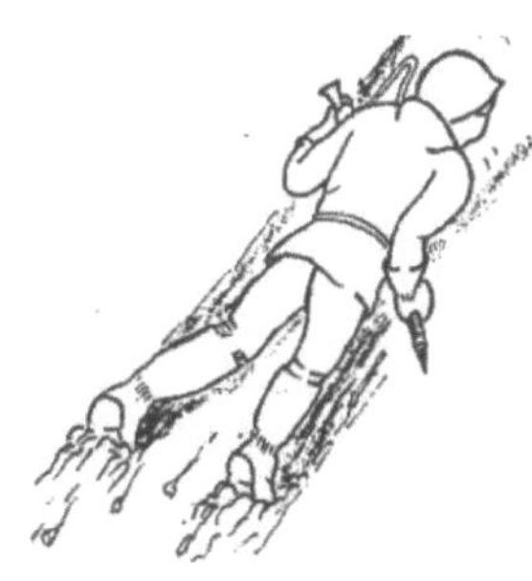

Con Crampones

AUTODETENCIÓN SIN PIOLET NI CRAMOPONES

En esa situación hay que actuar como los gatos, intentar saltar y voltearnos rapidamente boca abajo quedandonos a cuatro patas con las piernas ligeramente separadas y empujando con los brazos.

OTRAS CAIDAS.

Podemos caer de diferentes formas, la idea siempre será incorporarnos de tal forma que podamos realizar la autodetención.

CONSIDERACIONES FINALES

La autodetención es un último recurso, no una solución a tus errores. Debes de saber que si este echo ocurre en una pendiente de hielo puro sin nieve no nos servirá de nada la realización de esta técnica. Es por ello que no debe de haber ni un solo segundo de pánico y que rapidamente se de inicio a los movimientos de autodetención. (SOLO PODRÁS REALIZARLO SI LO HAS PRACTICADO CON FRECUENCIA, POR LO QUE DEBES DE ENTRENARLO)

Nunca des la situación por perdida, debes de seguir intentándolo, puede que unos metros mas abajo pilles nieve o pendientes mas favorables.

ECOLOGÍA Y RECONOCIMIENTO DEL ENTORNO NATURAL

Medio Ambiente y educación ambiental

Introducción:

Nunca podríamos abarcar en este curso toda la información sobre el Medio ambiente que vamos a necesitar como profesionales de la montaña.

¿Que vamos a ver en este apartardo?:

- Cuales son las características comunes a todos los ecosistemas de montaña, y por tanto validas para cualquier zona montañosa de la tierra.
- Haremos referencia a aspectos específicos de las montañas de la Comunidad Valenciana que por su cercanía y mejor conocimiento nos permitirán entender los procesos naturales que son válidos para cualquier lugar del planeta.

¿Cual es vuestra misión a partir de este momento como Guías de Barrancos?

Pues la recabar información de cualquier lugar en el que realicéis actividad y procesarla de manera que os permita ofrecer a vuestros clientes una visión lo mas completa posible de la naturaleza que les rodea, eso sí, de un modo ameno y sencillo que logre captar su atención y despierte su interés por los valores naturales y culturales del entorno, a buen seguro que sabrán valorar vuestro esfuerzo y aumentará vuestra aptitud como Guías.

Tareas:

Durante todo el curso y a partir de este momento, tendréis que recoger información para confeccionar fichas monográficas de fauna y flora de todas las salidas que realicemos. Podéis recabar información en distintas fuentes: Internet, libros, revistas, etc., es vuestra oportunidad de conocer mas cosas y de ampliar todos vuestros conocimientos.

Estas fichas deben de ir complementarias a las fichas de itinerario que realicemos en cada salida, de manera que demostréis el completo control del recorrido, no solo en orientación, cartografía y conducción, que seguro que si, sino también en interpretación del paisaje y el entorno.

La confección de estas fichas de flora y fauna son de formato libre y te serán de gran aydua cuando tengas que realizar guidados. PUEDES VER LOS FORMATOS EN EL FINAL DE ESTE TEMARIO.

CARACTERISTICAS DE LOS SISTEMAS DE MONTAÑA

En la actualidad casi la mitad de la población del planeta depende indirectamente de las montañas y al menos un 10% las necesita directamente para su subsistencia, de ellas se extrae comida, energía, materias primas diversas, etc.

A lo largo y ancho de la tierra existen multitud de sierras y macizos que comparten características comunes en cuanto a clima, geología y vida, con lo cual podremos observar a las montañas bajo unos mismos parámetros que se repetirán de manera aproximada en todas las regiones montañosas.

Una de las características que diferencia a las montañas de las llanuras es el desnivel provocado por la diferencia de cota, es decir, por la altitud que a su vez es íntimamente ligada con la pendiente. Estos factores serán imprescindibles para determinar las especiales condiciones que aparecen en los ecosistemas de altura y que los hacen tan diferentes, ricos y variados.

La pendiente y el desnivel endurecen la montaña, hacen que la vida allí sea mucho mas dura que en llano. Las plantas tienen dificultades para agarrarse a un suelo inestable que tiende a marcharse, junto al agua, a los valles, haciendo estos ricos y húmedos y dejando a las alturas con lo poco que han podido robar a los viajeros. Así pues, los arboles y arbustos deben esperar en la mayoría de las ocasiones a que el musgo, líquenes y la hierba equilibren el sustrato y retengan la humedad necesaria para que los anteriores puedan establecerse sin miedo a una buena caída.

Ante este panorama provocado en parte por la inestabilidad que crean los procesos erosivos mucho mas acusados en las montañas que en los llanos y gracias también al clima, del cual ya hablaremos mas adelante, se puede observar que si hay algo que define a los ecosistemas de montaña, es sin duda su fragilidad, ya que los procesos de colonización son muy lentos y los efectos negativos podrían ser desastrosos y muy difíciles de recuperar.

Los animales por su parte al depender de los vegetales en la cadena alimenticia se ven limitados por los mismos factores que estos, debiéndose adaptar a la escasez y a la dispersión de los alimentos en un medio en el que desplazarse resulta bastante costoso.

El desnivel de un punto relativo al nivel del mar es lo que conocemos como la altitud, y va a ser este factor sobre todos los demás el que decida las características principales que van a definir los ecosistemas de montaña

Los efectos de la altitud son bien conocidos por todos nosotros, y para analizarlos nada mas sencillos que observar la indumentaria, material o comportamiento de cualquier montañero veterano al realizar una travesía o ascensión de cierta entidad:

1. Podríamos comenzar la vestimenta. Si observamos su ropa vemos que por un lado lleva prendas ligeras y por otro lado prendas de abrigo, esto nos da un valiosa pista:

"Hay que estar prevenido para diferencias importantes de temperatura", la explicación es que con la altitud el aire se enrarece, se va haciendo menos denso, teniendo menos capacidad para retener el calor, y así por cada 100 m que subimos la temperatura disminuye 0'5º. Además el sol calienta mas la superficies pero a la sombra hace mas frío provocando diferencias abismales de temperatura entre umbría y solana de forma que se ha llegado a medir 60º C de diferencia entre parte superior de un arbusto y la sobra que produce. Lo mismo ocurre entre el día y la noche, pues durante el día la delgada atmósfera deja pasar mucho calor pero durante la noche esta escapa rápidamente, habiéndose llegado a medir hasta 100ºc de diferencia.

2. Si buscamos el material en su mochila hallaremos, sin duda, gafas de sol y crema solar. Estos dos elementos son imprescindibles, pues la delgadez de la atmósfera y la falta de humedad que esto mismo conlleva, permite que los rayos UVA penetren con mas fuerza.

3. Todo montañero con experiencia llevará también en su mochila una prenda cortavientos e impermeable y si no la echará de menos, pues la altura comprime las lineas de viento y hace que estos sena mas fuertes que en el llano, sobre todo en collados, crestas y cumbres. También le será útil en caso de lluvia, fenómeno frecuente en las montañas, aunque pueden darse los dos extremos que sean el sitio mas húmedo de la tierra o el mas seco.

4. Tampoco nos debe de faltar agua, ya que transpiramos mucho y evaporamos mucha agua.

5. También podríamos llevar, en el caso de alta montaña, un pala y oxigeno. Nos facilitaría la construcción de un iglú y así aprovechar el poder de retención de calor de la nieve y ayudaría a respirar en altura.

Evidentemente, el ser humano se adapta a cualquier situación con los medios técnicos que la tecnología le proporciona, pero para el resto de seres vivos del planeta, las adaptaciones son mucho mas lentas y comprobadas cruelmente por la selección natural, la evolución es el banco de pruebas de la naturaleza, de forma que en las montañas predominan grupos de animales y plantas conocidos como especialistas. Estas especies se caracterizan por tener mecanismos de adaptación muy específicos que les ayudan a sobrevivir en unas condiciones muy concretas, pero que les incapacita para desarrollarse en lugares donde abundan los recursos pero donde la competencia es mayor.

Eso va a conllevar que en nuestras salidas encontremos endemismos/animales que no son, nada mas y nada menos, que plantas/animales adaptadas a la vida en ese lugar y que por sus características son sensibles y raras:

1. Ejemplos:

- Adaptación al frio. Calor por tamaño, es decir, aumentan la relación de superficie/volumen y a la vez reducen las dimensiones de órganos que sobresalen del cuerpo como las orejas (zorros, liebres, etc.)
- Otros son de pequeño tamaño y reducen la actividad durante los meses de invierno entrando en letargo o hibernación. También lo hay que migran a regiones más cálidas durante los meses fríos o al contrario.
- El pelo es también un arma eficaz contra las inclemencias del tiempo, sin ir más lejos las fibras huecas que se usan en la construcción de los sacos de dormir imitan al pelo de los osos polares, y de la pluma para que hablar.

Incluso los insectos y las plantas tienen pelo en la montaña, como la Flor de Edelweiss o algunas mariposas. Hay plantas que poseen sustancias anticongelantes o que modifican sus contenidos en agua o usan colores que los aíslan de los rayos UVA y retienen el calor.

- La forma es otra baza para jugar, sobre todo por las plantas, que no se pueden mover de manera que forman formas redondeadas o de “cojín” con el objetivo de reducir su resistencia y exposición al viento y así soportar mejor la presión de la nieve y aislarse de las heladas creando un microclima bajo el manto blanco.
- La mayoría de animales, incluyendo el hombre, adaptados a las alturas poseen sistemas cardiovasculares mas grandes y mayor concentración de hemoglobina en la sangre para contrarrestar la falta de oxigeno.

Todo esto nos llevaría a la idea de que los animales y plantas que sobreviven en la montaña y los ecosistemas que la forman, son tremendamente duros y fuertes y podrían soportar cualquier cosa. Nada mas lejos de la realidad, pues son realmente frágiles y su espacio vital está reducido a una pequeña superficie y cualquier pequeño cambio puede llevarles a su extinción.

El Paisaje

Lo que habitualmente se entiende por paisaje, es la información que recibimos, principalmente por medio del sentido de la vista, del espacio que nos rodea.

Es tarea, pues, del observador extraer del paisaje lo que el desee o pueda.

Por tanto es evidente que del paisaje podemos extraer dos tipos diferentes de información, por un lado información objetiva que viene reflejada por la observación dirigida en base a conocimientos anteriormente adquiridos, de ahí obtenemos la composición de la roca, su dureza, su calidad, sea para los humanos o para los animales. Esta parte de la observación puede ser ampliada por medio del estudio de las cosas que nos interesen y así extraer más del entorno, ya sea con fines deportivos o científicos. Por otro lado está la información subjetiva, es decir, la que cualquier persona extrae del paisaje del color, el horizonte infinito, el olor del aire, y es precisamente esta información la que hace el paisaje bonito o feo, evidentemente la parte objetiva influye también en esta última, y habrá tantos paisajes como personas

Elementos del paisaje

A la hora de analizar un paisaje, desde el punto de vista objetivo, vamos a tener que recoger la mayor información posible a base de aumentar nuestros conocimientos estudiando el entorno y agruparla en secciones según su contenido para luego poder interpretarlo. Así podemos dividir nuestras observaciones en distintos elementos en función de los factores que le dan forma:

1. Factores físicos o geográficos

En este apartado nos ocuparemos de los factores que afectan al paisaje en su distribución espacial, es decir, los que dependen de la geografía, del lugar que ocupan en el planeta. Estos son:

- El Relieve
- La orientación
- El clima

EL RELIEVE

El relieve característico de un lugar está definido por dos factores:

- Su génesis o formación
- Su erosión o destrucción progresiva

Estos dos factores dan lugar a la geomorfología de un paisaje, es decir, la forma del mismo, pudiendo pasar de montañas de miles de metros a desiertos completamente llanos, la pregunta es ¿Esos paisajes han sido siempre así?

-Génesis: Para poder entender el nacimiento de una montaña hay que remontarse unos 300 millones de años cuando todos los continentes que ahora conocemos, se hallaban unidos en un solo continente denominado PANGEA. Este supercontinente se disponía en lado de la tierra siendo el resto del planeta un océano. Las grandes fuerzas del interior de la tierra comenzaron a empujar dese dentro a esa gran masa de tierra uniforme para liberar el calor acumulado debajo de la superficie. Este formidable empuje provocó la separación de esa gran masa en las porciones que hoy conocemos como continentes y la entrada del mar en los huecos formados. Las cicatrices creadas entonces continúan en activo, como volcanes submarinos y se conocen como dorsales oceánicas, las cuales siguen produciendo la separación de los continentes a razón de unos centímetros por año. Todo esto se conoce como Teoría de las Placas Tectónicas o Deriva continental.

La orogénesis Alpina, que dio lugar a la formación de los pirineos y las Sierras de Alicante tuvo lugar hace 40 millones de años.

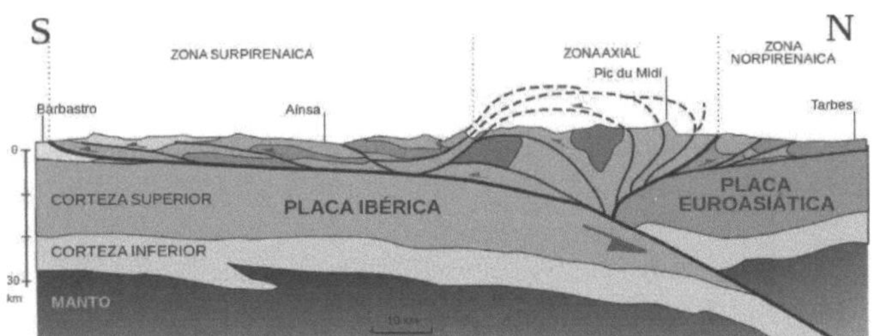

PANGEA

Erosión: El relieve se ve sometido continuamente a la exposición a los agentes erosivos, que a modo de lima, van reduciendo el tamaño de las montañas

Atmosféricos: Viento, agua, etc.

Físicos: erosión por contacto

Químicos: Disolución

Poco a poco en proceso de millones de años el relieve se va redondeando y donde antiguamente había grandes picos aparecen desiertos y grande llanuras, como en el centro de Australia que sigue erosionándose desde hace 3000 millones de años, dando lugar a los relieves que hoy conocemos.

LA ORIENTACIÓN

Todos sabemos que en nuestra latitud la cara sur de las montañas es la más cálida porque es la que mas insolación recibe, por eso la llamamos solana. Las caras norte suelen ser mas frías y las llamamos umbría.

Pero en el hemisferio sur, ocurre al revés. La Umbría es la solana y la solana es la Umbría.

En la montaña y sobre todo para la plantas que no se pueden mover es determinante este aspecto, puesto que hay especies que pueden desarrollarse en una parte de la misma montaña y no en la otra.

EL CLIMA

Valores atmosféricos como: temperatura, viento, humedad relativa, radiación, etc. van a dar lugar a una meteorología, a un tiempo atmosférico, que teniendo en cuenta las características de cada región conforma lo que conocemos como clima.

Las montañas, junto con los mares, son las responsables del clima en la tierra, pues participan activamente en la dinámica de la atmósfera provocando vientos y brisas que hacen llover mucho en un sitio y dejan desierto otro.

Si a todo lo que hemos visto, unimos mas factores geográficos, como:

Orientación, los barrancos, ríos, glaciares, etc. Podremos disponer de tantas variaciones climáticas como queramos, ha esto se le llama microclimas, que no es nada mas y nada menos, que lugares donde las condiciones son muy especificas, solo se dan en una pequeña zona y eso evidentemente les encanta a nuestros especialistas.

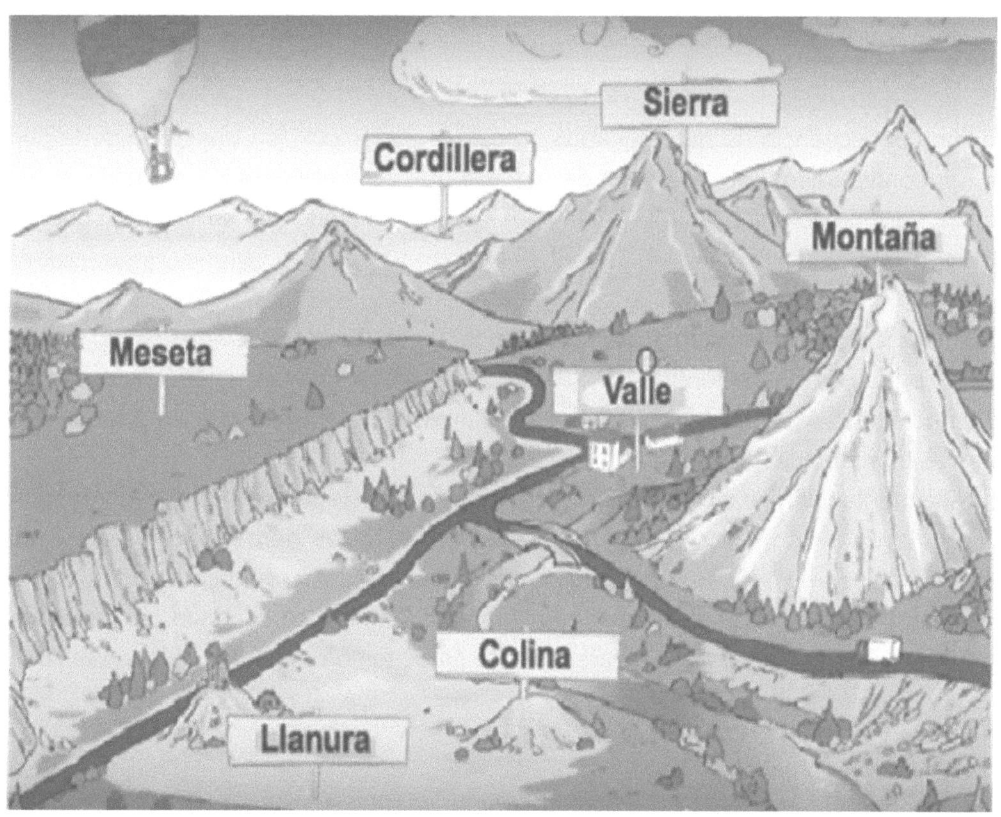

Factores geológicos

Las estructuras geológicas de una región dependen directamente de los mecanismos que formaron el relieve y de su litología, o lo que es lo mismo del tipo de roca que compone sus estratos. Dependiendo de la dureza de la roca la erosión va a ser más o menos intensa.

La estructura geológica de la Región de Murcia está definida por un suceso principal, la colisión de la micorplaca de Alborán empujada por el continente africano contra la placa euro-asiatica. Esta colisión dio lugar a Sierra Nevada como estructura principal, pero la cicatriz de este encontronazo se extiende por toda la Comunidad Valenciana

La Comunidad Valenciana forma parte de la Cordillera Bética que se generó durante la orogenia Alpina y que se extiende por el sur y este peninsular, desde Cullera (Valencia), hasta Cádiz. Aunque se pude seguir su trazado bajo el Mediterráneo, hasta las islas baleares por el este, y hasta el Rif y Tell norteafricanos, por el sur. A su vez la Cordillera Bética, pertenece al denominado Orógeno Alpino Peri-mediterráneo que bordea todo el mediterráneo.

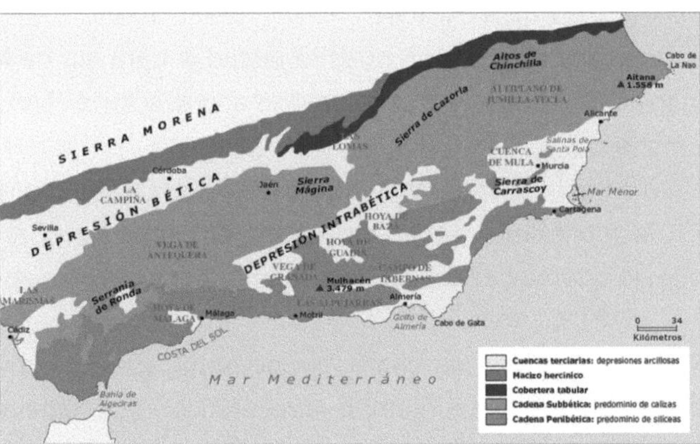

Minerales

¿Que es un mineral? La comisión de Nomenclatura Mineral y Minerales nuevos de la asociación Mineralógica Internacional definió en 1995 como mineral, un elemento o compuesto químico que normalmente es cristalino y que se ha formado como resultado de procesos geológicos.

Las sustancia producidas por el hombre no están consideradas como minerales. Aunque tales sustancias sean idénticas a minerales, deben ser referidas como equivalentes sintéticos de los minerales en cuestión. Sin embargo, si estas sustancias antopogínicas son afectadas por procesos geológicos no intencionados por el hombre, el resultado si se considera mineral.

Las condiciones de presión y temperatura pueden variar haciendo que un mineral sea inestable y dando lugar a otro distinto, con la misma composición química pero distinta estructura cristalina (Calcita y aragonito)

A veces, como consecuencia de determinados procesos geológicos, en una zona de la corteza terrestre se encuentran concentrados los minerales de manera que es rentable su explotación, a estas zonas se les denomina yacimiento mineral. Los minerales y sus yacimientos se forman por unos procesos geológicos:

- Procesos magmáticos: Cristalizan a partir de un magma. Existen tres fases de enfriamiento de un magma y de formación de minerales: la fase otomagmática (cristalización en la cámara magmática original), pegmatítica o filoniana (cristalización en fisuras) y la fase hidrotermal (donde el agua caliente rica en iones es componente principal)
- Procesos sedimentarios: Por acumulación de minerales resistentes a la meteorizazión (Placeres), por precipitación química o bioquímico a partir de agua, por alteración de otros minerales y por los cambios químicos y físicos que se producen cuando los sedimentos se transforman en rocas (diagénesis)
- Procesos metamórficos: Por reacciones entre minerales de una roca causada por incremento de presión y/o temperatura. Si existen fluidos que favorecen este proceso se denomina metasomatismo.

ESCALA DEL TIEMPO GEOLÓGICO

M.A.	EÓN	ERA	PERIÓDO (Sistema)	ÉPOCA (Serie)	REGISTRO FÓSIL NIVEL MUNDIAL	REGISTRO FÓSIL EN COSTA RICA
0,01	FANEROZOICO	CENOZOICO	CUATERNARIO	Holoceno	Humanos Modernos Florecimiento y extinción de mamíferos. Glaciación Cuaternaria	Mamíferos (mastodontes, caballos, armadillos, osos, camélidos, perezosos gigantes) peces y plantas.
2.58				Pleistoceno		
5.3			NEOGÉNO	Plioceno	Cierre del Istmo de Panamá 3.5 Ma.	Camélidos – perezosos – cetáceos – plantas.
23.03				Mioceno	Primeros homínidos	Moluscos – artrópodos.
33.9			PALEÓGENO	Oligoceno	Mamíferos modernos Congelación de la Antártida	Dientes de tiburón, corales y foraminíferos.
56.0				Eoceno	Primeras ballenas. India colisiona con Asia (Himalaya)	Erizos, corales y moluscos.
66.0				Paleoceno	Aparición de los numulites.	Algas y foraminíferos
145		MESOZOICO	CRETÁCICO	Superior Inferior	Se extinguen los dinosaurios, se diseminan las aves. Sigue la separación de los continentes, cretácico superior inicia el movimiento de India hacia Asia	Foraminíferos, corales, moluscos como amonites, nerineas, y arrecifes de rudistas en Guanacaste.
201.3			JURÁSICO	Superior Medio Inferior	Dominan los reptiles (tierra, mar y aire). Primeras aves y mamíferos placentados. Dominan las plantas sin flores y primeras plantas con flores. Ruptura de Pangea originando Laurasia (Norte América, Europa, Asia) y Gondwana (Sur América, Antártida, Australia, India y África) y entre ellas el mar de Tetis.	Costa Rica no existía como tal, pero hay presencia de radiolarios en rocas sedimentarias llamadas radiolaritas (200 Ma), presentes en Santa Elena, Nicoya y Osa.
251.9			TRIÁSICO	Superior Medio Inferior	Predominio de reptiles y primeros mamíferos primitivos. Gran extinción, entre ellos los trilobites.	
298.9		PALEOZOICO	PÉRMICO	Lopingiense Guadalupiense Cisuraliense	Supercontinente Pangea océano global Panthalassa. Primeros reptiles terrestres. Glaciación Karoo (Carbonífero - Pérmico).	
358.9			CARBONÍFERO	Pensilvánico Misisípico	Dominio de las plantas e insectos gigantes. Abundantes anfibios.	
419.2			DEVÓNICO	Superior Medio Inferior	Primeros anfibios terrestres. Peces con mandíbula. Primeras plantas con semilla.	
443.8			SILÚRICO	Prídoli Ludlow Wenlock Llandovery	Plantas (líquenes, musgos), invertebrados, artrópodos (Clase arácnida) colonizan la tierra. Inicia formación del supercontinente Pangea (450-320 Ma).	
485.4			ORDOVÍCICO	Superior Medio Inferior	Primeros peces sin mandíbula acorazados. Moluscos (ortocerátidos), equinodermos, esponjas, corales. Glaciación Andina-Sahariana (Ordovícico-Silúrico).	
541.0			CÁMBRICO	Furongiense Serie 3 Serie 2 Terreneuviense	Primeros animales con exoesqueleto. Dominio de trilobites. Al norte de Gondwana se ubican Laurentia (Norte América), Báltica (Europa oriental), Siberia y otros microcontinentes.	
1000	PRECAMBRICO	PROTEROZOICO – Neo Proterozoico	EDIACÁRICO CRIOGÉNICO TONICO		Primeros organismos pluricelulares marinos (vegetales y animales), abundancia de estromatolitos. Aumenta concentración de oxígeno en la atmósfera. Fauna Ediacára Australia (635 a 542 Ma). Inicia formación de Gondwana (750-550 Ma). Varias glaciaciones, entre ellas glaciación Criogénica (Neoproterozoico), glaciación Huroniana (2400-2300 Ma). Supercontinente Rodinia (Laurentia, Siberia, Báltica, Antártica, África entre otras) (1000 – 1300 Ma).	
1600		Meso Proterozoico	ESTÉNICO ECTÁSICO CALÍMICO			
2500		Paleo Proterozoico	ESTATÉRICO OROSÍRICO RIÁCICO SIDÉRICO			
2800		ARCAICO – Neo arcaico			Fósiles de organismos unicelulares marinos (vegetales y animales), estromatolitos. Temperatura del manto y actividad volcánica alta. Rocas más antiguas (Groenlandia, Escocia, India, Brasil, Australia Occidental, Sudáfrica, Escudo Canadiense y Báltico, glaciación Pongola (3000 Ma), intenso bombardeo meteórico (4100 a 3800 Ma).	
3200		Meso arcaico				
3600		Paleo arcaico				
4000		Eo arcaico				
4600		*Hádico*	Formación de la Tierra		= Flecha vertical, indica grandes extinciones	

Factores biológicos

Los factores biológicos hacen referencia a la parte viva del paisaje, es decir animales y plantas. La fauna y la flora no se pueden separar, sino que forman un todo indisoluble ya que se necesitan mutuamente para subsistir.

Vamos a estudiar, por tanto, los ecosistemas que son los sistemas formados por los seres vivos y sus relaciones entre ellos y su entorno.

En la Comunidad Valenciana podemos encontrar casi todos los climas, menos el tropical y el polar, por lo que tenemos gran variedad de ecosistemas, los principales son:

- Ecosistemas litorales: Son los que tenemos a nivel del mar, arenales, acantilados costeros, los saladares y los ecosistemas lagunares de agua dulce. Las plantas mas destacadas serían los carrizos y las plantas adaptadas a los ambientes salinos.
- Ecosistemas de ribera: Cerca de los ríos y cauces a cualquier altura. Con abundancia de plantas adaptadas a la humedad, como chopos, sauces y adelfas
- Garriga Mediterránea: Entre los 0 y 800 metros. Uno de los ecosistemas mas representativos de la naturaleza mediterránea. Con multitud de especies, muchas de ellas autóctonas como el cantueso y la pebrella. Entre otras el romero, tomillo, aliaga y mucho pino carrasco.
- Bosque mixto: Entre los 800 y 1200. Como vegetación clímax de nuestro ecosistema, de decir el máximo desarrollo que el bosque mediterráneo puede alcanzar en condiciones optimas y una vez alcanzada su madurez. En ellos destacan la encina como árbol principal, otras frondosas como el fresno, arce y el madroño, junto a coníferas como el pino Laricio. La mejor representación de este ecosistema la podemos encontrar en el Paraje natural del Font roja.
- Matorral espinoso de Alta Montaña: A partir de los 1200 m. Correspondería con el paisaje de la tundra siberiana, es decir planta enana acostumbrada al viento y nieve, el principal representante sería el cojín de monja. Esta vegetación solamente la encontraremos en las cumbres mas altas.

Biodiversidad

Los ecosistemas cuando mas diversos son, cuantas más especies contienen mas probabilidades de supervivencia tienen, en cambio se convierten en mas vulnerables cuando mas homogéneos son aunque su productividad sea mas alta.

La biodiversidad en si, para muchas personas no es mas que un índice utilizado por los científicos para expresar la riqueza biológica de una determinada área.

Cada día desaparecen cientos de especies animales y vegetales, organismos vivos fruto de millones de años de evolución, formas de vida únicas en el tiempo y en el espacio fruto del laboratorio de la naturaleza, y a lo mejor una de esas plantas curaba el cáncer y otra era capaz de extraer el mercurio del suelo y el pájaro que las fertilizaba y comía de ellas llenaba de paz con su canto el corazón de los hombre.

Biogeográfia

La biogeográfia es la ciencia que relaciona a los seres vivos con la climatología de ese lugar, esta ciencia, por tanto tiene gran interés para los montañeros, ya que a través, principalmente de la vegetación, la fauna es mucho mas difícil de observar, podemos hacernos una idea de los factores climáticos (precipitaciones, altitud, etc.) que dominan sobre el ecosistema.

Por eso mismo, debemos de prestar una mayor atención a las especies que sobreviven en ambientes determinados y actúan como bioindicadores, respecto a otras que tienen unos márgenes más amplios para vivir (cosmopolitas).

La plantas se agrupan en asociaciones, y estas determinan una serie de pisos bioclimáticos, que responde a unas condiciones climáticas determinadas.

EJERCICIO:

Confeccionaremos nuestra guía botánica de la Comunidad Valenciana, que debe de contener al menos estas plantas con fotografiá y especificación de las propiedades/leyendas o particularidades de cada una de ellas.

También indicaremos en que zona de la montaña las podemos encontrar, siguiendo como indicador lo especificado en el apartado Factores biológicos.

(Litorales, de ribera, garriga mediterránea, bosque mixto, matorral alta montaña)

1.- Aliaga	11.- Encina	21.- Genista
2.- Espino negro	12.- Torvisco	22.- Mirto
3.- Bayón	13.- Cornicabra	23.- Lentisco
4.- Tomillo	14.- Rubia	24.- Enebro
5.- Algarrobo	15.- Zarzaparrilla	25.- Sabina
6.- Romero	15.- Fresno	26.- Palmito
7.- Coscoja	17.- Lavanda	27.- Rusco
8.- Estepa	18.- Salvia	28.- Pino Alepensis
9.- Aladierno	19.- Arce	29.- Pino Piñonero
10.- Madroño	20.- Cojín de Monja	30.- Tejo

Factores humanos

Desde el punto de vista de los factores humanos los paisajes se pueden catalogar a grandesrasgos en:

- Naturales. (No tienen influencia humana)
- Rurales. (Con cierto efecto antrópico, pero "sostenible")
- Urbanos. (A nadie nos gusta mucho pero existe, cada ve mas, y hay que aprender a valorarlo)

La observación de un paisaje desde el punto de vista del efecto antrópico ("que tiene su origen o es consecuencia de las acciones del hombre") nos da pista sobre la evolución del mismo, de su regresión y de su posible recuperación. En el paisaje se pueden leer las huellas de la historia.

Es importante, en consecuencia, fijarse en los impactos paisajísticos que ponen el peligro su fragilidad y afectan no solo a nuestra vista sino también a su biodiversidad, como es el caso de:

- Lineas rectas: carreteras, vías de tren, canales, etc.
- Cambios de color. Cemento, asfalto
- Movimientos de tierras. Desmontes, canteras
- Vertidos, monocultivos, invernaderos
- Incendios forestales . Sobre este tema, vamos ha realizar un inciso, ya que los incendios son uno de los mayores peligros a los que nos enfrentamos, no solo como un activo destructor del paisaje, sino, como un peligro real que nos podemos encontrar en una de nuestras salidas. Pensar que los anteriores impactos podrían ser evitados o regulados, pero los incendios se pueden presentar en cualquier momento y lugar y no se puede detener con una manifestación o una nueva ley y puede arrasar cualquier montaña en cuestión de horas. Incluso aunque se trate del parque nacional con la figura de protección más alta que exista.

Por tanto ante esta cruel amenaza solo nos queda la prevención y la concienciación y debemos poner todo nuestro empeño en evitarlos. Existe una máxima en ecología que dice que, conservando a la especie dominante se protege a todo el ecosistema, si protegemos lo visible conservaremos lo invisible.

La interpretación ambiental como herramienta de educación

La interpretación ambiental, aunque ahora parezca un concepto nuevo y en auge, siempre a sido utilizada por los montañistas/montañeros para divulgar sus valores desde los inicios de esta actividad.

Actualmente con la moda de los deportes de montaña, con todos los problemas que ello conlleva (masificaciones, desequilibrio de los ecosistemas, erosión, etc) no debemos de desaprovechar la oportunidad que se nos brinda de difundir los principios que siempre han hecho del montañero, ante todo, un defender de la naturaleza y de los últimos refugios de vida.

Por tanto el Guía Profesional de Barrancos, no debe dejar pasar la ocasión y tiene que "impregnar" a todos los que lo acompañen en sus salidas con el germen del respeto y amor a la naturaleza.

Los principios fundamentales de la interpretación ambiental, son:

- La información en si misma no es el objetivo, es más importante transmitir ideas y compartir experiencias que almacenar datos.
- Los mensajes deben ser claros y adaptados al que se va a ser el receptor, no es lo mismo hablar con niños que con adultos.
- La comunicación debe ser atractiva y debe despertar el interés y la participación activa, la curiosidad natural del hombre es nuestra principal arma.
- Hay que captar la atención del cliente, pues en la mayoría de ocasiones la actividad principal será otra (cursos, excursiones, etc.) y habrá que contar con la participación voluntaria y desinteresada
- Se utilizarán primordialmente recursos didácticos naturales y cercanos (el paisaje, ejemplos reales, el canto de un pájaro, etc)
- El guía interprete debe de conocer su entorno pero sobre todo debe saber transmitir sus propias sensaciones.

No hay que olvidar que el principal objetivo de la interpretación es inculcar nuestros valores en el espíritu de los individuos, cosa por otro lado sencilla cuando tenemos la suerte de usar la montaña como aula, que por si misma ya abre el corazón de la gente.

Los juegos medioambientales.

En la educación, jugando se aprende.
En Educación Ambiental el juego tiene una gran importancia, ya que como antes comentábamos, el receptor de los mensajes no está obligado a captarlos, por tanto es esencial que se vea motivado a recibirlos y que mejor manera que si disfruta aprendiendo.
Mediante el juego se transmiten ideas primordiales con muy poco esfuerzo, en la mayoría de las ocasiones de forma inconsciente, es el ABC del aprendizaje deductivo. Pero para que sea efectivo es necesario una buena dosis de voluntad y una buena actuación por parte del educador que debe ejercer como acto para que el juego parezca lo mas real posible.

ESPACIOS NATURALES PROTEGIDOS EN LA COMUNIDAD VALENCIANA

La ley de espacios naturales y de la flora y fauna silvestre, permite la aplicación de medidas de protección a determinados espacios naturales del territorio nacional. En función de los bienes y valores a proteger, estos espacios naturales se clasifican en cuatro figuras:

- Parques
- Reservas naturales
- Monumentos Naturales
- Paisajes protegidos

Veamos uno a uno, que los diferencia y sus especificaciones propias.

Los parques.

Son áreas naturales poco transformadas por la ocupación humana que, en razón de la belleza de su paisaje, la representatividad de sus ecosistemas o la singularidad de su flora, su fauna o sus formaciones geomorfológicas, poseen unos valores ecológicos, educativos o científicos cuya conservación merece una atención preferente. Los parques pueden ser denominados de diferentes formas:

- Nacionales
- Regionales
- Naturales

En todos la figura de protección es la misma

◦ En la Comunidad Valenciana, la figura que se ha determinado para la protección es la de Parque Natural de ....

Son todos los que podemos ver en la imagen

Reservas Naturales

Son aquellos espacios naturales cuya declaración tiene como finalidad la protección de ecosistemas, comunidades o elementos biológicos que, por su rareza, fragilidad, importancia o singularidad, merecen una valoración especial.

◦ Podemos destacar algunos en la Comunidad Valenciana:

- Reserva natural del Cabo de San Antonio
- Reserva marina de la Isla de Tabarca, ambos en Alicante
- Reserva marina de Irta
- Reserva natural de las Islas Columbretes, en Castellón

Monumentos Naturales

Son espacios o elementos de la naturaleza constituidos, básicamente, por formaciones de notoria singularidad, belleza o rareza que merezcan protección especial, o bien formaciones geológicas, yacimientos paleontológicos y demás elementos del gea que reúnan un interés especial por la singularidad o importancia de sus valores científicos, culturales o paisajísticos.

Paisajes protegidos

Son lugares concretos del medio natural que por sus valores estéticos y culturales son merecedores de una protección especial.

La figuras cumbre, en cuanto estatus administrativo se refiere, son los Parques y Reservas Nacionales, por cuanto su declaración se debe llevar a cabo mediante Ley de las Cortes Generales del Estado, siendo éste el responsable de su gestión y de la asignación de sus recursos presupuestarios. La declaración y administración del resto de figuras de protección pasa a ser competencia de las correspondientes autónomas. Cada parque creará para su gestión el famoso (PORN) Plan de Ordenación de los recursos naturales y su zona de influencia.

El plan de ordenación establecerá una normativa, ley y gestión tipificable dentro de la demarcación del espacio protegido, que regulará la utilización y aprovechamiento de sus recursos naturales, prohibiéndose los usos que resulten incompatibles con las finalidades de conservación. Las normativas de uso y gestión pueden establecer, dentro del mismo espacio protegido, distintas zonas con diferentes medidas de protección, dentro del mismo espacio natural.

De esta forma pueden coexistir zonas de protección integral, donde la normativa es extremadamente rigurosa, con otras zonasde protección menos estricta donde también se puedan establecer zonas de transición, es decir, espacios limítrofes inmediatos a la demarcación del parque o reserva que, si bien no forman parte de estos, quedarían afectados por ciertas limitaciones reguladoras

La ordenación también afectará a la actividad cinegética (caza y pesca) así como a otras actividades recreativas, turísticas o deportivas que pueden ser también reguladas, quedando condicionadas a determinadas épocas o lugares, o incluso, prohibidas.

(Un buen ejemplo de estas limitaciones las podemos encontrar en uno de nuestros deportes favoritos LA ESCALADA, está puede quedar prohibida en algunas paredes, en otras no, o en todas las correspondientes al parque natural, normalmente por nidificación de aves. Otro ejemplo puede ser la acampada fuera de zonas o lugares especialmente autorizados por las autoridades del Parque Natural)

En consecuencia los Guías en deportes de Montaña (Técnicos o Guías Profesionales) deben tener presente estas normativas cada vez que planifiquen una ruta o la ejecuten dentro de un parque Natural o espacio protegido, observándolas, haciéndolas observar y tratando de colaborar en todo momento con los administradores y agentes del parque o la reserva, en el objetivo común de la conservación de estos entornos naturales.

IMPACTO DE LOS DEPORTE DE MONTAÑA SOBRE EL MEDIO AMBIENTE

Las actividades en la montaña son un gancho atractivo y seductor para atraer a los deportistas a la Naturaleza, disfrutar de ella. Pero el comportamiento en el medio natural varía del urbano en gran cuantía, la naturaleza tiene unas características ambientales propias que la hacen más frágil que el medio urbano. Y de nada valdrá utilizar la práctica deportiva para acercar a las personas a la Naturaleza si previamente no se les informa de los posibles efectos negativos que una conducta inapropiada puede producir sobre el medio natural.

Por esto, los educadores a todos los niveles, debemos conocer los impactos negativos que estas actividades provocan en el equilibrio de creación y destrucción propio y singular de la naturaleza. Este tipo de sucesos, son de alguna manera, las pequeñas cosas que dan posteriormente, sin duda alguna, a las grandes problemáticas medioambientales a nivel mundial.

Centraremos el impacto de las actividades de montaña, sea cual sea su objetivo, sobre el Medio Natural. La practica de estas actividades pueden darse en plena Naturaleza, ya sea en la montaña, en el mar, en los ríos, lagos, cuevas...., y su incidencia sobre estos parajes es siempre de desequilibrio en sus procesos de formación.

El impacto de la practica deportiva en la Naturaleza, debe ser valorada en todo momento a la hora de proponer cualquier tipo de salidas a la montaña. Con un fin claro, lejos de la idea de los conservacionistas y proteccionistas radicales, la practica racionalizada y estructurada para minimizar o eliminar estos impactos negativos sobre el medio ambiente, nos llevará a un desarrollo sostenible. De todas formas pensamos que puntualmente es una necesidad cerrar ciertos parajes naturales por sus características de peligro de desaparición o de gran deterioro, aunque no debe ser la pauta general que creemos deba regir la política proteccionista medio ambiental y en menor medida nuestro comportamiento. Creemos más e la educación de conciencias ecológicas y por parte de las autoridades de ideas de control sin prohibiciones.

No queremos decir que el programador de actividades que planteen salidas a la Naturaleza debe de realizar informes de impacto ambiental, ya que esto es un trabajo de la administración y dela realización exclusiva de profesionales para que tengan validez pública. Pero si es necesario por nuestra parte que indaguemos si existe algún informe de la zona a utilizar. Si no existiera, debemos de ser capaces de zonificar los lugares de práctica con una valoración y análisis claro de los posibles impactos.

ACTIVIDAD-IMPACTO-MITIGACIÓN

El Barranquismo:

Definición : Actividad que consiste en descender rios por su interior, sorteando mediante técnicas los obstaculos que nos encontremos con acampadas y pernoctas y en algunos casos en zonas de cauce.

- Impactos : desaparición de las zonas fértiles superficiales, compactación del suelo, reducción de la cubierta vegetal, riesgo de generación de incendios por mayor afluencia al monte, huida de animales sensibles y vertido de basuras.
- Mitigación de impactos : Se deberá siempre andar por dentro de las zonas exteriores al rio en los lugares donde no exista interés deportivo, y en el caso de elección o marcación de nuevos senderos, evitar las zonas de mayor fragilidad a los impactos.

Vias Ferratas:

Definición : Escalar usando instalaciones artificiales previamente instaladas en la pared y con el auxilio de un cable como linea de vida.

- Impactos : Sobre la fauna, sobre la vegetación........
- Mitigación: Silencio, no tocar plantas, etc....

Los tres impactos mas repetidos e todas las actividades son:

- vertidos de basuras, molestias a la fauna y deterioro de la vegetación

CUADRO RESUMEN DE LOS IMPACTOS MAS IMPORTANTES DE LA PRACTICA DE LAS ACTIVIDADES FÍSICAS DE AVENTURA EN LA NATURALEZA

DEPORTES / IMPACTOS	MONTAÑISMO Y SENDERISMO	RUTAS A CABALLO	CARRERAS DE ORIENTACIÓN	BICICLETA DE MONTAÑA	ESPARCIMIENTO DIFUSO	ESCALADA Y ESPELEOLOGÍA	DESCENSO DE BARRANCOS	ENBARCACIONES SIN MOTOR	ENBARCACIONES CON MOTOR	DEPORTES AEREOS	FOTOGRAFÍA DE NATURALEZA	4X4 Y MOTOS TODO TERRENO	CAZA	ZONA DE ACAMPADA	AREAS RECREATIVAS	CAMPING	DEPORTES BLANCOS	GOLF
Compactación del suelo	X	X	X	X								X	X	X	X	X		
Riesgos erosivos				X								X	X					X
Daños a la morfología del terreno																	X	X
Deterioro de la vegetación	X	X	X	X	X		X	X	X	X		X	X	X	X	X	X	X
Molestias a la fauna	X	X	X	X	X	X	X	X	X	X	X	X	X	X	X	X	X	X
Daños sobre el paisaje								X	X			X		X	X	X	X	X
Vertidos y Basuras	X	X	X	X	X	X		X	X	X		X	X	X	X		X	
Daños a fincas, ganados y cultivos										X		X						
Contaminación atmosférica												X					X	
Contaminación del suelo					X							X						X
Contaminación de las aguas		X							X			X		X	X	X	X	X
Contaminación acústica									X			X	X	X	X	X	X	
Riesgo de atropello personas y fauna				X								X						
Riesgo de incendios					X							X		X	X	X		
Daños a caminos rurales					X							X						

UF 2472
Analisis diagnostico y evolucion en acividades de conducción de barrancos

NORMATIVA ESPACIOS Y RECURSOS EN ACTIVIDADES DE CONDUCCIÓN POR BARRANCOS

TIPOLOGÍA Y RANGO DE LA NORMATIVA ESPECIFICA DE ENTORNOS NATURALES Y ÁMBITO DE REGULACIÓN

¿Que es un espacio o entorno Natural?

Es una parte del territorio de la tierra que no ha sido, o escasamente a sido, modificado por la cción del hombre. No ha habido ninguna interacción por parte del ser humano.

Los espacios naturales están protegidos por diferentes Convenios y normas:

- Convenios Internacionales:
  - CITES: convenio internacional sobre especies de fauna y flora amenazadas
  - BARCELONA: Protocolos de ratificación sobre las zonas especialmente protegidas y la diversidad biológica en el mediterráneo.
  - BERNA: Protocolos de conservación de la vida silvestre y del medio natural
  - BONN: Conservación sobre las especies migratorias de animales silvestres
  - DIVERSIDAD BIOLÓGICA CDB: Convenio sobre la diversidad biológica y Protocolo de Nagoya.
  - OSPAR: Protección del Medio Ambiente Marino del Atlántico Nordeste
  - RASMAR: Adhesión de España al convenio relativo a Humedales de importanci Internacional como hábitat de aves acuáticas.
  - DESERTIFICACIÓN Y RESTAURACIÓN FORESTAL: Programa nacional de Acción Nacional contra la desertificación y la misma contra ésta en el mediterráneo del Convenio de Naciones Unidas.
  - INTERNACIONAL DE MADERAS TROPICALES: Adhesión al convenio donde se protege la tala indiscriminada de maderas tropicales.
- Del mismo modo también nos afectan gran cantidad de directivas Europeas:
  - 2009/128/CE uso sostenido de los plaguicidas
  - 1999/22/CE conservación de los animales silvestres en los zoológicos
  - 2013/17/UE directivas de medio ambiente por adhesión de Croacia
  - 2009/147/CE conservación de las aves silvestres
  - 92/43/CEE Hábitats naturales y de la fauna y flora silvestres
  - 1999/105/CE comercialización de materiales forestales de reproducción
- Nacionales:
  - Leyes

    30/2014 Parques Nacionales
    21/2013 evaluación ambiental
    2/2011 Economía sostenible
    41/2010 Protección del medio marino
    42/2007 Patrimonio Natural y de la Biodiversidad
    45/2007 Desarrollo sostenible del medio rural
    10/2006 Protección de los montes
    3/1995 Vías Pecuarias

  - Reales Decretos

    1997/95 Conservación de hábitats naturales y de la flora y fauna silvestres
    416/14 Plan sectorial de turismo de naturaleza y biodiversidad
    630/13 Catálogo español de especies exóticas invasoras
    1015/13 Patrimonio Natural y de la Biodiversidad
    556/11 Inventario del Patrimonio natural y de la biodiversidad
    1274/11 Plan estratégico del patrimonio natural y de la biodiversidad
    1432/08 Protección avifauna contra colisión y electrocución en líneas eléctricas alta tensión

NOTA INTERES:
Respecto de la legislación ponemos algunas de las mas importantes que pueden afectar a nuestro trabajo como guías profesionales, pero aun existen mas normas, decretos y ordenes en nuestro sistema legislativo que miran y protegen nuestro medio natural

- Autonómica

  Ley 11/94 de espacios protegidos de la Comunidad Valenciana

  Ley 4/2006 Patrimonio arbóreo Monumental de la Comunidad Valenciana

- Local

Sería impensable nombrar toda la legislación local, por municipios, zonas etc que tenemos en la Comunidad, y es tarea del Guía profesional el conocer todas esas legislaciones en cada zona de trabajo determinada que sea frecuentada por su empresa.

Esta normativa se regula mediante ordenanzas (Ejm. Ordenanza municipal sobre tenencia de animales, Ordenanza municipal sobre vertidos en alcantarillados, etc...)

NORMATIVA ESPECIFICA DE ACCESO, TRÁNSITO, PERMANENCIA, PERNOCTACIÓN Y ACAMPADA EN ENTORNOS NATURALES.

Tenemos vigente una normativa estatal que regula el acceso, tránsito, permanencia y pernoctación en espacios naturales, este es el Real decreto 2545/1982 de 27 agosto que regula la creación de campamentos de turismo. Lo que es conocido como Camping.

- Ley 3/93 de regulación forestal en la comunidad Valenciana
- Decreto 6/2015, de 23 enero Regulación zonas de acampada, camping y auto-caravanas
- Las acampadas en finca particular reguladas en el Decreto 184/2014, de 31 de octubre, del Consell, o norma que lo sustituya, regulador del alojamiento turístico rural en el interior de la Comunitat Valenciana.
- Las zonas de acampada, áreas recreativas y acampadas itinerantes en montes o terrenos forestales de la Comunitat Valenciana autorizadas conforme al Decreto 233/1994, de 8 de noviembre, del Consell, y disposiciones de desarrollo, o normas que los sustituyan.

Consultando la normativa que indicamos podremos saber en que lugares de la Comunidad Valenciana esta permitida la acampada o si no está permitida en ningún lugar de la misma.

NORMATIVA DE FABRICACIÓN, USO, SEGURIDAD Y PREVENCIÓN DE RIESGO EN:

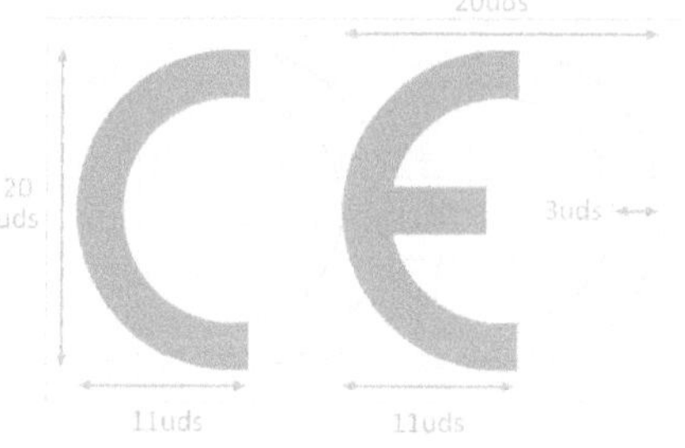

En los deportes de Montaña deben de seguirse unas premisas de calidad de los productos, servicios y empresas, en aras de promover la seguridad, y permitir la mejora y disminución de las barreras comerciales, todo esto se consigue elaborando unas normas/ especificaciones.

Existen de dos tipos:

- Nacionales: Normas UNE, confeccionadas por AENOR (Asociación Española de Normalización y Certificación)
- Internacionales: Normas EN, adoptadas y ratificadas como normas "UNE-EN".

Las normas "UNE" ó "UNE-EN" son de obligado cumplimiento. Siempre incluyen el año de la norma, para que estas no sean confundidas con normas obsoletas.

Las normas "EN" tienen rango europeo, aunque cada país miembro es el encargado de publicarla y hacerlas cumplir.

En España anteponemos las siglas UNE, pero las siglas EN y la numeración que las precede son las mismas en todos los países de la Unión Europea, de tal forma, que si viajamos a Francia podremos comprar algún material con diferentes siglas de país, pero la EN-XXX, seguirá siendo la misma.

Estas normas serán las que debamos de observar que se cumplen para comprar nuestros equipos de montaña. La UIAA (Unión internacional de Asociaciones de Alpinismo) estableció la primera norma de calidad. CE (Conforme a exigencias) es otra de las normas establecidas por al Directiva Europea que debemos de cumplir en nuestros EPI's (Equipos de protección individual)

Uso de medios auxiliares de transporte en entornos naturales.

En este punto nos aremos eco de la Ley de Vías Pecuarias 3/95 de 23 de marzo, en la cual se especifican:

• En el Art. 16 la compatibilización y normas en las mismas entre vehículos y ganado.

• En el Art. 17 el uso complementario para practicas deportivas como el senderismo, paseo a caballo, bicicletas, etc., siempre y cuando se respete el uso ganadero. En estas se pueden permitir y prohibir diversas situaciones dependiendo de las situaciones que se establezcan en cada momento.

Equipamiento específico de tránsito y progresión en media y baja montañas:

Debemos de llevar indispensablemente los siguiente elementos:

- Ropa de abrigo, guantes y chaqueta.

La montaña es un sitio cambiante, siempre debemo de ir protegidos del frio, de la lluvia o de la nieve. Puede haber grandes diferencias térmicas en nuestras salidas de montaña y en cualquier época del año, ya que, como hemos visto en el capitulo de meteorología, esta depende de la altitud, orientación, vegetación, etc.

- Calzado adecuado.

Siempre debe de ser el mas adecuado para los pies, robusto pero cómodo.

Tener en cuenta las siguientes consideraciones, suelo sobre el que se camina, longitud y desnivel de la ruta, climatología prevista, evita que sean nuevos o muy viejos.

- Agua y Comida

En la realización deportiva, en cualquier modalidad, el cuerpo necesita hidratación y alimento. Nuestra maquina necesita combustible y lubricación. Debemos de acostumbrarnos a beber sin sed, comer cuando tenemos hambre

- Protección solar

Cuando hablamos de protección solar, no nos referimos solo a la típica crema de factor X que debemos de llevar si o si (superior a factor 30). También a las gafas de sol (filtro factor 2 Y 4 en nieve), gorras, etc. Tener en cuenta que a mayor altura mayor radiación UV.

- Botiquín

Este elemento debe de ser el gran aliado del montañero, y mas aun de un buen Guía de Montaña. (Erosiones y cortes, rozaduras, picaduras de insectos, torceduras, etc)

- Material para Orientarse, otra de las grandes herramientas de los montañeros.

GPS, Mapa, brújula.

- Material para comunicarse

Siempre voy a recomendar llevar un móvil, pero no para ser utilizado como GPS. Un guía de montaña debe de saber diferenciar. Móvil, si, pero apagado y para emergencias. Llamada al 112, se recomienda equipo de transmisiones. Onda 2 m. En su defecto walkie-talkie en frecuencia 7.7 (Canal Montaña)

Silbato para emergencias.

Chaleco reflectante.

Linterna o frontal, si son las dos mejor.

Conocer código internacional de señales de socorro para comunicarnos a distancia.

Otros materiales necesarios:

- Mochila

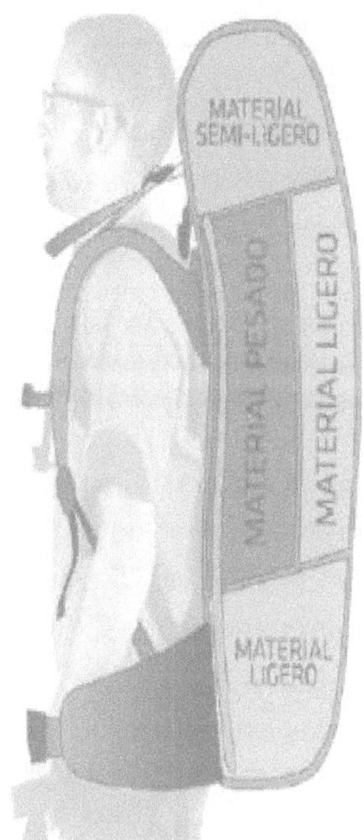

Una mochila que será lo que nunca vamos a obviar en nuestra aventura o trabajo. Comodidad, Capacidad y ergonomía es lo que le vamos a pedir a nuestra compañera de aventuras.

No debemos de exceder de 15 kg de peso, entre 10 y 15 está dentro de lo normal, debemos de colocar los objetos por su peso, si son terrenos difíciles la carga mas pesada debe de ir cerca de nuestro hombros. Cuanto mas arriba llevemos en centro de gravedad mejor.

Colocar todos los objetos según sean mas útiles o no. Así de esta forma podremos acceder rápidamente a las cosas que mas necesitemos. Debe de ir colocada bien en la espalda, su posición es totalmente pegada. Debemos de llevarla bien ajustada a la cintura, de esta forma liberamos de carga a la columna vertebral y a los hombros. Centramos el peso a nuestra cintura. Si nuestra mochila lleva cierre de unión entre correas de hombros, debe de ir abrochada, de esta forma repartimos el peso al centro de gravedad y descargamos mas los hombros.

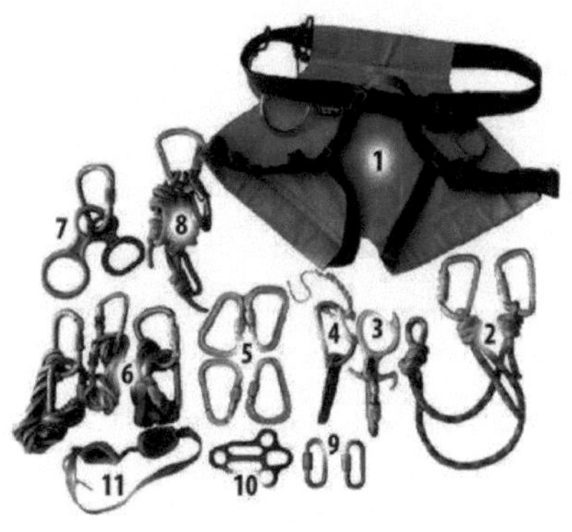

-Otro equipo en el descenso de barrancos

* Neopreno completo (Chaqueta, peto y escarpines)
* Arnés con cabos de seguridad
* Mosquetón y ocho
* Cuerdas y material de seguridad

- Equipo Personal

Todas las personas que practicamos deportes de montaña estamos normalizados por la legislación Europea, que es lo que conlleva pertenecer a un País de la U.E. Existe una directiva Europea que establece la aproximación de las legislaciones en los estados miembros sobre los EPI (Equipos de protección Individual). Esta Directiva es es la 89/686/CEE de 21 de diciembre de 1989. Esta define el EPI, estableciendo que:

"cualquier dispositivo o medio que vaya a llevar o del que va a disponer una persona, con el objetivo de que la proteja contra uno o varios riesgos que puedan amenazar su salud y seguridad."

Todos los EPI deben de cumplir una exigencias de seguridad y sanidad especificadas en las Norma europea:

- Cumplir unos principios de diseño
- Ser inocuos
- Ser cómodos y eficaces
- Servirse con una *(ficha técnica)
- Los fabricados en la Unión Europea deben de ir marcados CE

EXISTEN EPI,s de 3 Categorias:

Categoria 1: Lesiones Leves
Categoría 2: Lesiones Graves
Categoría 3: Riesgo de Muerte

EQUIPOS DE PROTECCIÓN CONTRA CAIDAS

-EN 1891:1999* Equipos de protección individual para la prevención de caídas desde una altura. Cuerdas trenzadas con funda, semiestáticas (bajo coeficiente de alargamiento)

UNE-EN 1891 :2000* Equipos de protección individual para la prevención de caídas desde una altura. Cuerdas trenzadas con funda, semiestáticas

EQUIPOS PARA MONTAÑISMO Y ESCALADA

UNE-EN 564:2015* Equipos de montañismo y escalada. Cuerda auxiliar. Requisitos de seguridad y métodos de ensayo

UNE-EN 565:2017* Equipos de montañismo y escalada. Cinta. Requisitos de seguridad y métodos de ensayo

UNE-EN 566:2017* Equipos de montañismo y escalada. Anillos de cinta. Requisitos de seguridad y métodos de ensayo

UNE-EN 567:2013* Equipos de montañismo y escalada. Bloqueadores. Requisitos de seguridad y métodos de ensayo

UNE-EN 568:2016* Equipos de montañismo y escalada. Anclajes para hielo. equisitos de seguridad y métodos de ensayo

UNE-EN 569:2007* Equipos de montañismo y escalada. Pitones. Requisitos de seguridad y métodos de ensayo

UNE-EN 892:20013* Equipos de montañismo y escalada. Cuerdas dinámicas. Requisitos de seguridad y métodos de ensayo

UNE-EN 892:20013+A1:2017* Equipos de montañismo y escalada. Cuerdas dinámicas. Requisitos de seguridad y métodos de ensayo

UNE-EN 893:2011* Equipos de montañismo y escalada. Crampones. Requisitos de seguridad y métodos de ensayo

UNE-EN 958:2017* Equipos de montañismo y escalada. Sistemas de disipación de energía para uso en escalada. Vía Ferrata. Requisitos de seguridad y métodos de ensayo

UNE-EN 959:2007 Equipos de montañismo y escalada. Anclajes para roca. Requisitos de seguridad y métodos de ensayo

UNE-EN 12270:2014* Equipos de montañismo y escalada. Cuñas. Requisitos de seguridad y métodos de ensayo

UNE-EN 12275:2013* Equipos de montañismo y escalada. Mosquetones. Requisitos de seguridad y métodos de ensayo

UNE-EN 12276:2014* Equipos de montañismo y escalada. Anclajes mecánicos (de fricción). Requisitos de seguridad y métodos de ensayo

UNE-EN 12277:2016* Equipos de montañismo y escalada. Arneses. Requisitos de seguridad y métodos de ensayo

UNE-EN 12278:2007* Equipos de montañismo y escalada. Poleas. Requisitos de seguridad y métodos de ensayo

UNE-EN 13089:2011+A1:2015* Equipos de montañismo y escalada. Herramientas para el hielo (Piolets). Requisitos de seguridad y métodos de ensayo

UNE-EN 15151-1:2012* Equipos de alpinismo y escalada. Dispositivos de frenado. Parte 1: Dispositivos de frenado semiautomáticos, requisitos de seguridad y métodos de ensayo

UNE-EN 15151-2:2012 Equipos de alpinismo y escalada. Dispositivos de frenado. Parte 2: Dispositivos de frenado manuales, requisitos de seguridad y métodos de ensayo

UNE-EN 16716:2017 Equipos de montañismo y escalada. Sistema de airbag (Saco hinchable contra sepultamiento) para avalanchas. Requisitos de seguridad y métodos de ensayo.

En las homologaciónes de nuestros EPI,s debemos de estar siempre al día y ver actualizaciones nueves, nuevos equipos, etc...

La ficha técnica tiene que elaborarla el fabricante y entregarla junto con el EPI comprado y obligatoriamente debe de contener la siguiente información:

- Nombre y dirección de fabricante
- Instrucciones de almacenamiento, uso, limpieza mantenimiento, revisión, desinfección, etc..
- Rendimientos alcanzados en los exámenes técnicos
- Accesorios que se pueden utilizar con el EPI
- Clases de protección y limites de uso
- Fecha o plazo de caducidad del EPI
- Tipo de embalaje adecuado para transportar el EPI
- Explicación de las marcas de identificación o de señalización referidas a la salud y seguridad
- Nombre, dirección y número de identificación de Organismos Notificados control han intervenido en certificación EPI.
- Estar redactada de forma comprensible y en la lengua oficial del Estado donde se comercializa.

Mantenimiento de nuestro EPI:

- DIARIO: respecto de su uso por nuestros trabajadores
- TRIMESTRAL: por parte de la empresa
- ANUAL: Por empresa Certificadora (No obligatorio)

RECONOCIMIENTO DE ESPACIOS GEOGRÁFICOS ESPECÍFICOS PARA EL DESARROLLO DE ACTIVIDADES DE BARRANQUISMO.

Para ser guía de Montaña o barrancos debemos de reconocer, sin lugar a dudas, los perfiles y paisajes que observamos. Este conjunto de formas es denominado RELIEVE y está formado por montañas, llanuras y valles. Pero también podemos encontrar junto a la costa Acantilados y playas.

Las montañas son grandes elevaciones del terreno y han ido apareciendo a lo largo de los años. Actualmente aun lo siguen haciendo aunque no nos demos cuenta.

Dentro de las montañas las podremos distinguir entre mas jóvenes con cimas escarpadas y crestas o mas viejas redondeadas y con cimas desgastadas, evidentemente tienen menos altura.

Denominaremos sierra al conjunto de montañas agrupadas y alineadas en la misma dirección. Un conjunto de sierras forman un sistema o cordillera. Si no están alineadas forman un macizo.

Las montañas viejas las podemos dividir en:

- Colinas: Poca altura y muy redonditas. Si su cima es plana se llama muela. (Muela de Cortes)
- Lomas: Altura de terreno larga y poco elevada
- Oteros: montículos aislados que dominan un llano.

- Determinación de las características topográficas y medioambientales de las zona.

¿Que es la topografía? El conjunto de métodos e instrumentos necesarios para representar gráficamente o numéricamente el terreno con todos sus detalles, naturales o artificiales.

Conceptos:

- Planimetría: es la parte de topografía, que se encarga de la determinación de la proyección horizontal de los puntos.
- Altimetría: comprende los métodos, que proporcionan sus cotas o altitudes.
- Curva de nivel: son las lineas que unen puntos de igual cota o altitud.
- Equidistancia: Es la diferencia entre las cotas
- Escala: es la relación constante que existe entre las lineas plano y sus homologas en el terreno.
- Distancias: Existen tres tipos:
  - Natural: Es la distancia entre dos puntos siguiendo el relieve del terreno
  - Geométrica: Es la longitud del segmento de recta que une los dos puntos
  - Reducida: es la proyección sobre el plano horizontal de la distancia geométrica
- Desnivel: es la diferencia de cota entre dos puntos siguiendo el relieve del terreno
- Pendiente: Es la inclinación del terreno con respecto al plano horizontal. Se expresa como una proporción entre la diferencia de cota y la distancia reducida

Los factores medioambientales se dividen en dos aspectos principales

- físicos o abióticos (No intervienen los seres vivos)
- biológicos o bióticos (Relaciones entre seres vivos)

Veámoslos por separado:

Factores físicos o abióticos

- Clima: Condiciones atmosféricas propias de un lugar y constituido por la cantidad de lluvias, humedad, temperatura, vientos, etc.
- Luz, para la fotosíntesis
- Temperatura, influye en los procesos bioquímicos de los organismos vivos y la transpiración a través de los poros
- Agua, necesitamos el agua y depende de las lluvia, que a sus vez es agente erosivo.
- Vientos. Pueden aportar sequedad o humedad, dependiendo donde se produzcan
- Suelo: Composición, estructura, espesor, determinan su calidad.
- Roca madre, composición original
- Humus, regula la capacidad de retención de agua
- Microorganismos despedazadores y los hongos y bacterias se encargan de convertir ellos nutrientes minerales y puedan volver a ser utilizados.
- Geografía. Altitud, orientación, inclinación, distancia al nivel del mar,, etc.

Factores biológicos o bióticos

En las plantas intervienen:
- Microorganismos que enriquecen el suelo
- Otras plantas que les brindan protección o compiten por la luz, agua y nutrientes
- Los animales que las consumen y los que contribuyen a la polinización y a la diseminación de las semillas.

En los animales influye:
- La disponibilidad de alimentos
- Presencias de otros animales o especies que puedan competir por el alimento o lugar de protección y cría

Los aspectos sociales

Una de las piezas clave del ecosistema son los seres humanos. Hemos conseguido la adaptación a los diferentes ambientes, pero a su vez, somos un importante factor modificativo del medio en el que vivimos, mediante cultivos, ganadería, extracción de minerales, transformación de materia prima, deforestación o forestación, combustibles, construcciones, etc.

Identificación de la regulación estatal, autonómica y local sobre entornos naturales susceptibles de ser utilizados para la practica deportiva-recreativa.

¿Que es un espacio natural? Es una parte del territorio de la tierra que no se encuentra modificado por la acción del hombre.

Podemos seleccionarlos en:

- Parques
- Reservas Naturales
- Monumentos naturales
- Paisajes protegidos

Son mas de 800 los espacios protegidos con los que cuenta el estado Español, y cada uno de ellos posee una normativa especifica que los regula. Por lo que hacen imprescindible sus estudio por parte de los Guías/empresas para la realización de actividades en estos lugares.

- Análisis de las posibilidades de realización de actividades deportivo-recreativas en enclaves geográficos concretos.

Debemos de saber distinguir donde nos encontramos en cada momento cuando realizamos actividades, por lo que lo vamos a distinguir por metros de altura para poder seccionar de alguna forma la baja, media y alta montaña, aunque ahora veremos que no siempre es así.

Baja montaña: hasta los 1500 metros de altura, realizamos montañismo, senderismo, escalada, otros deportes

Media montaña: Entre 1500 y 2500 metros. En estas alturas ya cabe la posibilidad de existencia de nieve, podremos realizar actividades como senderismo, raquetas en invierno y posibilidad de otras actividades mas técnicas.

Alta montaña: Alturas superiores a 2.500 metros, pueden haber glaciares, nieves perpetuas y encontraremos refugios y zonas habilitadas para vivacs. Se realizan actividades de un alto nivel técnico como el alpinismo, aunque puede haber rutas bien indicadas por encima de estas alturas.

Llegados a este punto debemos de analizar las actividades que nosotros podremos realizar y si cumplimos con las normativas vigentes en esta materia.

Pongamos el ejemplo de que nos vamos a subir a las 3 Marías en verano, no hay glaciares, no hay pasos equipados, no hay nieve, no necesito material. ¿Estamos haciendo alta montaña? ¿Estamos haciendo senderismo?

¿Que actividad piensas que estamos realizando?

Otro ejemplo: Me voy a Perú, ciudad de La Rinconada (Perú) y lo hago en vehículo todo terreno, estoy una semanita allí de turismo y ya puedo decir que he hecho alta montaña, que he subido un 4000 casi 5000 msnm. El sentido común nos dice que no. Pero, ¿piensas que es correcto?

Entonces debemos de catalogar que podemos y que no podemos realizar como guías de baja y media montaña. Y la diferencia está en la utilización de materiales específicos para otro tipo de actividades catalogadas. (Y tampoco siempre).

ORGANIZACIÓN Y ESTRUCTURA DE LAS ENTIDADES QUE OFERTAN ACTIVIDADES DEPORTIVO-RECREATIVAS Y DE TURISMO DE AVENTURA EN ESPACIOS NATURALES

Las empresas de turismo Activo son aquellas dedicadas a ofrecer, de forma profesional y habitual durante todo el año, mediante precio pactado, actividades deportivas y de aventura que se practican sirviéndose básicamente de los recursos que ofrece la naturaleza en cualquiera de sus medios.

Se debe de realizar un buen estudio de campo antes de crear una de estas empresas, ya que todas las zonas, no abarcan los mismos recursos naturales.

Publico, entidades, empresas y organismos demandantes de actividades de conducción en baja y media montaña.

Tenemos que buscar nuestro "Target" o publico objetivo, consistente en buscar en el mercado, mediante la acción publicitaria, potenciales usuarios de nuestro servicio.

Gracias a la segmentación del mercado, podremos conocer mejor las necesidades de nuestros potenciales clientes.

Cuando mayor sea el trabajo de campo, de investigación de potenciales clientes, en definitiva, de conocimiento del mercado, mayores probabilidades de éxito y mayor será el grado de satisfacción de éstos respecto del producto ofrecido.

- Sector y subsectores de las actividades deportivo-recreativas y de turismo de aventura en espacios naturales.

Existen diferentes sectores en el tema del turismo activo.

- Subacuaticas
  - Buceo
- Náuticas
  - Vela en sus diferentes modalidades
  - Piragua
  - rafting
  - Hidrospeed
  - Navegación a motor
  - etc..
- Ecuestre
  - Hípica
  - Paseos en otros animales

- Ciclismo
  - BTT
  - carretera
  - Paseo
- Aéreas
  - Ala delta
  - Parapente
  - Vuelo a vela
  - Ultraligero
  - Globo
  - Etc..
- Montaña y Escalada
  - Montañismo
  - Barranquismo
  - Escalada en todas sus modalidades
  - Senderismo
  - Trekking
  - Vías Ferratas
  - Puenting
  - Circuitos Multiactividad
- Orientación
- espeleología
- Tiro con arco
- Actividades de Nieve
  - Esquí alpino
  - Esquí de fondo
  - heliesqui
  - Esquí de montaña
  - Esquí de fondo
  - Fuera de pista
  - Excursiones con raquetas de nieve
  - Mushing
  - Moto de nieve
  - Escuelas de esquí
- Actividades de vehículos a motor
  - Todo terreno
  - Quads
  - Enduro
  - Trial
  - Etc...
- Paintball y similares
- Caza
- Pesca

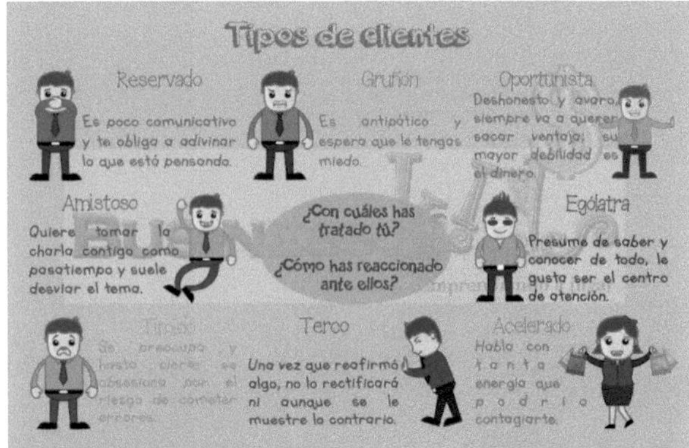

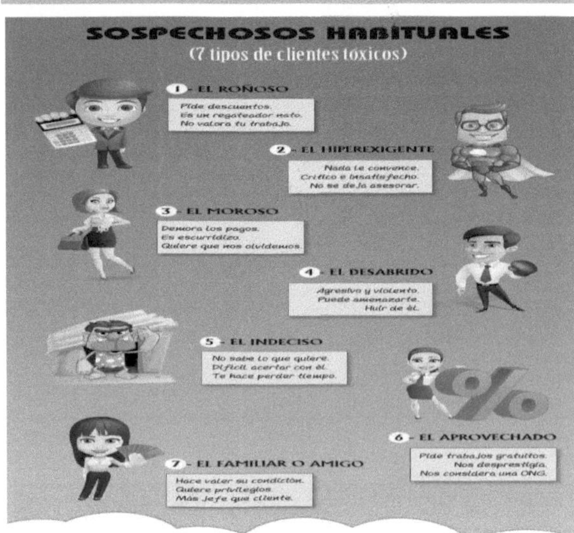

- Publico y entidades demandantes de este tipo de servicio. Tipologías

Tanto sean publico, como entidades, los consideraremos nuestros clientes. Esta es una premisa importante a la hora de tratar con ellos.

La motivación principal de un cliente es satisfacer una necesidad, por lo que dentro de nuestras obligaciones está el conocer estas necesidades para poder ofrecer un buen producto-servicio.

Es de vital importancia conocer los tipos de clientes que vamos a tener en nuestro negocio.

Y aparte de todos estos tenemos otras tipologías:

*Cliente externo: es el que compra nuestros productos y puede corresponder a cualquiera de los de viñeta anterior.

* Cliente interno: Puede adquirir productos de nuestra empresa pero de otro departamento.

* Clientes finales: Son los que han adquirido nuestro producto-servicio y se encuentra agradecido, complacido y satisfecho

* Intermedios: Son los "intermediarios" adquieren mi producto para vendérselo a otro

NORMALIZACIÓN E INTEGRACIÓN DE LAS PERSONAS CON DISCAPACIDAD EN LAS ACTIVIDADES DE CONDUCCIÓN DE BARRANQUISMO

Los deportes de montaña, durante muchos años, han estado vetados para gente con discapacidades.
Actualmente y con la evolución de las personas, formaciones, materiales y programas de asociaciones inclusivas se abre un nuevo campo para la integración de las personas con discapacidad en el mundo de la montaña.
Por tanto las actividades físico-deportivas en la conducción de personas en baja y media montaña debe de estar adaptada a las características de sus participantes, incluyendo aparte de todas las premisas ya estandarizadas de edad, sexo, gustos, forma física, etc., la nueva de grado de discapacidad. De esta forma podremos adaptar nuestras actividades a los nuevos potenciales clientes.
- DIFERENTES TIPOS DE DISCAPACIDAD.
Vamos a ver cuales son los factores y elementos que se tiene que tener en cuenta para llevar a cabo el diagnostico y evaluación de las actividades físico-deportivas recreativas con personas con discapacidad.

Definición y características
La OMS define discapacidad como "término general que abarca las deficiencias, las limitaciones de la actividad y las restricciones de la participación"
Existe en el Real Decreto Legislativo 1/2013 de 29 de noviembre que aprueba el texto sobre la Ley general de derechos de personas con discapacidad y de su inclusión social, otra definición sobre discapacidad, " la situación que resulta de la interacción entre las personas con deficiencias previsiblemente permanentes y cualquier tipo de barreras que limiten o impidan su participación plena y efectiva en la sociedad, en igualdad de condiciones con las demás".

Beneficios que reporta la práctica de Actividad Física sobre :

- El corazón
  * Sistema Cardiovascular
  * Músculo cardíaco: capacidad (R) y grosor (F)
  * Frecuencia Cardíaca en reposo y AF
  * Capilarización, captar 02 y eliminar co2
  * Enfermedades coronarias, prolapsos
  * Flujo sanguíneo, placas ateromatosas
  * Elasticidad arterial
  * Diámetro arterias + viscosidad sangre = Tensión Arterial

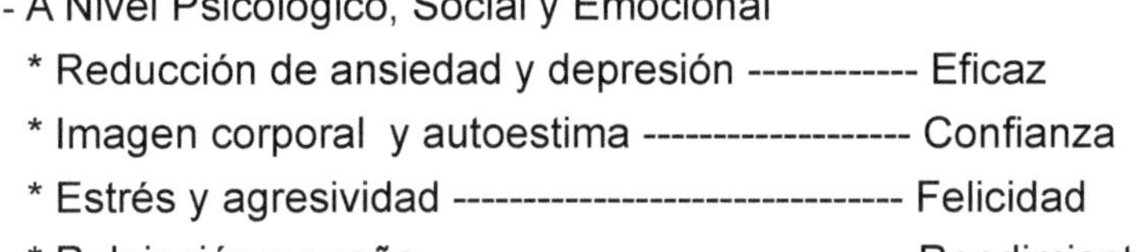

- A Nivel Psicológico, Social y Emocional
  * Reducción de ansiedad y depresión ------------ Eficaz
  * Imagen corporal y autoestima ------------------ Confianza
  * Estrés y agresividad ------------------------------- Felicidad
  * Relajación y sueño -------------------------------- Rendimiento
  * Relaciones sociales ------------------------------- Amistad

- Otros beneficios

  * Eliminación de toxinas
  * Disminuye riesgo cáncer (mama y colon...)
  * Retrasa efectos adversos envejecimiento
  * Fuerza Neural
  * Coordinaciones oculares

Tabla de efectos con y sin actividad física

ÓRGANO / SISTEMA	EFECTOS ENVEJECIMIENTO	EFECTOS DE LA ACTIVIDAD FÍSICA
Cardiovascular	Descenso del VO2max, FC max y Volumen de eyección	Incremento del VO2max, mantiene la FC y VE, incrementa capacidad volitiva
Respiratorio	Descenso de la CV y FEV	Mejora parámetros respiratorios funcionales
Neurológico	Desciende nº axones, velocidad transmisión y propiocepción	Mantiene tiempo de reacción, mejora equilibrios (evita caídas)
Tejido Conectivo	Disminuye la flexibilidad	Mantiene elastina, colágeno y aumenta ROM
Muscular	Disminuye la fuerza y la contractilidad	Incrementa masa magra y fuerza
Esquelético	Disminuyen los niveles de calcio	Incrementa calcio y DMO
Cartilaginoso	Atrofia	Mejora espesor cartílagos
Endocrino	Deficiente captación de glucosa	Disminuye la resistencia a insulina

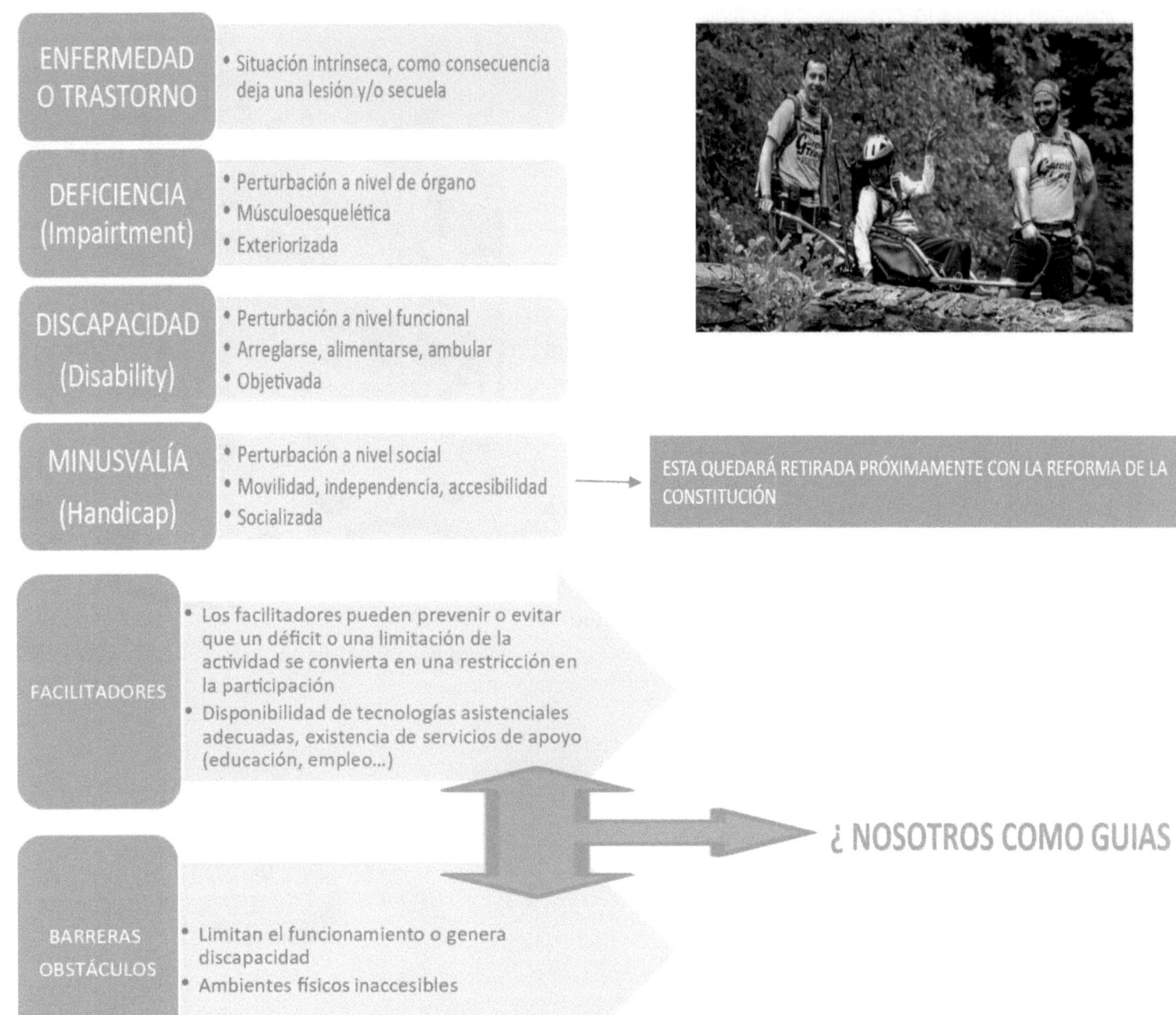

ASÍ QUE POR TODO ESTO QUE ESTAMOS VIENDO, VAMOS A PREGUNTARNOS

¿Que conozco sobre la discapacidad?

¿Que actitud muestro o tengo sobre la discapacidad?

¿Cómo son mis relaciones con los discapacitados en mi entorno de trabajo?

¿Cuando estamos con una persona con cualquier discapacidad ¿soy yo mismo? ¿Es forzada mi actitud?

¿Crees que un discapacitado realiza actividades espontáneas o solo en planificadas?

PROBABLEMENTE CADA UNO DE VOSOTROS CONTESTE DIFERENTE A ESTAS PREGUNTAS.

Esto nos lleva a otra.

¿ES PARA TODOS LA DISCAPACIDAD IGUAL? En este marco, probablemente, ya no tendría sentido hablar de distinciones por discapacidad (ni cualesquiera otras características), sino por diferencias enriquecedoras, lejos de la exclusión y segregación.

Desde un acercamiento de Psicología Educativa, cualquier programa de actuación en las actitudes hacia la discapacidad, ha de perseguir fines de convivencia y de relaciones positivas en un marco de aceptación y respeto, con influencias en los procesos de enseñanza aprendizaje y en el desarrollo personal y social de nuestro cliente.

NOTA: Pensar que en nuestra actividad tenemos que “enseñar a hacer”

En este marco socioeducativo, las actitudes pueden y deben cambiarse, y ello, no sólo a lo genérico de la discapacidad, limitación o incluso deficiencia, sino a las características asociadas a la persona, de forma que se logre el mejor conocimiento de ella, sus necesidades y sus afectos.

AHORA HAY QUE PREGUNTARSE, ¿PUEDO HACER MIS GUIADOS CON DISCAPACITADOS?
Mi respuesta es SI, pero ¿es factible como empresa?

ADAPTACIÓN DE ITINERARIOS:
¿Se puede hacer en todas las modalidades que practico? Naturales o artificiales ¿Tengo los recursos?
PLANIFICACIÓN DE ACTIVIDADES
¿Cuento en mi empresa con esta planificación?

DETERMINACIÓN DE LA FORMA DEPORTIVA, CARACTERÍSTICAS, NECESIDADES Y EXPECTATIVAS EN ACTIVIDADES DE BARRANQUISMO.

- Aspectos básicos de aplicación

Es evidente que cada vez va mas gente a las montañas y que nuestro papel como guías es fundamental, no ya tan solo en los guiados, si no, también como concienciadores del patrimonio natural.
Es fundamental que el cliente, excursionista o persona que vaya a realizar la actividad tenga en cuenta su condición física.
Es imprescindible la realización de tests de valoración por parte de los guías, ya sean en cuestionario o bien verbales.

- Demostración y ayudas

Debemos de saber identificar las características de los usuarios demandantes del servicio a través de nuestra habilidad para observar su condición física, sus intereses, motivaciones y grado de autonomía personal.
Todo esto lo podemos realizar de las siguientes formas:
* Explicando los recorridos y materiales que vamos a utilizar
* Preguntando actuaciones anteriores del participantes
* Observar fenómenos fisiológicos del participante.
* Solicitando pruebas técnicas de ejecución

- Riesgos y normas de seguridad

Los test de valoración de la forma deportiva, es otra de la formas de valorar la capacidad para la realización de las actividades en diferentes grupos de personas:
* Personas sedentarias
* Personas con problemas coronarios
* etc

No es frecuente en la actividad turístico-recreativa en la cual nos vamos a desenvolver hacer este tipo de tests o pruebas biomecanicas de movimientos y de capacidad física, si bien debéis de saber que existen.

La Homeostasis es el equilibrio relativo en el medio interno del cuerpo, mantenido de manera natural mediante respuestas adaptativas que promueven la conservación de la salud

- Fatiga: síntomas de aparición, prevención, tratamiento y dosificación del esfuerzo

La fatiga es la incapacidad del musculo o del organismo en su conjunto para mantener la misma intensidad de esfuerzo. Lo que hace es que actuá como un mecanismo de defensa, impide que el organismo tenga problemas graves. Favorece la HOMEOSTASIS

La fatiga esta condicionada por varios factores, entre ellos: la intensidad, la duración y la velocidad de ejecución del ejercicio.

No hay que confundir el cansancio con la fatiga, ya que el primero es una especie de apatía que se produce incluso sin haber realizado ejercicio y el segundo siempre va relacionada con el entrenamiento físico.

- Clasificación de la fatiga.

 * Dependiendo de donde afecte:

 • Local: afecta a un grupo muscular localizado

 • General: afecta al todo el organismo en general

- En función de la duración podrá ser:

 • Aguda: es la que viene cuando hacemos esfuerzos cortos, normalmente afecta aun solo grupo muscular.

 • Crónica: es la que se representa por acumulación de fatiga durante semanas o meses.

- Lugares de aparición de la fatiga

Esta puede ser:

 * Central: Se produce cuando hay fallos en el sistema neuronal que discurre del cerebro hasta los músculos y en consecuencia el musculo no responde al estímulo y deja de contraerse.

 * Periférica: Es transitoria y variable. Existe una deficiencia de trabajo de la fibra muscular, debida aun exceso previo de actividad física o esfuerzo extenuante.

- Percepción de la fatiga/percepción de la recuperación

Tenemos que saber reconocer la fatiga, puesto que cuando mayor sea ésta mas acusados serán los efectos que produce: empeoramiento de la coordinación, disminución de la velocidad y potencia.

Siempre debemos de tener en cuenta que en situaciones de mucho estrés la fatiga emocional aumentará la fisiológica. Igualmente debemos de saber entrenar las recuperaciones de los entrenamientos que realicemos, ya que estas aportan tantos o mas beneficios que el propio entrenamiento.

RESUMEN

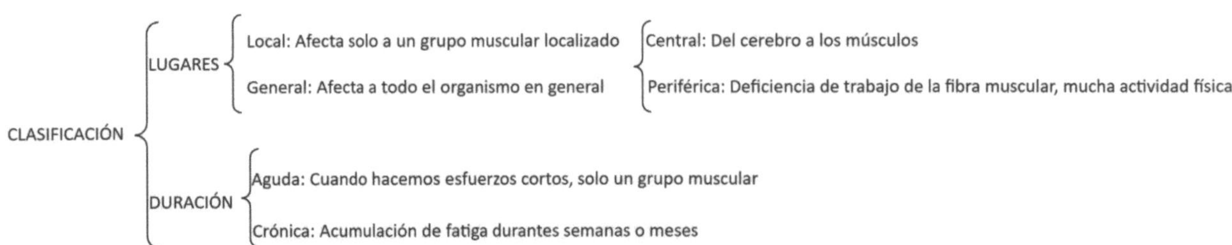

- Percepción de la fatiga/percepción de la recuperación

Tenemos que saber reconocer la fatiga, puesto que cuando mayor sea ésta mas acusados serán los efectos que produce: empeoramiento de la coordinación, disminución de la velocidad y potencia.
Siempre debemos de tener en cuenta que en situaciones de mucho estrés la fatiga emocional aumentará la fisiológica.

Igualmente debemos de saber entrenar las recuperaciones de los entrenamientos que realicemos, ya que estas aportan tantos o mas beneficios que el propio entrenamiento.

ES UN ERROR ENTRENAR MAS DE LO HABITUAL Y NO RESPETAR LOS DESCANSOS, ENTRENAR MAS NO SIEMPRE ES MEJOR

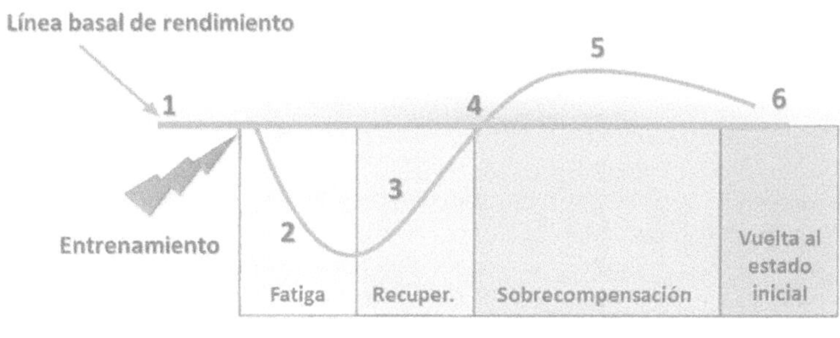

Recuperación de cualidad física	Tiempo necesario
Resistencia aeróbica	12 - 24 horas
Velocidad	24 - 48 horas
Fuerza explosiva	24 - 36 horas
Fuerza máxima	48 horas
Potencia máxima aeróbica	48 - 72 horas
Resistencia anaeróbica láctica	72 horas

Relación entre la carga y la recuperación

Es la necesidad de establecer una recuperación adecuada para cada una de las diferentes cargas de entrenamiento, atendiendo al tipo y magnitud de estas, que nos permita superar una carga similar posterior garantizando el proceso de supercompensación

- Fases del proceso de adaptación:

  - Fase de carga : los estímulos de entrenamiento producen fatiga que provoca una merma transitoria de la capacidad del entrenamiento
  - Fase de recuperación : durante esta fase se produce una regeneración orgánica y recuperación energética, el rendimiento asciende de nuevo
  - Fase de supercompensación : en esta fase la capacidad de rendimiento alcanza un nivel superior al inicial
  - Fase de desadaptación : la capacidad del entrenamiento regresa a niveles basales.

Adaptación a las tipologías de usuarios: por edad, genero, dominio técnico, nivel de forma deportiva, grado de autonomía personal y posibles situaciones de discapacidad, entre otras.

Se necesita de instrumentos específicos para la realización de pruebas estándares para poder valorar las adaptaciones por los diferentes estereotipos indicados. Es por ello, que se hace casi inviable que por las empresas de turismo activo se realicen este tipo de pruebas. Si bien es necesario saber que se pueden adquirir y poseer para una mejora del servicio.

Hay casos en los que no podremos hacer ni exigir pruebas de esfuerzo:

- Un cambio reciente en ECG de reposo, significa que han sufrido un infarto recientemente
- Angina inestable
- Arritmias cardíacas
- Estenosis aortica
- Fallo cardíaco
- Embolo pulmonar
- Miocarditis o pericarditis
- Infecciones agudas

En otras podemos valorar hacerlas con cuidado (pero siempre es muy arriesgado), y mejor solicitar que se realicen en centros médicos.

Existen pruebas en para determinar la condición física, ahora bien es PRÁCTICAMENTE IMPOSIBLE ELQUE LAS EMPRESAS DE TURISMO ACTIVO (ó los Guías) LAS PODAMOS REALIZAR.

Solo en casos concretos las podemos realizar o solicitar que las realicen (Pruebas de esfuerzo médicas) es lo aconsejable.

NO VEO LA SITUACIÓN EN LA QUE NOS CONTRATEN UNA ACTIVIDAD GUIADA Y LES PIDAMOS LA REALIZACIÓN DE TESTS DE ESFUERZO FÍSICO.

Sin embargo, un viaje a otro país y que requiera de grandes esfuerzos físicos sí que podríamos pedir una prueba de esfuerzo físico para la inscripción o por lo menos una declaración Jurada de que está físicamente bien para la realización de la actividad.

Biotipología y composición corporal.

La biotipología es la ciencia que clasifica a los individuos de acuerdo a sus características constitucionales, reuniéndolos en tipos biológicos determinados y las relaciona con su forma de ser y de actuar.

Por otro lado la composición corporal recoge el estudio del cuerpo humano mediante medidas y evaluaciones de su tamaño, forma, proporcionalidad, composición, maduración biológica y funciones corporales.

Antroprometría

Es la ciencia que estudia las dimensiones del cuerpo humano. Existen muchas pruebas antopometricas, algunas de las mas interesantes son:

- Tallas
- Grosores pliegues cutáneos
- Mediciones de cintura, pecho, abdomen, cuello, etc.

Instrumentos y procedimientos básicos. Existen gran cantidad de instrumentos para la realización de estas mediciones:

- Bascula
- Tallímetro
- Antropómetro
- Plicómetro
- Cinta métrica

Composición corporal: Indice de masa corporal y porcentaje adiposo

- IMC: es una medida entre el peso y la talla del un individuo.
  - IMC=PESO/ESTATURA2
  - Estos valores varían con la edad y el sexo

Y ahora debemos de saber que cantidad de grasa acumulamos en nuestro cuerpo y las formulas para medirla son las siguientes:

- HOMBRES:
    - %GRASA=495/(1,0324-0,19077(cintura-cuello))+0,15456(log(altura)))-450
- MUJERES:
    - %GRASA=495/(1,29579-0,35004(log(cintura+cadera-cuello))+0,22100(log(altura)))-450

Describamos los somatotipos:

- Ectomorfo : Personas delgadas, altas y frágiles. Suelen ser altos, superando las tallas medias, poca mas muscular, que no significa que no la tenga desarrollada.
- Endomorfo : Tendencia natural a la acumulación de grasas, en el abdomen los hombres y en las caderas y piernas las mujeres. Tienen la capacidad de ganar mucha masa muscular, suelen ser tranquilos y bonachones.
- Mesomorfo : Complexión robusta, media o baja talla. Suelen tener gran tórax y mas hombros que caderas. Suelen tener buena constitución física por naturaleza.

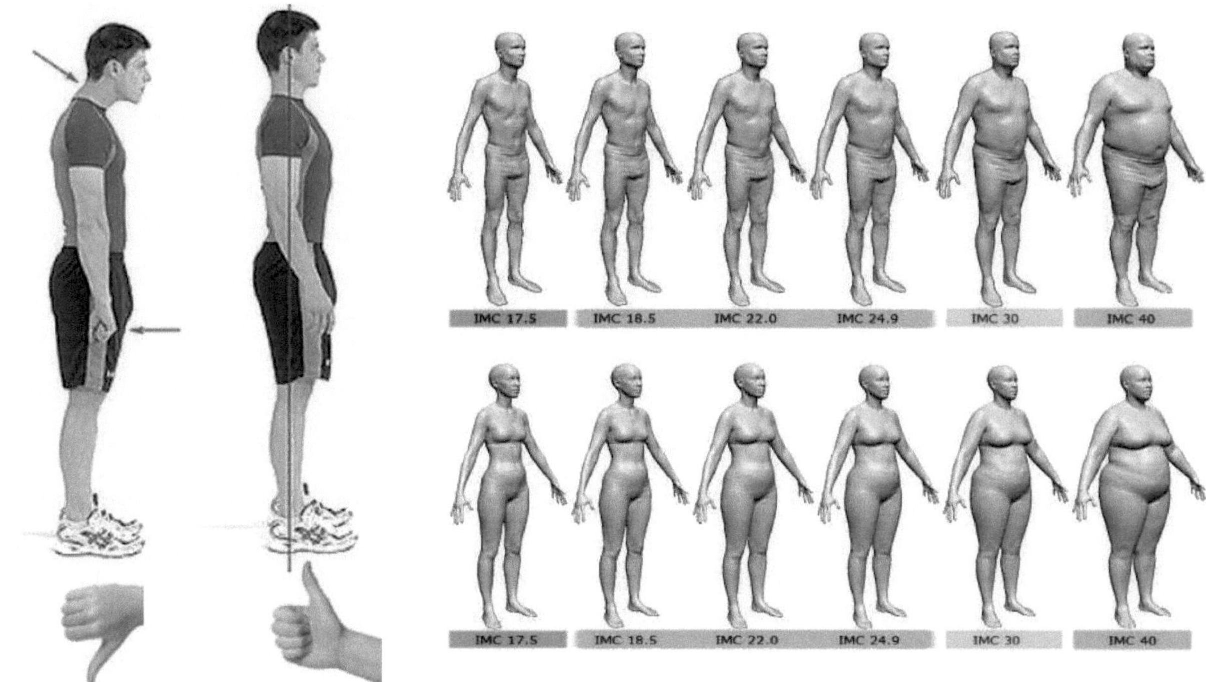

Aparato locomotor, estructura

Esta formado por:

- Huesos
- Articulaciones
- Músculos

Cualquier deportista que se precie debería de conocer estos tres campos para poder desarrollar de una forma correcta su trabajo, ya que de ellos tres depende nuestra actividad.

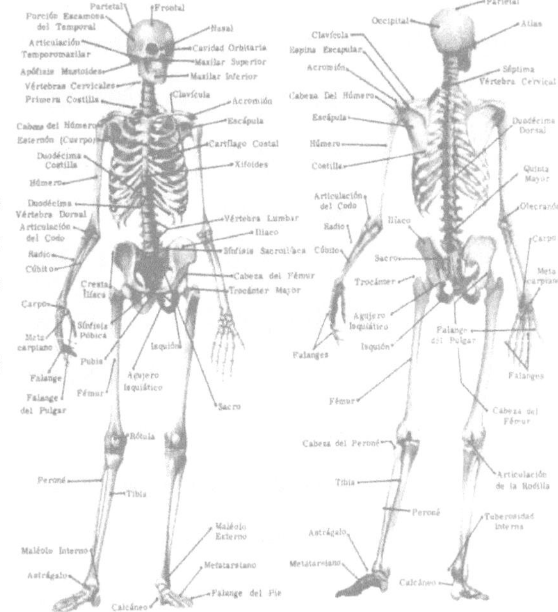

Partes generales del cuerpo humano con su cantidad de huesos.

- El cráneo (cabeza) consta de 29 huesos.
- La columna vertebral consta de 26 huesos.
- La caja torácica (tórax) consta de 25 huesos.
- El arco pectoral y manos consta de 64 huesos.
- La zona lumbar y las piernas consta de 62 huesos

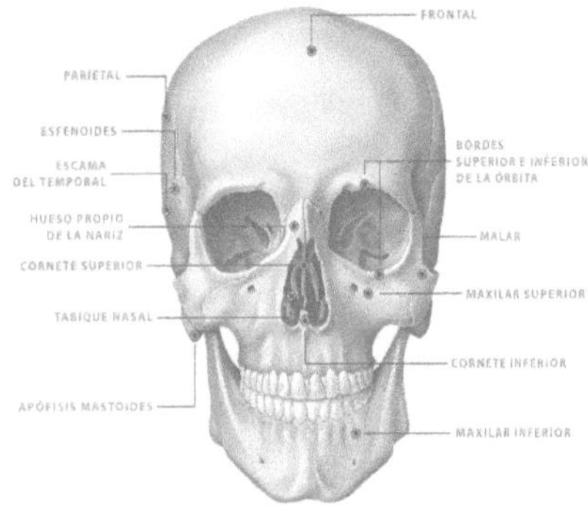

Cabeza: 1 Frontal. 2 Occipital. 3 Parietal izquierdo. 4 Parietal derecho. 5 Temporal izquierdo. 6 Temporal derecho. 7 Esfenoides. 8 Etmoides. 9 Maxilar inferior o mandíbula. 10 Maxilar superior izquierdo. 11 Maxilar superior derecho. 12 Palatino izquierdo. 13 Palatino derecho. 14 Malar o cigomático izquierdo. 15 Malar o cigomático derecho. 16 Nasal izquierdo. 17 Nasal derecho. 18 Unguis o lagrimal izquierdo. 19 Unguis o lagrimal derecho. 20 Vómer. 21 Cornete nasal izquierdo. 22 Cornete nasal derecho. 23 Martillo izquierdo. 24 Martillo derecho. 25 Yunque izquierdo. 26 Yunque derecho. 27 Estribo izquierdo. 28 Estribo derecho. 29 Hioides.

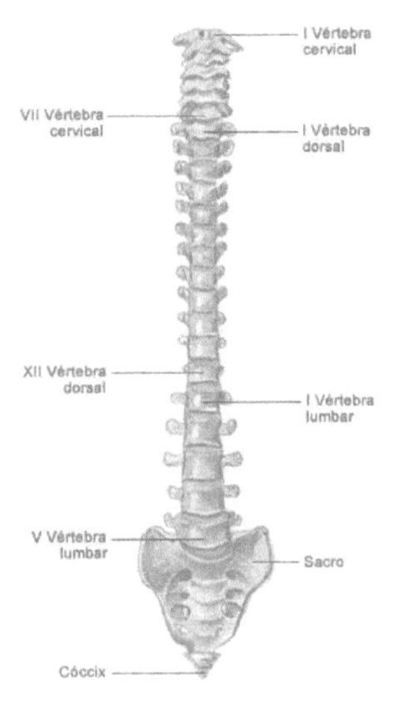

Columna vertebral: 30 Vértebra cervical C1. Llamada Atlas. 31 Vértebra cervical C2. Llamada Axis. 32 Vértebra cervical C3. Llamada C3. 33 Vétrebra cervical C4. Llamada C4. 34 Vértebra cervical C5. Llamada C5. 35 Vértebra cervical C6. Llamada C6. 36 Vertebra cervical C7. Llamada Prominente. 37 Vértebra dorsal o torácica T1. Llamada T1 38 Vértebra dorsal o torácica T2. Llamada T2 39 Vértebra dorsal o torácica T3. Llamada T3 40 Vértebra dorsal o torácica T4. Llamada T4 41 Vértebra dorsal o torácica T5. Llamada T5 42 Vértebra dorsal o torácica T6. Llamada T6 43 Vértebra dorsal o torácica T7. Llamada T7 44 Vértebra dorsal o torácica T8. Llamada T8 45 Vértebra dorsal o torácica T9. Llamada T9 46 Vértebra dorsal o torácica T10. Llamada T10. 47 Vértebra dorsal o torácica T11. Llamada T11. 48 Vértebra dorsal o torácica T12. Llamada T12. 49 Vértebra Lumbar L1. Llamada L1. 50 Vértebra Lumbar L2. Llamada L2. 51 Vértebra Lumbar L3. Llamada L3. 52 Vértebra Lumbar L4. Llamada L4. 53 Vértebra Lumbar L5. Llamada L5. 54 Sacro formado por 5 vértebras soldadas. 55 Coxis formado po5 4 ó 5 vértebras fusionadas.

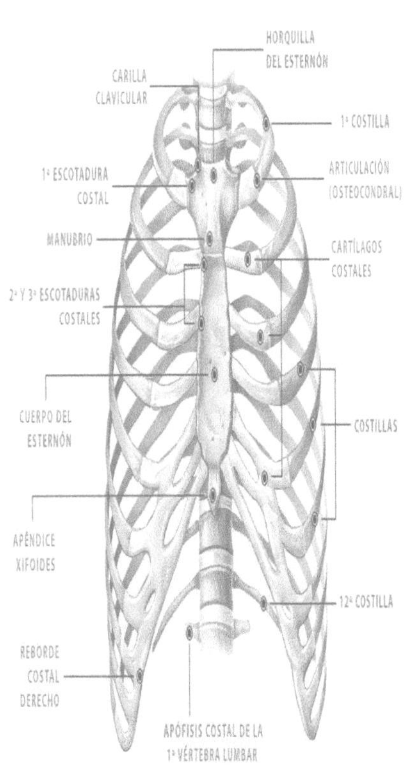

Caja torácica o tórax: 56 Esternon. 57 Costilla verdadera izquierda unida a la vértebra T1 y esternón. 58 Costilla verdadera derecha unida a la vértebra T1 y esternón. 69 Costilla verdadera izquierda unida a la vértebra T2 y esternón. 60 Costilla verdadera derecha unida a la vértebra T2 y esternón. 61 Costilla verdadera izquierda unida a la vértebra T3 y esternón. 62 Costilla verdadera derecha unida a la vértebra T3 y esternón. 63 Costilla verdadera izquierda unida a la vértebra T4 y esternón. 64 Costilla verdadera derecha unida a la vértebra T4 y esternón. 65 Costilla verdadera izquierda unida a la vértebra T5 y esternón. 66 Costilla verdadera derecha unida a la vértebra T5 y esternón. 67 Costilla verdadera izquierda unida a la vértebra T6 y esternón. 68 Costilla verdadera derecha unida a la vértebra T6 y esternón. 69 Costilla verdadera izquierda unida a la vértebra T7 y esternón. 70 Costilla verdadera derecha unida a la vértebra T7 y esternón. 71 Costilla falsa izquierda unida a la vértebra T8 y la anterior costilla. 72 Costilla falsa derecha unida a la vértebra T8 y la anterior costilla. 73 Costilla falsa izquierda unida a la vértebra T9 y la anterior costilla. 74 Costilla falsa derecha unida a la vértebra T9 y la anterior costilla. 75 Costilla falsa izquierda unida a la vértebra T10 y la anterior costilla. 76 Costilla falsa derecha unida a la vértebra T10 y la anterior costilla. 77 Costilla falsa flotante izquierda unida a la vértebra T11. 78 Costilla falsa flotante derecha unida a la vértebra T11. 79 Costilla falsa flotante izquierda unida a la vértebra T12. 80 Costilla falsa flotante derecha unida a la vértebra T12.

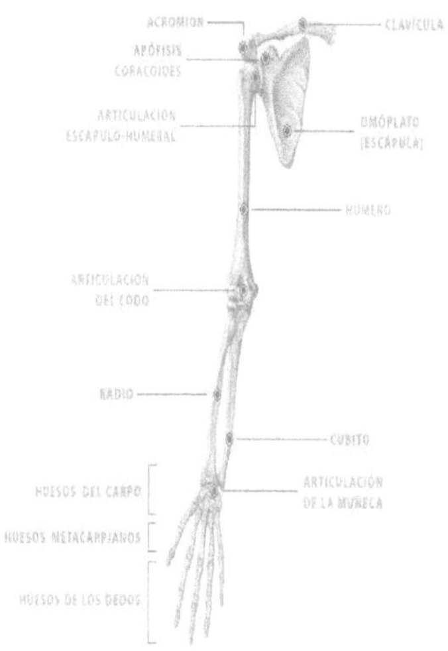

<u>Arco pectoral y manos:</u> 81 Omóplato o Escápula izquierdo. 82 Omóplato o Escápula derecho. 83 Clavícula izquierda. 84 Clavícula derecha. 85 Húmero izquierdo. 86 Húmero derecho. 87 Cúbito o Ulna izquierdo. 88 Cúbito o Ulna derecho. 89 Radio izquierdo. 90 Radio derecho. 91 Escafoides izquierdo. 92 Escafoides derecho. 93 Semilunar izquierdo. 94 Semilunar derecho. 95 Piramidal izquierdo. 96 Piramidal derecho. 97 Pisiforme izquierdo. 98 Pisiforme derecho. 99 Ganchoso izquierdo. 100 Ganchoso derecho. 101 Grande izquierdo. 102 Grande derecho. 103 Trapezoide izquierdo. 104 Trapezoide derecho. 105 Trapecio izquierdo. 106 Trapecio derecho. 107 Metacarpio 1 dedo pulgar izquierdo. 108 Metacarpio 1 dedo pulgar derecho. 109 Falange 1 del dedo pulgar izquierdo. 110 Falange 1 del dedo pulgar derecho. 111 Falange 2 del dedo pulgar izquierdo. 112 Falange 2 del dedo pulgar derecho. 113 Metacarpio 2 dedo índice izquierdo. 114 Metacarpio 2 dedo índice derecho. 115 Falange 1 del dedo índice izquierdo. 116 Falange 1 del dedo índice derecho. 117 Falange 2 del dedo índice izquierdo. 118 Falange 2 del dedo índice derecho. 119 Falange 3 del dedo índice izquierdo. 120 Falange 3 del dedo índice derecho. 121 Metacarpio 3 dedo corazón izquierdo. 122 Metacarpio 3 dedo corazón derecho. 123 Falange 1 del dedo corazón izquierdo. 124 Falange 1 del dedo corazón derecho. 125 Falange 2 del dedo corazón izquierdo. 126 Falange 2 del dedo corazón derecho. 127 Falange 3 del dedo corazón izquierdo. 128 Falange 3 del dedo corazón derecho. 129 Metacarpio 4 dedo anular izquierdo. 130 Metacarpio 4 dedo anular derecho. 131 Falange 1 del dedo anular izquierdo. 132 Falange 1 del dedo anular derecho. 133 Falange 2 del dedo anular izquierdo. 134 Falange 2 del dedo anular derecho. 135 Falange 3 del dedo anular izquierdo. 136 Falange 3 del dedo anular derecho. 137 Metacarpio 5 dedo meñique izquierdo. 138 Metacarpio 5 dedo meñique derecho. 139 Falange 1 del dedo meñique izquierdo. 140 Falange 1 del dedo meñique derecho. 141 Falange 2 del dedo meñique izquierdo. 142 Falange 2 del dedo meñique derecho. 143 Falange 3 del dedo meñique izquierdo. 144 Falange 3 del dedo meñique derecho.

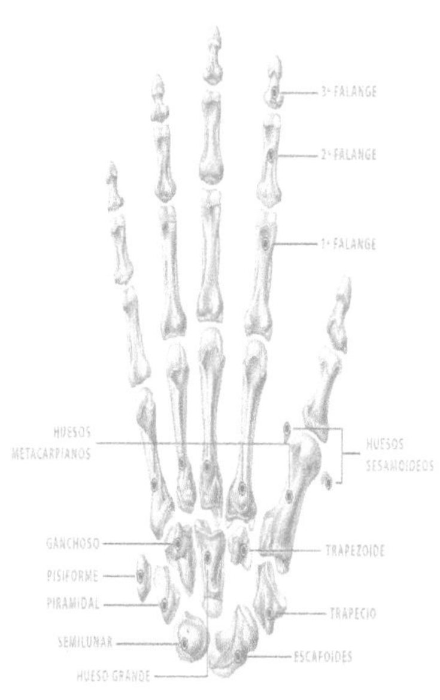

<u>Zona lumbar y piernas</u>: 145 Coxal izquierdo. 146 Coxal derecho. 147 Fémur izquierdo. 148 Fémur derecho. 149 Rótula izquierda. 150 Rótula derecha. 151 Tibia izquierda. 152 Tibia derecha. 153 Peroné izquierdo. 154 Peroné derecho. 155 Calcáneo izquierdo. 156 Calcáneo derecho. 157 Astrágalo izquierdo. 158 Astrágalo derecho. 159 Cuboides izquierdo. 160 Cuboides derecho. 161 Escafoides izquierdo. 162 Escafoides derecho. 163 Cuneiformes 1 izquierdo. 164 Cuneiformes 1 derecho. 165 Cuneiformes 2 izquierdo. 166 Cuneiformes 2 derecho. 167 Cuneiformes 3 izquierdo. 168 Cuneiformes 3 derecho. 169 Metatarsiano 1 dedo 1 izquierdo. 170 Metatarsiano 1 dedo 1 derecho. 171 Falange 1 del dedo 1 izquierdo. 172 Falange 1 del dedo 1 derecho. 173 Falange 2 del dedo 1 izquierdo. 174 Falange 2 del dedo 1 derecho. 175 Metatarsiano 2 dedo 2 izquierdo. 176 Metatarsiano 2 dedo 2 derecho. 177 Falange 1 del dedo 2 izquierdo. 178 Falange 1 del dedo 2 derecho. 179 Falange 2 del dedo 2 izquierdo. 180 Falange 2 del dedo 2 derecho. 181 Falange 3 del dedo 2 izquierdo. 182 Falange 3 del dedo 2 derecho. 183 Metatarsiano3 dedo 3 izquierdo. 184 Metatarsiano3 dedo 3 derecho. 185 Falange 1 del dedo 3 izquierdo. 186 Falange 1 del dedo 3 derecho. 187 Falange 2 del dedo 3 izquierdo. 188 Falange 2 del dedo 3 derecho. 189 Falange 3 del dedo 3 izquierdo. 190 Falange 3 del dedo 3 derecho. 191 Metatarsiano4 dedo 4 izquierdo. 192 Metatarsiano4 dedo 4 derecho. 193 Falange 1 del dedo 4 izquierdo. 194 Falange 1 del dedo 4 derecho. 195 Falange 2 del dedo 4 izquierdo. 196 Falange 2 del dedo 4 derecho. 197 Falange 3 del dedo 4 izquierdo. 198 Falange 3 del dedo 4 derecho. 199 Metatarsiano5 dedo 5 izquierdo. 200 Metatarsiano5 dedo 5 derecho. 201 Falange 1 del dedo 5 izquierdo. 202 Falange 1 del dedo 5 derecho. 203 Falange 2 del dedo 5 izquierdo. 204 Falange 2 del dedo 5 derecho. 205 Falange 3 del dedo 5 izquierdo. 206 Falange 3 del dedo 5 derecho.

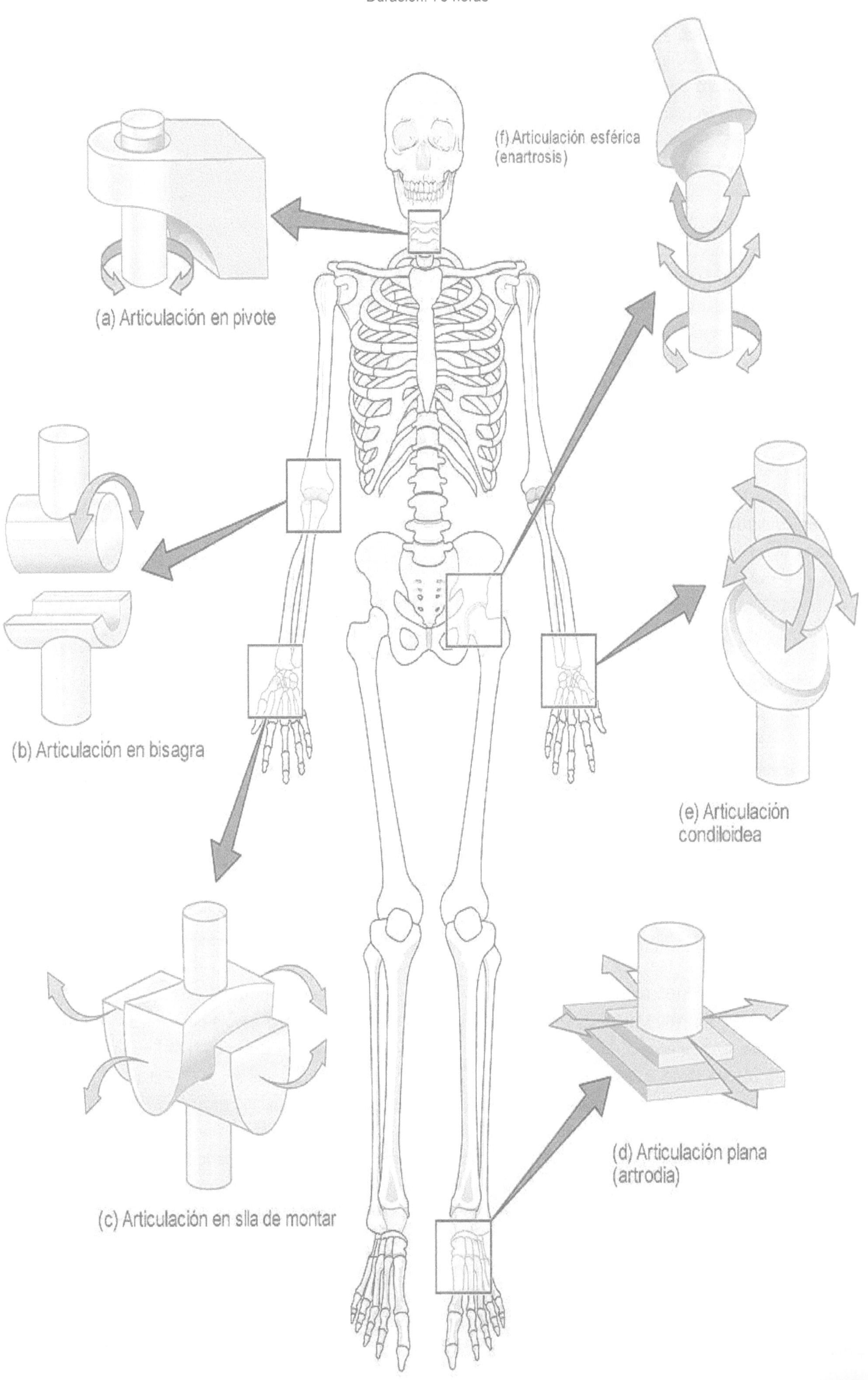
(f) Articulación esférica
(enartrosis)
(a) Articulación en pivote
(b) Articulación en bisagra
(e) Articulación
condiloidea
(c) Articulación en slla de montar
(d) Articulación plana
(artrodia)

Formación técnica o dominio técnico

La técnica deportiva de un deporte se define como el conjunto de procesos nerviosos y musculares que tienen por finalidad de conseguir el movimiento ideal, económico y eficaz de un gesto motor característico de un deporte, ejecutado de forma individual, definido por el reglamento, los conocimientos científicos y experiencias prácticas, todo ello enfocado en beneficio de la competencia. Se consigue mediante un proceso de aprendizaje y entrenamiento en el que se enseña a automatizar dicho gesto

Pruebas de nivel. Selección, aplicación e interpretación de resultados

La montaña tiene diferentes niveles técnicos, por lo que no todo el mundo es capaz de realizar los mismos recorridos.

Deberíamos de diferenciar entre varios niveles que vamos a intentar definir:

- Nivel Inicial
  * Características:
    • Forma física normal
    • No se precisa experiencia en montaña
    • Ritmo tranquilo
    • Terreno relativamente cómodo y sin dificultades

- Nivel básico
  * Características
    • Recorrido entre 3 y 5 horas
    • Forma física normal, con habito de caminar
    • Experiencia previa en montaña no se precisa
    • Ritmo tranquilo
    • Terreno relativamente cómodo y sin dificultades

- Nivel Moderado o Medio
  * Características
    • Recorrido entre 5 y 7 horas
    • Forma física buena habito de hacer deporte
    • Experiencia previa aconsejable
    • Ritmo medio
    • Terreno con posibilidad de tramos escarpados o fuera de camino

- Nivel avanzado
  * Características
    • Recorrido entre 6 y 8 horas
    • Forma física muy buena
    • Imprescindible experiencia previa
    • Ritmo intenso sin llegar a correr
    • Terreno con posibilidad de pasajes delicados

- Nivel duro
  * Características

• Se define por ser recorridos superiores a 8 horas, varias jornadas consecutivas, se le incluyen las inclemencias de la altura, meteorología, áreas remotas sin civilización. Mucha experiencia.

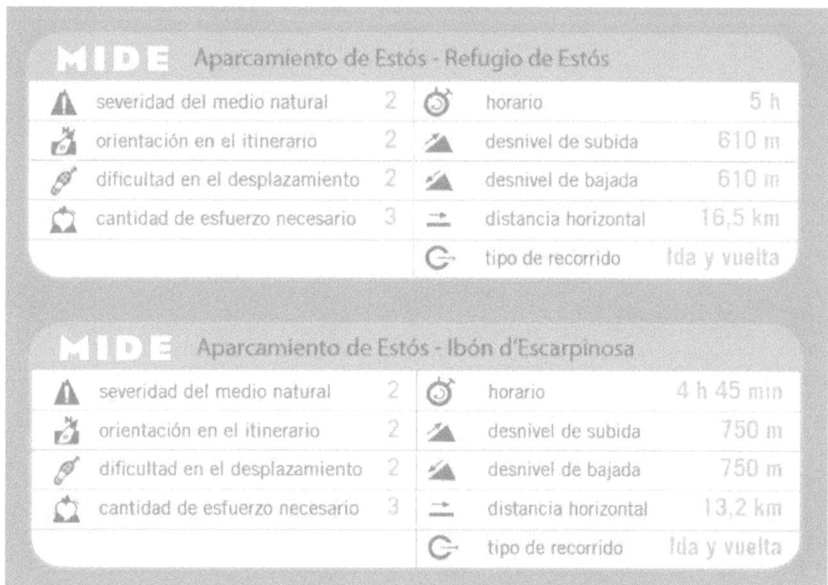

MIDE Aparcamiento de Estós - Refugio de Estós

severidad del medio natural	2	horario	5 h
orientación en el itinerario	2	desnivel de subida	610 m
dificultad en el desplazamiento	2	desnivel de bajada	610 m
cantidad de esfuerzo necesario	3	distancia horizontal	16,5 km
		tipo de recorrido	Ida y vuelta

MIDE Aparcamiento de Estós - Ibón d'Escarpinosa

severidad del medio natural	2	horario	4 h 45 min
orientación en el itinerario	2	desnivel de subida	750 m
dificultad en el desplazamiento	2	desnivel de bajada	750 m
cantidad de esfuerzo necesario	3	distancia horizontal	13,2 km
		tipo de recorrido	Ida y vuelta

Condición física

Habitualmente es lo que denominamos “estar en forma” o lo que es lo mismo poder realizar un esfuerzo físico o trabajo en unas buenas condiciones.

Como consecución de una mala forma física podemos encontrar:

• Empobrecimiento de la capacidad cardíaca
• Propensión a las lesiones
• Tendencia a la obesidad
• Ligera pérdida de fuerza y elasticidad
• Aumento de las pulsaciones por minuto
• Respiración acelerada al mínimo esfuerzo
• Dolores de espalda

Y evidentemente practicando deportes y ganando una buena condición física mejorarnos todos estos parámetros anteriormente citados.

Capacidades condicionales generales y especificas en las actividades de conducción de baja y media montaña

- RESISTENCIA: la capacidad de física básica de mantener un esfuerzo, sin que disminuya aparentemente el rendimiento, es decir, capacidad de oponerse a la fatiga independientemente de la duración del esfuerzo. Puede ser aeróbica o anaeróbica:

Aeróbica: capacidad de soportar un esfuerzo prolongado sin que produzca deuda de oxigeno.

Anaeróbica:

- Aláctica: esfuerzo corto e intenso inferior a 25 segundos con intensidad muy alta.

* No le da al cuerpo tiempo a generar lactato o ácido láctico

- láctica: Es superior a 25 segundos. Se forma ácido láctico en los músculos y pasa a la sangre. Esto influye en una mayor o menor duración de la actividad, ya que éste en la sangre origina fatiga muscular. Intensidad esfuerzo muy alta.

- FUERZA: Podemos definir fuerza en tres ámbitos diferentes:
  - física : cualquier causa de modificar el estado de reposo o de movimiento de un cuerpo
  - fisiológica : la máxima tensión que puede desarrollar un músculo cuando en estado de reposo es excitado por un estímulo máximo.
  - Actividad física : Capacidad para vencer una resistencia a través de la contracción muscular.
  - Podemos encontrarla según su manifestación, como:
    - Fuerza estática . Contracción isométrica
    - Fuerza dinámica : contracción isotónica o anisométrica
  - También podemos estudiar la fuerza según el tipo de contracción muscular, como:
    - Isométrica: el musculo genera tensión y mantiene siempre la misma longitud.
    - Anisométrica: El musculo contrae y elonga variando su longitud.
  - Si las fibras musculares se acortan producen contracción concéntrica
  - Si las fibras musculares se alargan producen contracción excéntrica
  - La podemos encontrar según la aceleración que produzca, como:
    - Fuerza explosiva : se acelera muy rápidamente el segmento corporal como consecuencia de la contracción muscular
    - Fuerza rápida : Se acelera progresivamente el segmento corporal como consecuencia de tener que vencer una resistencia pequeña.
    - Fuerza lenta : Se produce muy poca aceleración, como consecuencia de tener que vencer una gran resistencia.
  - Y podemos ver o encontrar la fuerza según el peso o resistencia que los músculos tengan que vencer y con la velocidad que lo hagan:
  - Fuerza máxima: Es la fuerza que se ejerce contra resistencias máximas. Entre 1 y 3 repeticiones
  - Fuerza resistencia: Se ejerce contra resistencias medias y a una velocidad baja. Podemos repetirla muchas veces.
  - Fuerza velocidad (Potencia): Es la fuerza que se ejerce contra resistencias medias-bajas a una velocidad muy alta
  - Coordinación intermuscular

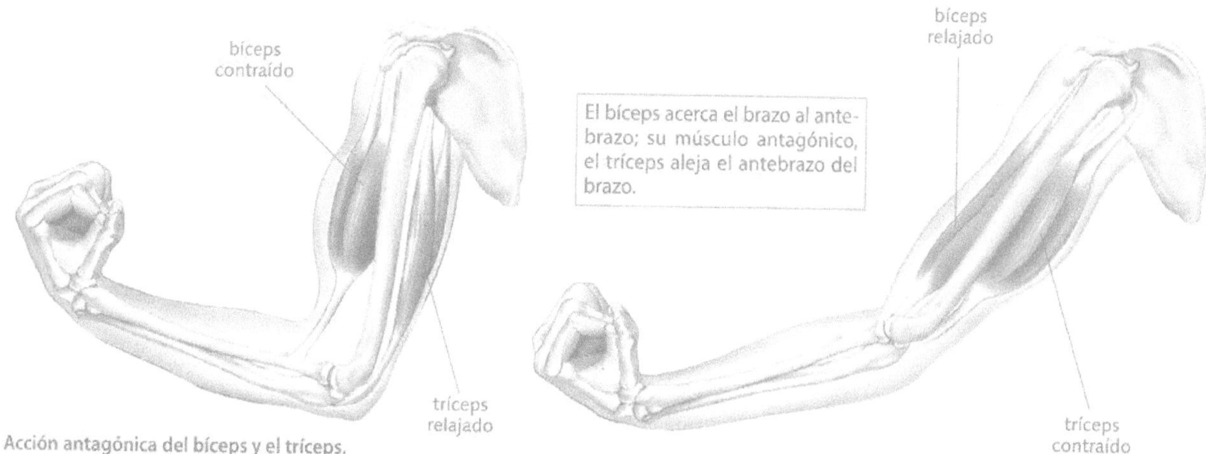

Acción antagónica del bíceps y el tríceps.

Otros factores que afectan y de los que depende la fuerza son:

- La edad : la fuerza evoluciona y decae con la edad.
- El Sexo: El hombre posee mayor fuerza debido a factores biotipológicos, hormonas, etc.
- La motivación : El estado emocional positivo mejora el grado de fuerza y viceversa.

- VELOCIDAD:

Es la capacidad de realizar acciones motrices en el menor tiempo posible.

• Podemos distinguir tres tipos de velocidad

* Velocidad de reacción : Permite acortar el tiempo que transcurre entre la presentación del estimulo y el inicio de la respuesta motora que a éste se asocia.

* Velocidad acíclica o gestual : Permite efectuar gestos unitarios y no repetidos lo mas rápidamente posible

* Velocidad cíclica: permite efectuar gestos repetidos a la mayor frecuencia posible.

- FLEXIBILIDAD

• Es la única cualidad básica que decrece con la edad.

• Es la combinación de:

* Elasticidad muscular

* Movilidad articular

• Es fundamental entrenar esta cualidad, tanto para mantener unas condiciones de vida saludables como para la práctica deportiva.

Detección de rasgos básicos de la personalidad,motivaciones e intereses.

¿Como podríamos definir la personalidad?

Patrón único de pensamientos, sentimientos y conductas, determinadas por la herencia y por el ambiente, relativamente estables y duraderos que diferencian a cada persona de las demás y que permiten prever su conducta en determinadas situaciones.

La psicología en el ejercicio investiga como disciplina científica los procesos mentales que tienen lugar en el ser humano antes, durante y después de una actividad física

Sociología del ocio y tiempo libre.

La sociedad y los cambios que se producen son estudiados por la sociología. No está, por tanto, nuestra actividad exenta de estos estudios sociológicos. Incluso en esta ciencia se afirma que el Tiempo Libre es el que queda fuera después de haber satisfecho todas nuestras necesidades vitales.

Os lanzo una pregunta ¿Podríamos englobar el senderismo como tiempo libre?

El deporte plantea verdaderos reflejos de la sociedad competitiva en la que vivimos. También en su vertiente recreativa tiene una función socializadora. Por ello, tras muchos estudios, se puede llegar aafirmar que el deporte recreativo contribuye al desarrollo de:

- Físico y motor: coordinación de movimientos, precisión, posición corporal, etc.
- Intelectual-cognitivo: elaboración estrategias de actuación, anticipación de consecuencias, etc.
- Afectivo: asimilación y maduración de situaciones vividas, aprendizaje del esfuerzo personal, etc.
- Social: Aprendizaje de reglas, colaboración con el grupo, etc.

La entrevista personal: modelos y procedimiento de aplicación

La entrevista es una herramienta para conocer las características de las personas que van a contratar nuestros servicios y quizás sea, de todas las pruebas de valoración vistas, la mas utilizada.

Tiene por objeto recabar información.

- Como Guías, necesitamos conocer:
    - antecedentes del participante
    - aspiraciones
    - enfermedades
    - conocer motivaciones
    - etc
- Nunca debemos de hacer una entrevista sin antes haberla preparado, si, podemos tener conversaciones informales, normalmente por teléfono, pero debemos de tener una batería de preguntas, que siempre serán las mismas y las mas importantes, preparada para ir haciéndolas, normalmente coincidirán con las del párrafo anterior.
- Tenemos que conocer una serie de parámetros:
    - Conocer previo a la entrevista a la persona entrevistada (No siempre se puede)
    - Preparar las preguntas que se le van a realizar
    - Elegir un lugar cómodo para realizarla
    - Programar la cita con antelación
- Este estereotipo de entrevista raramente se nos dará, salvo que tengamos una (sede o local) y un lugar especifico en el mismo para tal motivo. No es el caso del Turismo activo, pero debéis de tenerlo presente.
- Si se diese el caso de que realizaseis entrenamientos deportivos (que no es el caso), pero si podría ser el de los Técnicos Deportivos, deberían de rellenar unas fichas de historial médico y otras de historial deportivo para control de sus clientes.

FICHA MEDICA DEPORTIVA FEMEMOD

DATOS PERSONALES

APELLIDO Y NOMBRE D.N.I

FECHA DE NACIMIENTO: ____/ ____/ ___ ESTADO CIVIL: Casado ___ Soltero ___ Divorciado ___ Viudo ___ Otro ________

DOMICILIO: ________________________________

LOCALIDAD: ________________ CODIGO POSTAL: ________ PROVINCIA: ____________

TEL. CELULAR: __________ TEL. FIJO: ________ TEL. CONTACTO ________ (a quien llamar en caso de urgencia)

CORREO ELECTRONICO: ________________ FACE u OTRA RED SOCIAL: ____________

* Me comprometo a informar a FEMEMOD de cualquier modificación de estos datos personales por escrito.-

ANTECEDENTES DEPORTIVOS

DISCIPLINA/S: ____________ (Enduro/Motocross/ u otra, especificar) AÑO QUE COMENZO: ________

CATEGORIA: ________________________ (sujeta a cambios por la Federación)

TITULOS OBTENIDOS / CAMPEONATO/ AÑO: ________________________

MEJOR PUESTO OBTENIDO / CAMPEONTATO / AÑO: ____________________

REALIZA OTROS DEPORTES: SI – NO MENCIONE CUALES: __________ CUANTAS HS. POR SEMANA DE DEPORTE__________

HISTORIA MEDICA SUMINISTRADA POR EL SOLICITANTE (Tachar lo que no corresponda)

PERDIDA DE CONOCIMIENTO	SI	NO	ANTECEDENTES CARDIACOS	SI	NO	ALERGIAS	SI	NO
CONVULSIONES	SI	NO	HIPERTENSION ARTERIAL	SI	NO	TOMA ALCOHOL	SI	NO
TRATAMIENTOS PSICOLOGICOS	SI	NO	PROBLEMAS UROGENITALES	SI	NO	ASMA	SI	NO
PROBLEMAS SANGUINEOS	SI	NO	ANT. ULCERA GASTRODUODENAL	SI	NO	USA DROGAS PROHIBIDAS	SI	NO
PROBLEMAS OCULARES	SI	NO	TOMA ALGUN MEDICAMENTO	SI	NO			

Por la presente declaro que no he tenido, ni tengo prohibida la práctica de ningún deporte por razones médicas. Toda la información suministrada la realizo en carácter de declaración jurada. Autorizo en caso de emergencia a cualquier persona calificada a suministrarme el tratamiento necesario, médico o quirúrgico, incluido transfusión de sangre o derivados sanguíneos. Así mismo informar mi condición médica al Director de la Carrera o referee, a mi propio doctor y familiares. Autorizo que la información de la Revisación Medica de esta ficha sea enviada al Servicio Médico que designe la Confederación Argentina de Motociclismo o Federación Mendocina de Motociclismo. Me comprometo a realizarme chequeos periódicos e informar de cualquier variación de esta ficha Médica a la FEMEMOD por escrito.

FIRMA DEL PILOTO (o del Padre/Madre/Tutor/a en caso del Piloto Menor de Edad)

Página 1 de 2

ANÁLISIS DIAGNOSTICO DEL CONTEXTO DE INTERVENCIÓN EN ACTIVIDADES DE CONDUCCIÓN POR BARRANCOS

Programación de la empresa

Las empresas deben de analizar la diferente información de la que poseen para poder concretar programas de itinerarios por barrancos, estableciendo todas las actividades directas y complementarias que se realizarán en el desarrollo de la actividad encomendada.

En la estructura del programa no pueden faltar los siguientes ítems:

- Finalidades buscadas
- Necesidades, intereses y habilidades del participante
- Promoción cultural
- Aumento de los intereses de los participantes viviendo nuevas experiencias, emociones, etc.
- Atender la multiculturalidad

Existen diferentes tipos de programas, veamos algunos ejemplos:

- En función de su duración:
    - Salida de un día
    - Salida de un fin de semana
    - Salida de larga duración o campamentos
- Con instalaciones fijas o de fortuna
- Itinerantes o Treking
- En función del recorrido
    - Emplazamiento fijo (Se realizan en un lugar determinado)
    - Recorrido radial (Iniciamos siempre en mismo lugar (base), salidas en todas direcciones)
    - Recorrido itinerante. (De un lugar a otro sin permanecer tiempo)
    - Recorrido circular. (Inicia-finaliza en mismo sitio)
- Existen programas alternativos que podremos realizar con:
    - Niños
    - Mayores
    - Discapacitados

Recogida de datos

Debemos de poseer todos los datos necesarios para nuestro programa, ello incluye:

- Normativas y reglamentos
- Mapas
- Información meteorológica
- RATIOS
    - Existe mucha discrepancia al respecto, pero como norma utilizaremos la siguiente:

ACTIVIDADES DE GUIADO		
Especialidad	Tipo de guiado	Ratio Máximo Guía/Clientes
Guiado en Alta Montaña	Invernal	1 / 2
	Estival	1 / 4
Guiado en Descenso de Barrancos	Sin cuerda	1 / 10
	Con cuerda	1 / 8
Guiado en Escalada	Escalada	1 / 2
Guiado en Esquí de Montaña	Con uso de técnicas de esquí/alpinismo	1 / 4
	Con uso exclusivo de técnicas de esquí	1 / 6
Guiado en Media Montaña	Dificultad BAJA	1 / 10
	Dificultad MEDIA	1 / 8
	Dificultad ALTA	1 / 6
Guiado en Vías Ferrata	Dificultad BAJA	1 / 4
	Dificultad MEDIA	1 / 4
	Dificultad ALTA	1 / 2
Guiado de actividades de promoción del Senderismo en senderos balizados u homologados	Dificultad BAJA	1/25 con un mínimo de 2 Guías

- Información sobre la dificultad y/o peligrosidad del recorrido
- Información sobre los participantes:
  - Si conocen técnicas básicas de progresión y de material necesarios
  - Condición física
  - Experiencias previas, intereses, expectativas
  - Posibles enfermedades
- Información meteorológica
- Información sobre puestos de socorro o emergencia
- Refugios

Toda esta información la vamos a conseguir de fuentes de información, para ello debemos de saber su clasificación e importancia a la hora de obtener esos datos:

- De acuerdo con su origen podemos clasificarlas en:
  - Fuentes primarias
  - Fuentes secundarias

Las fuentes primarias

Son todas aquellas en las que los datos provienen directamente de la población o una muestra de la población. No tiene por que ser mas precisa que una fuente secundaria. Ofrecen un punto de vista desde adentro del evento en particular o periodo de tiempo que se está estudiando.

- Son fuentes primarias:
  - Documentos originales
  - Diarios
  - Novelas
  - Minutas
  - entrevistas
  - Apuntes de investigación
  - Noticias
  - Autobiografías
  - Cartas
  - Discursos, etc.

Las fuentes secundarias

Son aquellas que parten de datos pre-elaborados como pueden ser datos obtenidos de anuarios estadísticos, internet, medios de comunicación, etc

Las fuentes directas: Son aquellas que nos proporcionan la información que buscamos directamente. Por ejemplo un diccionario. El instalador de una vía de escalada, etc..

Las fuentes indirectas: Son esas fuentes que te dicen donde puedes buscar la información que deseas encontrar, por ejemplo un catalogo de vías de escalada.

La confidencialidad de los datos

La ley 15/1999 de 13 de diciembre de Protección de datos de Carácter personal y su modificación del pasado año 2016 con la directiva Europa UE2016/679, tiene como objeto el garantizar y proteger, en lo que a datos personales se refiere, las libertades publicas y los derechos fundamentales de las personas físicas, y especialmente su honor e intimidad personal.

Esto nos obliga a darnos de alta en el fichero y a cumplir la legislación vigente en la materia, en cuanto a datos personales (no pudiendo ofrecerlos, comercializarlos, etc.) imagen (protección sobre la imagen) médicos (establecimientos ficheros mas estrictos), menores, etc.

Contexto de intervención y oferta regular de actividades.

Debemos de estudiar los siguientes factores:

- Colectivos y entidades demandantes de estos servicios
- Tipos de usuarios y clientes
- Infraestructura
- Espacios y materiales a utilizar
- Recursos humanos
- Actividades y paquetes de actividades más demandadas

Colectivos y entidades demandantes.

Al encontrarse integrada en las Actividades en la Naturaleza, el turismo activo, Turismo deportivo o de aventura, puede ser demandado por gran cantidad de colectivos, desde federaciones, clubs, colegios, apa's, etc.

Tipos de usuarios y clientes.

Si partimos de la base que el ejercicio físico es beneficioso para todo el mundo, estamos en condiciones de afirmar que el tipo de usuario cliente puede ser cualquiera, siempre y cuando establezcamos un programa adecuado al mismo

Infraestructura.

No todas la empresas que ofrecen actividades de Guía por itinerarios de baja y media montaña poseen una infraestructura física para la realización de las mismas, y tampoco la considero necesaria, puesto que nuestras actividades se realizan en el medio natural. Hay empresas que si que disponen de ellas y eso les ofrece otras ventajas competitivas (duchas, vestuarios,etc)

Instalaciones que vamos a utilizar pueden ser:

- zonas de acampadas
- zonas de estancia y pernoctación
- Albergues de Montaña
- Refugios-vivac
- Terrenos privados

Espacios y materiales a utilizar:

- Ropa: Utilizaremos la teoría de la tres capas como veremos mas adelante
- Elementos de protección frio calor: gorros, gafas, etc.
- Calzados: blandos, semirrigidos, duros.
- Mochila
- Saco de dormir
- Aislante

Recursos Humanos.

Van a depender de de las características del terreno, las personas que vayamos a conducir y las actividades propias o complementarias que querramos realizar.

Actividades y paquetes de actividades mas demandadas.

En nuestra zona, Comunidad Valenciana, las actividades de turismo activo mas demandadas son el barranquismo, vías ferratas, escalada y Senderismo. Repunta la espeleología. Todo esto sin contar las actividades de dos ruedas y Caballos.

ANÁLISIS DE LAS CALIDADES DEL SERVICIO

Debemos de tener muy presente que la satisfacción del cliente esta formada por tres elementos muy importantes:

- El rendimiento percibido
    - Basado en el punto de vista, resultados obtenidos, percepciones, estado de animo del cliente.
- Las expectativas
    - Promesas que realiza la empresa en base al producto-servicio
    - Compras anteriores
    - Opiniones de amigos, familiares, etc
    - Promesas de competidores
- Niveles de satisfacción
    - Pueden experimentar los siguientes
- Insatisfacción: no alcanza las expectativas del cliente
- Satisfacción: Coincide con las expectativas del cliente
- Complacencia: Excede las expectativas del cliente
    - Debemos de conocer, tener muy en cuenta y valorar mucho todos estos parámetros a la hora de mejorar nuestro proyecto.
- Todo esto debe de ser recogido en una encuesta confeccionada por la empresa que será de gran utilidad para analizar toda esa información
- Igual de importe el generar un auto-informe donde se manifiesten las sensaciones como Guía, fallos y aciertos cometidos/realizados y mejoras susceptibles del servicio.
- Todo esto nos va a hacer crecer en calidad de nuestros productos/servicios, hará crecer nuestro proyecto y por ende nuestra empresa y beneficios.
- Es interesante la confección de una memorias anuales del proyecto empresarial
    - Estas podrían contener los siguientes apartados:
        - Denominación de la entidad
        - Objetivos
        - Actividades realizadas
        - Valoración nominal de las actividades
        - Valoración cuantitativa de las actividades
        - Presupuesto invertido
        - Beneficios obtenidos brutos y netos
        - Conclusiones de los Clientes General
        - Conclusiones propias

- Los ítems necesarios, y a tener en cuenta, para ofrecer calidad en nuestros servicios deben de ser los siguientes:
    - Integridad: Ser honestos, neutrales, no vulnerar normas socialmente aceptadas, ética
    - Seguridad: Grado de percepción de riesgo en el desarrollo del servicio
    - Flexibilidad: modificaciones horarios, rutas, con el fin de atender mejor
    - Funcionalidad: Responder y adecuarse al usuario
    - Disponibilidad: Posibilidad de usar los servicios
    - Tangibilidad: Apariencia materiales, instalaciones físicas, personal, equipos, et.
    - Fiabilidad: Ejecutar nuestro trabajo de forma fiable y cuidadosa
    - Empatía: Saber ponerse en la piel de los demás
        - Accesibilidad
        - Comprensión
        - Comunicación

UF2473
Diseño y gestión de Itinerarios por barrancos

ELABORACIÓN DE ITINERARIOS DE BARRANCOS

Interpretación del análisis diagnóstico previo de la actividad

Definición de Itinerario: recorrido determinado o el modo en que un recorrido puede llevarse a cabo.

Podemos realizarlos de:

- Guiados o por libre
- Contemplación de la naturaleza y paisaje
- Visitas culturales
- prácticas deportivas
- Educación ambiental.

- Debemos de conocer los intereses y expectativas que tienen nuestros clientes, para ello la confección de tests en redes sociales, grupos de amigos, grupos de WhatsApp, etc están muy bien.

- Igualmente debemos de conocer e identificar las características físicas de nuestros clientes y debemos de ser capaces de adaptarnos a ellas.

- Es necesario tener muy en cuenta los perfiles técnicos de nuestros usuarios, pues no es lo mismo una ruta para chavales de 20 años, que una para escolares de 10 añitos. La destreza, la habilidad y el conocimiento de uso de los materiales y elementos utilizados es muy importante.

- Debemos de ser capaces de realizar cuantas adaptaciones sean necesarias a nuestros recorridos/ rutas/itinerarios con tal de garantizar el servicio/producto a todos los participantes

- Una vez conocidos todos los puntos anteriores ya estamos en disposición de realizar la actividad y de esta forma

Identificación de los objetivos de la actividad.

Debemos de plantearnos dos objetivos, uno general y otro especifico. De esta forma el general deberá integrar los específicos.

Ejemplo:

- Tenemos un grupo de participantes de vacaciones en Benidorm:
    - Mayores de 60
    - Jubilados
    - Hacen poco deporte
    - Algunos tienen enfermedades crónicas
    - Baja autoestima

<u>OBJETIVO GENERAL:</u> Conseguir aumento de la autoestima por la realización y consecución de retos en la ruta

<u>OBJETIVOS ESPECÍFICOS</u>: Establecer relaciones sociales, trabajar sistema motor, conocer nuevos puntos de vista, trabajar las limitaciones de los participantes, enseñar una nueva forma de vida.

Antes del inicio de cualquier ruta debemos de informar a los participantes del punto de inicio y del final, debemos de identificar algunas características de la ruta, dificultad, recorrido, nivel positivo, etc., y tiempos establecidos. De esta forma el cliente se hace una idea de como va a transcurrir.

Tenemos que tener muy en cuenta la logística que vamos a necesitar y los posibles lugares de pernoctación.

Ya hemos especificado los materiales que utilizaremos en las conducciones por Barrancos y lo volveremos hacer en el apartado especifico de material, pero se hace indispensable que sea material adecuado para la ejecución propia de la actividad.

Siempre debemos de tener un plan B (nuevas alternativas), tanto en la ruta como en los alojamientos, lugares de agua, etc., por si se produjesen contingencias inesperadas.

Es importante el crear en nuestro recorrido actividades "complementarias que permitan al usuario experimentar distintas sensaciones positivas y de esta forma no homogeneizar el recorrido haciéndolo monótono.

Como Guías de Barrancos debemos de tener conocimiento de la importancia de la hidratación y la alimentación en las actividades deportivas, por lo vamos a dar unas pautas generalizadas:

- Pautas de hidratación:

  * Al hacer ejercicio se pierden líquidos, esto produce una merma en nuestro rendimiento y hace que nuestro corazón, pulmones y sistema circulatorio tengan que realizar mas esfuerzo. La hidratación compensa las pérdidas de líquidos que se producen a través del sudor.

- ¿Que pasa cuando nos deshidratamos?

  * Lo primero apatía y malestar general, calambres, dolores de cabeza, nauseas, vómitos, fiebre, etc, si no se remediase puede llegar a perder el conocimiento

  * Estar atento a las señales del cuerpo

  * El agua es el elemento mas importante para nuestro cuerpo. Podemos sobrevivir a perdidas de hasta un 40% de grasas, carbohidratos y proteínas, pero solo con perder el 10% de agua las consecuencias son fatales.

- La hidratación debe de ser una costumbre en cualquier deportista. El cuerpo emite señales de emergencia cuando nos encontramos deshidratados y el organismo responde a la acumulación de sal en sangre, no a la cantidad de agua perdida, por lo que el cerebro tarda en responder.

* Por lo tanto debemos de acostumbrarnos a beber antes, durante y después de la actividad.

* Las cantidades de agua a ingerir variarán bastante dependiendo del peso y altura del deportista, temperatura, intensidad y duración del ejercicio

* Las cantidades de agua aconsejadas son:

- Antes: sobre medio litro antes de comenzar
- durante: 1 litro cada hora. 150 mm cada 10 min es una buena cantidad
- después: debemos de seguir ingiriendo liquido y algún alimento solido.

Y, entonces ...¿Que deberíamos beber?

• La respuesta a esta pregunta es muy sencilla. AGUA. El agua debe de estar fresca, ya que de esta forma rápidamente se evacua de nuestro estomago y se absorbe por el Intestino delgado.

• Siempre debemos de evitar ingerir agua helada

• También, si hemos sudado mucho, es bueno ingerir bebida isotónicas que nos repongan las sales minerales consumidas durante el ejercicio.

Representación gráfica de itinerarios

Es la definición en la que mediante un lenguaje gráfico de una realidad espacial de manera exhaustiva, no ambigua y no contradictoria, plasmamos una representación gráfica.

Son muchos los recursos a los que se puede acceder actualmente con las nuevas tecnologías. Disponemos de los sistemas SIG (Sistemas de información Geográfica)

Desarrollados a partir de este podremos encontrar el SIGPAC.

• En realidad este es un visor Cartográfico agrario, tiene poca utilidad para nosotros salvo que disponemos de una visión de toda la geografía nacional.

• Para un mejor funcionamiento y al cual si le podemos sacar mucho provecho es el visor cartográfico de la Comunidad Valenciana (VISOR.GVA.ES)

• Veremos como extraer y exprimir esta fuente de datos superimportante para nosotros como Guías de montaña.

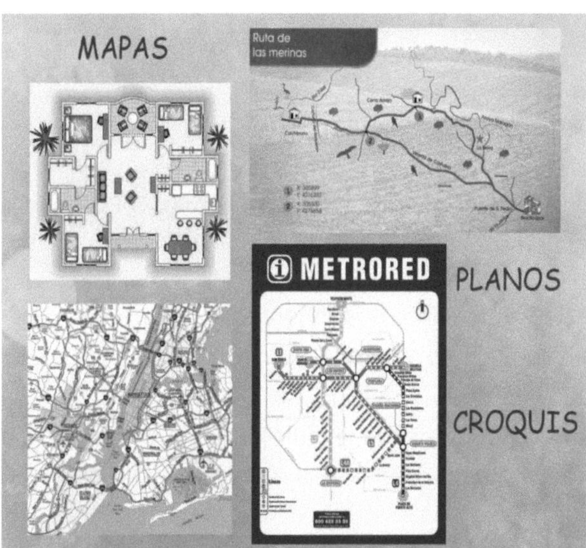

También podemos acceder a la información a través de los mapas comerciales.

Un mapa es una representación del territorio que incluye las partes de terreno no urbanizado, en los cuales el relieve cobra gran importancia.

Debemos de distinguir MAPA y CROQUIS, este último es una representación gráfica en 2D y vista desde arriba. Los elementos dibujados no siempre están bien proporcionados entre si, hay símbolos y esquemas.

Simbología internacional de señalización de senderos

En España disponemos de una gran red de senderos por todo el territorio Nacional, unos estánseñalizados y otros no, pero todos son usados para la practica del senderismo. La señalización usada para los mismos viene establecida por la Unión Europea.

Normalmente los recorridos que se hacen por éstos tienen fines de conocimiento del medio natural y cultural de la zona local. Suelen ser recorridos de corta, larga duración y de orientación educativa.

- Los senderos en España son:
  * GR: Gran recorrido
    • Señal roja y blanca
    • Superan los 50 km o dos jornadas de camino.
  * PR: Pequeño recorrido
    • Señal blanca y amarilla
    • Entre 10 y 50 km (Según dificultad terreno)
  * SL: Sendero local
    • Señales blancas y verdes
    • menos de 10 km.
    • Dificultad baja o muy baja.
- Dependen de la FEDME y de las autonómicas
- Estas dos son las encargadas de mantener y homologar los senderos

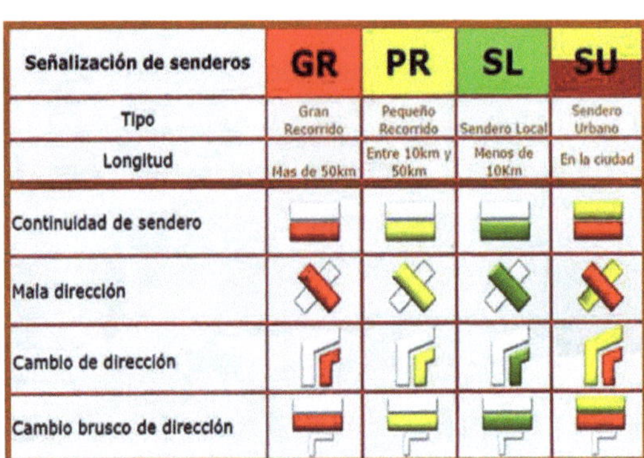

Señalización de senderos	GR	PR	SL	SU
Tipo	Gran Recorrido	Pequeño Recorrido	Sendero Local	Sendero Urbano
Longitud	Mas de 50km	Entre 10km y 50km	Menos de 10Km	En la ciudad
Continuidad de sendero				
Mala dirección				
Cambio de dirección				
Cambio brusco de dirección				

Como ya explicamos la montaña la podemos dividir en varias alturas y de este modo poder catalogarla. (Baja Montaña, Media Montaña y Alta Montaña)

* Estimaciones y tiempos en los itinerarios de baja y media montaña.

Siempre debemos de realizar un estudio de los itinerarios antes de realizarlos, de este modo, veremos distintos aspectos que puedan crear debilidad en los sujetos que participan en el desarrollo del mismo. Debemos de saber predecir las variables que puedan producirse con cierto grado de certeza, para poder hacer predicciones importantes para la gestión del recorrido.

Para la realización de un buen itinerario es preciso tener en cuenta distintas fases:

- Estimación temporal en la realización del itinerario (tiempos referencia)
  - 4 km/Hora
  - 400 m/h en ascenso/descenso
  - 15 min. Descanso corto
  - 30 min. Descanso largo
- Valoración técnica del itinerario
- Determinación de los accesos
- Planes alternativos
- Verificación de itinerarios
  - Grado de dificultad del recorrido (MIDE)
  - Factores que puedan conllevar un riesgo
  - Duración de itinerario

Hoy en día todas estas informaciones pueden ser conseguidas con diferentes lugares (Clubs, profesionales del sector, blogs, tourist info y webs especializadas como Wikiloc), pero todavía no hay nada tan eficaz como una libreta, mapa, GPS y trabajo de campo.

En nuestras rutas y como actividades complementarias debemos de incluir otras que rompan la monotonía de la ruta y que sean capaces de hacernos establecer conexión con la naturaleza, el entorno e incluso con nuestra infancia o niñez. Así que todos a jugar.

- Las fichas de ruta de itinerarios y fichas de barrancos

Este es uno de los puntos importantes en la planificación y elaboración de nuestros itinerarios y barrancos. Estas fichas secuenciarán todo lo que luego en la realidad debe de ir pasando. Debemos de ser capaces de llegar a elaborarlas y cuando lo pongamos en practica en el campo, darnos cuenta de que no fallamos en absolutamente nada.

Deben de incluir la siguiente información

- Recorrido
- Temporalización
- Distancia
- Desnivel de subida
- Tramos:
    - Punto de origen y puntos de destino de cada tramo
    - Distancia
    - Desnivel
    - horario de cada uno de ellos
- Diagrama de perfil del itinerario
- Mapa del itinerario con los tramos indicados
- Meteorología del día de la actividad.

Después de la realización de una ruta, esta debe de ser obligadamente evaluada y autoevaluada. **RECORDAR: "las evaluaciones y autoevaluaciones nos ayudarán a crecer y a mejorar"**

FICHA DE ITINERARIO DE LA RUTA DE LA PIEDRA Y DEL AGUA

Recorrido: Ruta de la Piedra y del Agua (Barrantes-Armenteira)	**Distancia total:** 6,53 km
Horario previsto: 1 hora 57 minutos (sin paradas)	**Desnivel de subida:** 267 m

Tramos	Punto origen	Punto destino	Distancia	Desnivel	Horario
1 (Ruta de los molinos de Barrantes)	**Inicio** Rotonda de Barrantes de la VRG 4.2 (calle de los Coutos) en su cruce con la PO-9305 (calle de la Torre) Alt.10 m	**Fin ruta muíños Barrantes** (Rotonda da la PO-9405 a la salida de la AG-41) Alt. 27 m	1.000 m	17 m	16'
2 (Ruta de los molinos de Meis)	**Inicio ruta molinos de Meis** (Rotonda da la PO-9405 a la salida de la AG-41) Alt. 27 m	**Fin ruta muíños Meis** (Punto Intermedio de la ruta en el aparcamiento de la Aldea Labrega, por la PO-9402) Atl. 62 m	1.100 m	35 m	19'
3 (Ruta de senderismo del río Armenteira)	**Inicio ruta senderismo río Armenteira** (Punto Intermedio de la ruta en el aparcamiento de la Aldea Labrega, por la PO-9402) Atl. 62 m	**Final** (Al lado del Monasterio de Armenteira) Alt. 277 m	4.430 m	215 m	1h 22'

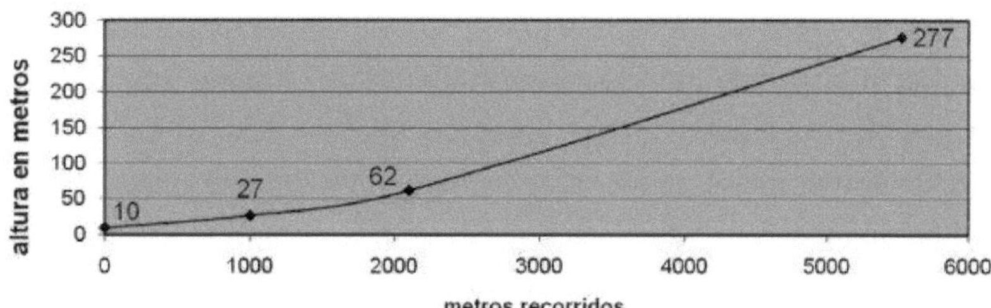

PREVENCIÓN Y PROTOCOLOS DE SEGURIDAD PARA ACTIVIDADES DE BARRANQUISMO

Funciones preventivas de los Guías Profesionales de Barranquismo

DEBEMOS DE CONOCER, ESTUDIAR Y APLICAR LA NORMATIVA DE CADA COMUNIDAD AUTÓNOMA

Debemos de ser conscientes de que queda fuera de nuestro ámbito competencial los terrenos de montaña nevados y actividades que necesiten para la progresión usos de cuerdas, técnicas y materiales específicos de escalada, alpinismo, descenso de barrancos o esquí de montaña. También la docencia del montañismo, senderismo, alpinismo, descenso de barrancos, escalada y esquí de montaña, etc.

Si tenemos competencias en nieve, siempre y cuando sea senderismo con raquetas de nieve.

¿Donde podemos prestar nuestro servicio?

- Escuelas y centros de iniciación deportiva
- Clubes y asociaciones deportivas
- Federaciones de Montaña
- Patronatos deportivos
- Empresas de Servicios Deportivos o Turismo Activo
- Centros Escolares (Actividades extraescolares)

¿Cuales son nuestras funciones?

- Progresar con seguridad y eficacia por barrancos secos y acuáticos
- Evolucionar con raquetas de nieve en terrenos nevados de tipo nórdico
- Establecer el plan de actuaciones para el desarrollo de las actividades en los barrancos con el fin de alcanzar el objetivo deportivo propuesto garantizando las condiciones de seguridad, en razón de la condición física y los intereses de los practicantes.
- Controlar la logística de la actividad y asegurar la disponibilidad de la prestación de todos los servicios necesarios
- Evaluar las posibilidades de realización de la actividad en el lugar elegido
- Determinar el emplazamiento del lugar de pernoctación en razón de los criterios de seguridad y de la programación de la actividad a realizar
- Organizar la práctica del barranquismo con el fin de alcanzar el objetivo deportivo propuesto, garantizando la seguridad de los practicantes.
- Guiar individuos o grupos por barrancos secos y acuáticos
- Preparar y trazar los itinerarios sobre los mapas y recorrer el mismo itinerario sobre el terreno con o sin condiciones de visibilidad, e independientemente de las condiciones del terreno
- Acceder a fuentes de información meteorológica e interpretar la información obtenida
- Prever e identificar los cambios de tiempo en un área por la observación de los meteoros locales
- Predecir la evolución del terreno en función de las condiciones atmosféricas
- Colaborar en la promoción del patrimonio cultural de las zonas de montaña y en la conservación de la naturaleza silvestre
- Identificar los cambios de tiempo en un área por la observación de los meteoros locales.
- Predecir los cambios de tiempo por el análisis de un mapa meteorológico
- Detectar información técnica relacionada con su trabajo, con el fin de incorporar técnicas y tendencias, y utilizar los nuevos equipos y materiales del sector
- Detectar e interpretar los cambios tecnológicos, organizativos, económicos y sociales que inciden en la actividad profesional
- Poseer una visión global e integradora del proceso, comprendiendo la función de la instalaciones y equipos, y las dimensiones técnicas, pedagógicas, organizativas, económicas y humanas de su trabajo.

Debemos de proceder siempre a la supervisión y comprobación de los itinerarios con la suficiente antelación para que no nos pille de sorpresa ningún cambio en los mismos. (marcajes, estado del terreno, pozas, instalaciones, etc).

Siempre el debemos de llevar el material necesario y nuestro equipo de comunicaciones comprobado y en pleno funcionamiento. Del mismo modo el avituallamiento necesario para la jornada que realicemos.

- Identifiquemos posible peligros que puedan surgirnos:

- objetivos: Son aquellos procesos naturales y condiciones naturales que existen independientemente de la presencia del ser humano

  • Características del medio
  • Terrenos inestables
  • Desprendimientos y caídas de piedras
  • agentes atmosféricos
  • Terremotos

- Climatológicos
  • Tormentas y rayos
  - Evitar
    • Cumbres
    • Crestas
    • Zonas elevadas del terreno
    • Áreas de cableado
    • Cauces de ríos
    • Vientos y tempestades
    • zonas altas
    • zonas boscosas
    • Niebla

- Desorientación, bajada de temperaturas, puede generar mareos y desequilibrios

- Naturales
  • Aludes
  • Desprendimientos
  • Crecida de ríos

- Subjetivos : Sobre-estimación,Errores de apreciación,Formación insuficiente,Equipamiento insuficiente,Preparación física,Lesiones,Enfermedades
  • Fisiológicos
  • Fatiga

- Síntomas
  • Sensación de cansancio
  • pesadez muscular
  • Alteraciones ritmo cardíaco
  • Falta coordinación
  • Deseo de dejar de realizar ejercicio
  • Irritabilidad y apatía
  • perdida de peso
  • Descenso exagerado del rendimiento
  • Hipoglucemia

- Síntomas:
- • Nivel azúcar en sangre demasiado bajo.
- • Niveles inferiores a 70 mg/dl en diabeticos
- • Niveles inferiores a 55 mg/dl en personas sanas
- • Tomar hidratos de carbono de rápida absorción
    - 15 gr de glucosa
    - dos sobres o tres cucharillas de azúcar disueltas en agua
    - Barritas energéticas
    - Zumo o refresco azucarado
    - Miel, frutas o una tres galletas
    - Otros que normalmente suelen llevar las personas diabeticas

• Deshidratación
- Debemos de darle mucha importancia a este punto.
- Causas:
    - • Sudoración excesiva
    - • Fiebre
    - • Vómitos y diarrea
    - • Orinar demasiado
- Síntomas:
    - • Sed
    - • Boca seca o pegajosa
    - • No orinar mucho
    - • Piel seca y fría
    - • Dolores de cabeza
    - • Calambres musculares
- Síntomas mas graves
    - • No orinar u orina muy amarillo oscuro o color ámbar
    - • Piel seca y arrugada
    - • Irritación y confusión
    - • Mareos y desvanecimientos
    - • Latidos cardíacos rápidos
    - • Respiración rápida
    - • Ojos hundidos
    - • Apatía
    - • Shock
    - • Inconsciencia y delirio
- Físicos
    - • Insolaciones
- Síntomas:
    - • Hipertermia, temperatura sobre 40º durante todo el proceso
    - • Sequedad de piel
    - • taquicardia
    - • Dolor de cabeza
    - • mareos y vértigos
    - • nauseas y dolor abdominal
    - • CASOS MAS GRAVES: convulsiones, perdida de consciencia, coma
- ¿Que hacer?
    - • Colocar a la victima en lugar oscuro y fresco
    - • Bajar temperatura (paños húmedos, baño agua fría,etc)
    - • Desplazar a servicio de urgencias lo mas rápidamente posible

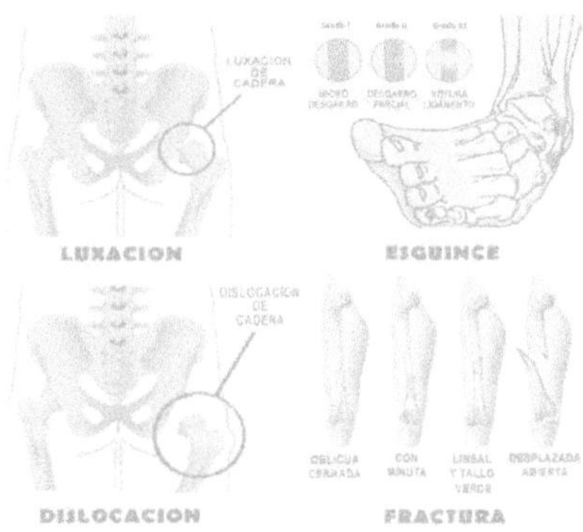

- Traumatismos
  * Esguinces
    • Separación temporal de la superficie de las articulaciones, estirando o rompiendo los ligamentos
  * Fracturas
    • Se pierde continuidad de el tejido de un hueso, pueden ser leves o graves
  * Luxaciones
    • división de las superficies articulares que se mantiene en el tiempo
  * Traumatismos craneales
    • debemos de llevar mucho cuidado puesto que no podemos valorarlos, pueden ir desde una lesión del encéfalo hasta una amnesia o síndrome vertiginoso
  * Traumatismos Vertebrales:
    • ¡OJO! Posibles daños medulares

- Hipotermias
  * Es el descenso de la temperatura corporal por debajo de 35º
  * Síntomas 1ª Fase
    • Mecanismo de defensa del cuerpo. Los vasos sanguíneos se contraen para que los órganos vitales sufran una menor perdida de calor
  * Síntomas 2ª Fase
    • Temblores y escalofríos
    • Movimientos lentos y torpes
    • Descoordinación evidente
    • Palidez
    • labios, orejas y dedos color azulón
  * Síntomas 3ª fase
    • Dificultad para moverse
    • Piel azul
    • Dejan de temblar
    • Presentan somnolencia
    • Comportamiento extraño o irracional, confusión mental
    • Respiración y latidos disminuyen
    • Los órganos dejan de funcionar (Muerte clínica) NO ESTÁ MUERTO, la muerte cerebral aun tarda unas horas en llegar.

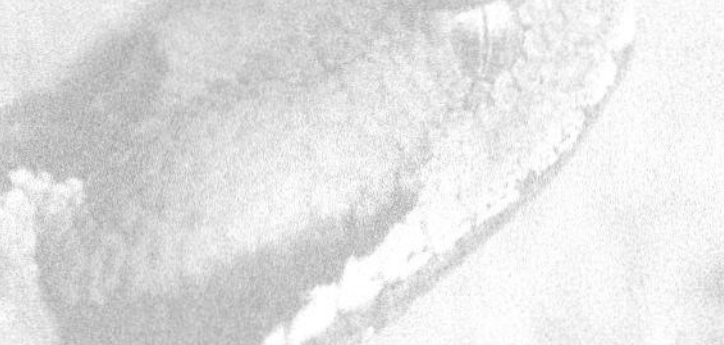

- Picaduras y Mordeduras

  * En España, debemos de tener algunas precauciones con personas mayores y niños, para personas sanas es muy difícil fallecer de una picadura, salvo que sea de animales importados o por acumulación de picaduras.

VEAMOS COMO CONFECCIONAR:
- PROTOCOLOS, FICHAS DE ACTIVIDAD Y VALORACIÓN DE RIESGOS DE NUESTRAS ACTIVIDADES DE BARRANQUISMO

LAS RESEÑAS:

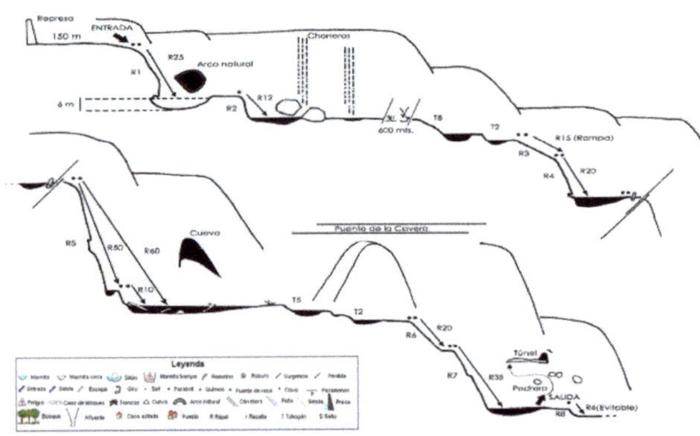

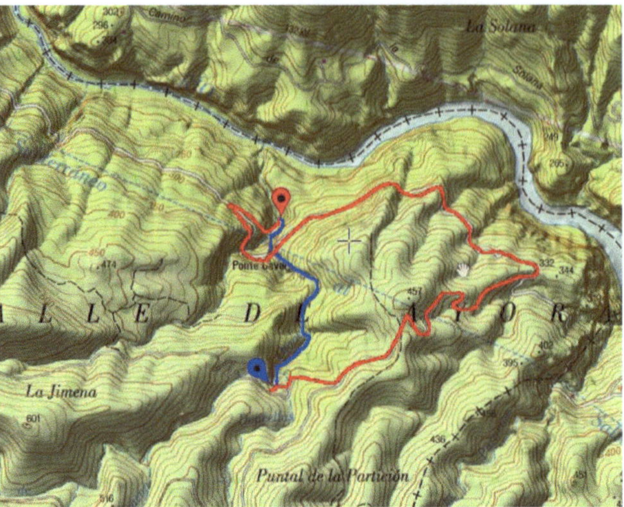

Fases del itinerario:

- Estimación temporal.

Podremos realizar una estimación del tiempo necesario para completar el itinerario en base el perfil del mismo y al croquis del descenso, donde encontraremos información relevante como nº de rapeles, altura de los mismos, zonas de caos, zonas de nado, puntos conflictivos. Todo ello hay que valorarlo en su conjunto, teniendo en cuenta además el número de participantes y sus características (nivel de habilidad y destreza, experiencia, condición física,...)

- Valoración técnica del itinerario.

Existen diferentes formas de valorar la dificultad técnica de un itinerario, aunque hay que tener en cuenta que normalmente las reseñas sólo hablan de las dificultades del descenso, y rara vez de aproximaciones, retornos o escapes. En algunos casos se hace referencia a estas dificultades en la descripción de la actividad (consultando guias, reseñas, foros,...)

Podemos usar una escala de graduación de barrancos, o cualquier otra que nos permita conocerla

- Determinación de los puntos de peligros objetivos
- Determinación de los puntos de aplicación de técnicas de seguridad específicas.
- Determinación de accesos.
- Determinación de vías de escape
- Planes alternativos.
- Verificación de itinerarios

- Establecimiento del itinerario de barrancos a realizar:

- Determinación del punto de inicio y final.
- Determinación del punto de no retorno.
- Ubicación de las vías de escape del itinerario.
- Ubicación de puntos de descanso y alimentación.
- Ubicación de puntos de mayor interés ecológico.
- Situación las vías de escape.
- Situación puntos con cobertura de comunicación.
- Estimación de tiempo de realización.

- Graduación de dificultad.

La acotación es válida para un caudal medio o normal, en periodo habitual de práctica, donde el nivel de agua es bajo pero no necesariamente en pleno estiaje.

Está calibrado para un grupo de 5 personas, en situación de descubrimiento del cañón (1ª vez que se desciende) y cuyo nivel de práctica está adecuado al nivel técnico del descenso.

Una búsqueda personal y adicional de dificultad no se añadirá a la acotación del descenso.

- Los cañones se acotarán de la manera siguiente:

- La letra "V" seguida de un número del 1 al 7 (escala abierta al alza) mide la dificultad en el carácter vertical del barranco.
- La letra "a" seguida de un número del 1 al 7 (escala abierta al alza) mide la dificultad en el carácter acuático del barranco.
- Un número romano del I al VI (escala abierta al alza) mide el nivel de compromiso y envergadura.
- Así tendremos por ejemplo un descenso v2 a3 III o v5 a6 V que por simplificación se podrán expresar como 2.3.III o 5.6.V.
- Uno solo de los criterios aparecidos por columna determina la pertenencia a esa categoría de dificultad.

En un descenso, el hecho de evitar un obstáculo o el uso de técnicas especiales (rápel guiado...) puede entrañar una acotación inferior. Los saltos son considerados opcionales de forma general.

TABLA DE DIFICULTADES		
DIFICULTAD	v: CARÁCTER VERTICAL	a: CARÁCTER ACUATICO
1 Muy Facil	No hay rapeles, no hace falta cuerda para la progresion. No hay escaladas ni destrepes	Ausencia de agua o agua en calma Natacion opcional
2 Facil	Presencia de rapeles de acceso y ejecucion faciles inferiores a 10m. Pasos de escalada y destrepes faciles, y poco expuestos	Natacion en agua en calma de menos de 10m. Saltos de simple ejecucion inferiores a 3m. Toboganes cortos o de debil pendiente.
3 Poco Dificil	Verticales con poco caudal. Presencia de rapeles de acceso y ejecucion simple inferiores a 30m. Separados por zonas que permiten el agrupamiento. Colocacion de pasamanos simples. Marcha tecnica que nesecita atencion (colocacion de apoyo precisa) y busqueda de itinerariosobre terreno deslizante, inestable, accidentado, caotico o en agua. Pasos de escalada y destrepe (hasta 3c), poco expuestos y que pueden nesecitar cuerda.	Natacion en agua en calma de menos de 30m. Progresion con corriente debil. Saltos de ejecucion simple de 3 a 5 m. Toboganes largos o con cierta pendiente.
4 Bastante Dificil	Vericales con caudal debil a medio que puede empezar a plantear problemas de dese quilibrio o bloqueos. Rapeles de acceso dificil y/o superiores a 30 m. Encadenamiento de rapeles en pared con reuniones comodas. Control de rozamientos. Colocacion de pasamanos delicados, recepciones de rapel no visible de la salida o con salida a nado. Pasos de escalada o destrepes hasta 4c o A0, espuestos y/o maniobras de aseguramiento o progresion con cuerdas necesarias.	Permanecias en aguas prolongadas con importante perdida de calor corporal. Corriente media. Saltos de ejecucion simple de 5 a 8m. Saltos con dificultad de salida, trayectoria y/o recepcion, inferiores a 5m. Sifon Ancho de menos de 1m. De longitud o profundidad. Toboganes largos o de fuertes pendientes.
5 Dificil	Verticales con caudal medio a fuerte, descenso difícil que necesita de gestión de la trayectoria y/o del equilibrio. Encadenamiento de rápeles en pared con reuniones aéreas. Salida de marmitas durante el descenso. Apoyos deslizantes o presencia de obstáculos. Desinstalación de cuerdas complicada (nadando...). Pasos de escalada/destrepe expuestos hasta 5c o A1.	Permanencias en agua prolongadas con importante pérdida de calor corporal. Progresión en corrientes bastante fuertes que pueden influir en las trayectorias de operaciones de natación (paradas, contras...). Dificultades obligatorias unidas a fenómenos puntuales de aguas vivas (drossages, lavadoras, rebufos...) que pueden provocar el bloqueo puntual del deportista. Saltos de ejecución simples de 8 a 10m. Saltos con dificultad de salida, trayectoria o recepción de 5 a 8m. Sifón ancho de hasta 2m de longitud y/o profundidad
6 Muy Dificil Expuesto	Verticales con caudal fuerte a muy fuerte. Cascadas consistentes, superación muy difícil que precisa de una gestión eficaz de la trayectoria y/o del equilibrio. Instalación de reuniones delicadas en anclajes naturales (bloques empotrados...) Acceso o salida de rápel difícil (colocación de pasamanos delicados...) Pasos de escalada/destrepe expuestos hasta 6a o A2. Apoyos muy deslizantes o inestables. Marmitas de recepción fuertemente agitadas.	Progresión en corrientes fuertes que dificultan las operaciones de natación (paradas, contras...). Movimientos de agua acusados (drossages, lavadoras, rebufos...) que pueden provocar bloqueos bastantes prolongados del deportista. Saltos de ejecución simples de 10 a 14m. Saltos con dificultad de salida, trayectoria o recepción de 8 a 10m. Sifón ancho de hasta 3m de longitud y/o profundidad. Sifón técnico hasta 1m con corrientes
7 Extremadamente Dificil Muy expuesto	Verticales con caudal muy fuerte a extremadamente fuerte. Cascadas muy consistentes, superación extremadamente difícil que necesita una anticipación y de una gestión específica de la cuerda, de la trayectoria, del equilibrio, de los apoyos y del ritmo. Pasos de escalada/destrepe expuestos por encima de 6a o A2. Visibilidad limitadas y obstáculos frecuentes. Pasos por marmitas con movimientos de agua poderosos en el curso o al final de rápeles. Control de la respiración, pasos en apnea.	Progresión en corrientes muy fuertes que hacen extremadamente difíciles las operaciones de natación (paradas, contras...). Movimientos de agua violentos (drossages, lavadoras, rebufos...) que pueden provocar bloqueos del deportista. Saltos de ejecución simples de más de 14m. Saltos con dificultad de salida, trayectoria o recepción de más de 10 m. Sifón ancho de más 3 m de longitud y/o profundidad. Sifón técnico y encajonado de más de 1 m con corrientes o sin visibilidad.

TABLAS DE COMPROMISO Y ENVERGADURA	
COMPROMISO Y ENVERGADURA	CRITERIOS
I	Posibilidad de ponerse a salvo de una crecida de forma rápida y sencilla. Escapatorias a lo largo de todo el recorrido. Tiempo total de recorrido (acceso, descenso, retorno) inferior a 2h
II	Posibilidad de ponerse a salvo de una crecida en 1/4h máx de recorrido. Escapatorias en 1/2h máx de recorrido. Tiempo total de recorrido (acceso, descenso, retorno) de 2 a 4h.
III	Posibilidad de ponerse a salvo de una crecida en 1/2h máx de recorrido. Escapatorias en 1h máx de recorrido. Tiempo total de recorrido (acceso, descenso, retorno) de 4 a 8h
IV	Posibilidad de ponerse a salvo de una crecida en 1h máx de recorrido. Escapatorias en 2h máx de recorrido. Tiempo total de recorrido (acceso, descenso, retorno) de 8h a 1 día.
V	Posibilidad de ponerse a salvo de una crecida en 2h máx de recorrido. Escapatorias en 4h máx de recorrido. Tiempo total de recorrido (acceso, descenso, retorno) de 1 a 2 días.
VI	Posibilidad de ponerse a salvo de una crecida de más 2h de recorrido. Escapatorias a más de 4h máx de recorrido. Tiempo total de recorrido (acceso, descenso, retorno) de más de 2 días.

Protocolos de actuación en situaciones de peligro

Son las secuencias programadas de acciones ante un hecho de naturaleza concreta.
Por tal motivo, es importantísimo tener programados y entrenados protocolos de actuación para las situaciones de peligro para poder solventar el riesgo y lograr los resultados esperados.

- Debemos de considerar factores y elementos como:
  - Organización interna del grupo
    * Se tienen que tener roles establecidos en el seno del grupo
    * Establecimiento de una cadena de mando
  - Utilización de material y equipamiento
    * Para la evitación de peligros innecesarios, por el Guía organizador de la actividad, deberá de tener previsto un protocolo de uso obligado de material a portar o utilizar en la actividad.
  - Elección del material de seguridad y comunicación
    * Pueden ser móviles (OJO pins y patrones)
    * EMISORAS
      - PMR446 son los Walki Talkie. Canal 7.7
      - CB (Banda ciudadana, 27 mHz) Emite con pocos vatios a grandes distancias. Libre uso.
      - VHF/UHF: Frecuencias entre los 300mHz y los 3GHz. Uso radio-aficionados
      - Comunicación: interna y externa
        - Interna: entre los participantes de la actividad
        - Externa: Entre el grupo y organismos externos
        - Mensajes: Cortos, Claros, concretos
        - Debidamente estructurado:
      - Denominación del destinatario
      - Identificación del transmisor
      - Confirmación por parte del destinatario
      - Transmisión mensaje
      - Fin de transmisión
      - Coordinación de otros Guías y equipos de rescate: Entrenamientos conjuntos
      - Evacuación y rescate: emergencias, guardia civil, servicios de socorrode montaña, otros, etc. (SALA 112) SI PODEMOS IREMOS A VISITARLA

EJEMPLO PROTOCOLO SEGURIDAD Y ACTUACIÓN EN UNA ACTIVIDAD	
ITINERARIO O ACTIVIDAD A REALIZAR	
ELECCIÓN DEL MATERIAL	
COMUNICACIONES A EMPLEAR	
MATERIALES SEGURIDAD Y COMUNICACIONES PARA EL ITINERARIO	
MATERIALES DE SEGURIDAD Y COMUNICACIÓN DE LOS PARTICIPANTES	

PREPARACIÓN DE ACTIVIDADES LÚDICAS Y RECREATIVAS COMPLEMENTARIAS EN LA CONDUCCIÓN POR BARRANCOS SECOS Y ACUÁTICOS

Identificación del marco de recreación

¿Que es la recreación? Es el momento de ocio o de entretenimiento que decide tener una persona. No está relacionada con el sedentarismo. Está ligada al factor intelectual y educativo. Proporciona una forma de aprendizaje, a través de experiencias propias y de la relación con la persona con el exterior.

- TIPOS:

Activa:

* Implica una acción especifica de la persona
* Mientras presta un servicio, disfrutas de el mismo

Pasiva:

* Recibes la recreación sin cooperar en ella, es decir, no opone resistencia a la misma.

CARACTERÍSTICAS:

* Actividades libres, espontáneas y naturales
* Universal
* Ocurre, generalmente, en el llamado tiempo libre
* Produce satisfacción y agrado
* Ofrece oportunidades para el descanso y compensación
* Ofrece oportunidades de creación y expresión
* Involucra actividades que son generalmente auto-motivadas y voluntarias
* Requiere concentración por parte del participante
* Estado de expresión creativa
* Constructiva y beneficiosa para el individuo y la sociedad
* Puede proporcionar beneficios económicos

PRINCIPIOS:

* Oportunidad de realizar acciones que favorecen el desarrollo
* Descubrimiento personal
* Impulso para encontrar Hobby
* Crecimiento a través del juego
* Descanso, reposo y reflexión
* Oportunidad de vivir aspectos de la vida

CLASIFICACIÓN DE LAS ACTIVIDAD RECREATIVAS:

* Deportivo-recreativas
* aire libre
* lúdicas
* Creación artística y manual
* Culturales participativas
* Espectáculos
* Visitas
* socio-familiares
* audiovisuales
* lectura
* Pasatiempos, aficiones o hobbies
* Relajación

SELECCIÓN DE JUEGOS PARA DETERMINADAS EDADES U OBJETIVOS

- Basados en la edad:
  * Participantes de corta edad:
    • Buscaran el desarrollo del participante
    • Buscarán adquisición de nuevas capacidades
  * Participantes adolescentes:
    • Buscan la recreación
    • Buscan la socialización
    • Autoconocimiento
  * Participantes adultos:
    • Buscamos la realización de actividad física
    • Buscamos familiarizar al grupo con otras actividades
    • Buscamos el perfeccionamiento técnico de las actividades que ya conocemos
  * Participantes de avanzada edad:
    • Buscamos suavidad y flexibilidad en los juegos
    • Fomentaremos la práctica de ejercicios
    • Buscaremos esparcimiento del grupo

- Basados en Objetivos:
  * Juegos de reglas:
    • desde 7 u 8 años hasta la adolescencia.
    • Normalmente juegos en grupo
  * Juegos de presentación:
    • Cuando los participantes no se conocen
    • Se aprenden los nombres de los participantes
    • Rompemos las formas de presentación habituales
    • Generan clima de distensión y comunicación necesarias para posteriores actividades
  * Juegos de conocimiento:
    • Son juegos para profundizar en el conocimiento del grupo
    • Se obtienen datos y opiniones de las personas
    • Fomentan un ambiente agradable, distendido y de confianza
  * Juegos de distensión:
    • Relajar la distensión del grupo
    • perder el miedo al ridículo
    • Liberar energía
    • Estimular el movimiento
  * Juegos de cooperación:
    • Esencial la colaboración entre participantes
    • No deben de ser competitivos y deportivos, son totalmente antagónicos
    • Deben de crear un clima distendido y favorable al grupo
  * Otros juegos:
    • Tradicionales
    • creativos
    • etc

* Es importante crearse una base de datos de juegos, para poder utilizarlos cuando sea necesario. Son muy importantes en nuestro trabajo de Guías, incluso para recorridos pequeños.

Modelo de ficha de juegos

NOMBRE DEL JUEGO	
EDAD	
NUMERO DE PARTICIPANTES	
ORGANIZACIÓN	
TIEMPO	
LUGAR	
AUTOR	
MATERIALES NECESARIOS	
DESARROLLO	
VARIANTE	
ATENCIÓN A LA DIVERSIDAD	

- Otra opción que tenemos para amenizar nuestras salidas de varios días, son las veladas. Estas podemos organizarlas en:

* Velada iniciadora o dinamizadora
    • Su principal objetivo son la presentación e integración de los participantes
    • Primeros días de un campamento para que los clientes se conozcan y relacionen
    • Se puede usar cuando observamos que en rutas de varios días se producen subgrupos y pequeños problemas, acompañadas de actividades de animación y combinarse con dinámicas.
* Veladas socializantes
    • Objetivo principal es la socialización del grupo
    • Normalmente se demanda de forma no verbal por el grupo
    • Un ejemplo sería (Barbacoa y música después para que bailen, charlen y se relacionen)
* Veladas de animación de pequeño y gran grupo
    • La animación se convierte en el objetivo principal
    • El animador asume totalmente el protagonismo

ORGANIZACIÓN Y GESTIÓN EN ACTIVIDADES DE CONDUCCIÓN POR BARRANCOS

Las actividades en la naturaleza buscan que las personas se relacionen con el medio ambiente, realizando ejercicio físico-deportivo, siendo respetuosos con el medio natural a la par que fomentan un buen estado de salud.

Para que todo esto suceda en nuestra empresa o como Guías contratados debemos de poseer y cumplir unas características incluidas en los Recursos Humanos, disponer de recursos materiales y saber coordinar:

- Recursos humanos
- Cada puesto de trabajo tendrá asociadas unas competencias:
- Capacidades físicas:
  - las necesarias para el puesto de trabajo
  - buena forma física
- Conocimientos profesionales
  - Los que debe de tener el individuo que ocupa el puesto
  - Deben de coincidir con su ocupación
- Aptitudes del trabajador para el puesto
  - Trato con el público
  - Capacidad para entenderse con la gente
  - Sociabilidad
- Actitudes del trabajador en el puesto:
  - Agradable pero firme en la medidas de seguridad
- Otras:
  - Si tiene experiencia, mucho mejor.
- Recursos Materiales
- Propios de la persona:
  - Calzado adecuado
  - Ropa adecuada con los requerimientos de la actividad
  - Protección solar
  - Gafas de sol
  - Mochila con avituallamiento
  - Linterna
  - Botiquín (Rellena mas tuyos propios)
  - .
  - .
  - .
  - .
- Propios de la actividad:
  - Cuerdas
  - Bastones
  - tienda de campaña
  - Equipo de cocina
  - .
  - .
  - .
  - .
- Coordinación con otras entidades
- Acción de combinar medios técnicos, humanos y materiales para llevar a cabo una acción común.

¿Como podemos promocionar nuestras actividades de conducción por Barrancos?

* Campañas On Line
* Campañas de Mailing
* Redes sociales
* Publicidad Local
* Promoción Exterior
* Folletos y material impreso
* Boca a Boca

¿Que seguros son necesarios para la realización de las actividades de conducción por barrancos?

- Responsabilidad Civil.
    • Su finalidad es la reparación económica de los daños producidos involuntariamente por errores u omisiones el profesional haya podido producir a sus clientes o terceros en el ejercicio de su profesión.
    • Debe de estar contratado por un valor de 600.000 €
- Accidentes y rescate.
    • Actualmente Regulado por la Ley de Turismo y por el Decreto de Turismo Activo de la Comunidad Valenciana

¿Podemos gestionar alojamientos y manutención?

- No podemos gestionar alojamientos salvo que seamos agencia de viajes
- Si podemos gestionar manutención, sin ningún problema, deberiamo de poseer el Carnet de Manipuladro de alimentos. (Ojo con el tema de alérgenos)

¿Y el transporte de clientes, esta permitido realizarlo?

- Actualmente si. No hace falta tarjeta de transporte, siempre y cuando podamos demostrar que estamos transportando clientes a una actividad.

PROTOCOLOS DE PREVENCIÓN Y PRESERVACIÓN MEDIOAMBIENTAL
ACTIVIDADES DE CONDUCCIÓN POR BARRANCOS

Medio de montaña y su caracterización ecológica

- El hombre y el medio de montaña

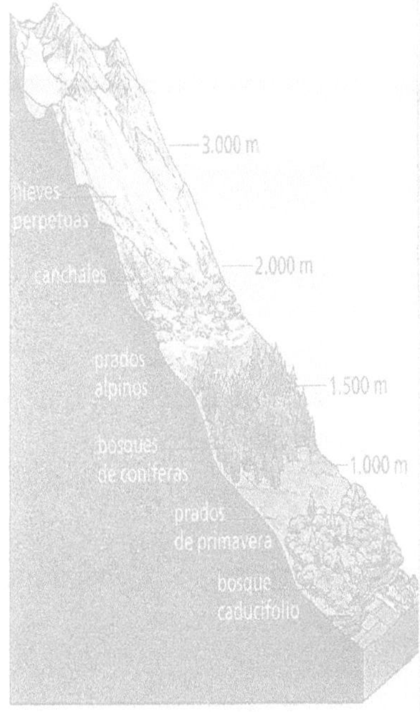

España es un país que se caracteriza por relieves, mayoritariamente, de baja y media montaña. Lo que lo convierte en un paraíso para nuestra profesión.

Actualmente, el mundo rural vuelve a estar cambiando (Ecología, aficiones a los deportes de aventura, desarrollo del deporte federativo, la pandemia del Covid-19, etc), podríamos decir que para bien, que la gente está volviendo a descubrir la naturaleza, pero ésta implacable como siempre, nos demuestra cada día que no estamos siendo buenos con ella.

- Caracterización ecológica

Podemos caracterizar el medio de la montaña en:

• Climatología
 * Inviernos fríos y largos
 * Veranos frescos y cortos
 * Lluvia en primavera, finales de verano y otoño, nieve en invierno

• Geomorfología
 * Pendientes pronunciadas
 * Rios pendientes y con fuertes desniveles
 * Efectos químicos en los procesos de hielo-deshielo combinados con bajas temperaturas.

• Edafología
 * Estudia, compara y determina la composición del suelo y como afecta a la naturaleza y organismos que se desarrollan en él.

• Vegetación
 * Escalonada por pisos
 * Va desapareciendo a medida ascendemos.

• Fauna
 * Condicionada por la vegetación
 * A mas altura, menos animales

Normativa de seguridad y protección medioambiental para el acceso, tránsito, permanencia, pernoctación y acampada en entornos naturales.

- Categorías de los espacios Naturales protegidos:

• Parques
• Reservas naturales
• Áreas marinas protegidas
• Monumentos Naturales
• Paisajes protegidos

Al encontrarse trasladadas las competencias a las Comunidades Autónomas se hace necesario su estudio dependiendo el lugar donde vayamos a trabajar. En la Comunidad Valenciana se encuentran regulados por la Ley 11/1994, de 27 de diciembre de Espacios Naturales Protegidos.

Para la regulación de la autorización administrativa de acceso y pernoctación deberá de realizarse un documento, que podrá ser diferente en cada CCAA, pero que deberá de contener al menos los siguientes datos:

- Promotor de la actividad
- Guía en la actividad
- Tipo de actividad
- Aspectos de interés de la actividad
- Datos de todos los participantes
- Declaración responsable
- Datos del seguro de RC y accidentes
- Croquis con el itinerario a seguir

- La responsabilidad Civil como organizador y conductor de actividades de baja y media montaña

* Es la que por acción u omisión cause daño a un tercero, interviniendo culpa o negligencia, tiene por obligación de reparar los perjuicios ocasionados mediante la recuperación o sustitución del bien dañado y/ o indemnizar económicamente el lucro cesante, el daño emergente o extracontractual, en función de la existencia o no de un vinculo previo (contrato) entre el causante del daño (Guía o Cliente) y el perjudicado.

Ver en cada Decreto Autónomico de Turismo Activo que es lo que dice al respecto sobre la RC de la Empresa, Guias, etc...

Tenemos que tener en cuenta la responsabilidad del organizador de la actividad. Que quiere decir esto, pongamos un ejemplo. Yo soy Guía autónomo y freelance, me contrata una empresa de aventuras para la realización de una actividad. Si yo facturo y lo hago como freelance, la responsabilidad Civil es compartida, si yo lo hago con un contrato laboral es única de la empresa.

- Regulación de las actividades en zonas de especial protección:

* Como hemos dicho tendríamos que ver las legislaciones de cada comunidad Autónoma

* En especial aquellos espacios que se encuentran declarados bajo la figura de parque, tenemos que observar:

PORN (Plan de Ordenación de los Recursos Naturales)

- Establece el estado de conservación de los recursos y ecosistemas del espacio, las limitaciones que deban establecerse a la vista del estado de conservación, la zonificación y los regímenes de le protección que procedan y las directrices para la ordenación de las actividades económicas y sociales, publicas y privadas, para que sean compatibles con las exigencias señaladas. Todo lo expresado en el mismo, podrá verse sometido a autorizaciones, prohibiciones y limitaciones.

PRUG (Plan Rector de Uso y Gestión)

- Se detallan los objetivos de gestión, las medidas para la conservación, restauración y mejora de los recursos, la regulación especifica del régimen de usos y la normativa, así como los programas sectoriales de actuación que lo desarrollarán.
- Es una lectura obligada para los que realizan actividades en el área protegida

Normativa de seguridad y protección medioambiental en la construcción y mantenimiento de instalaciones y elementos arquitectónicos para uso deportivo recreativo en entornos naturales

- Podemos encontrar incluidos en este apartado:
  - zonas de acampada
    - Agua potable
    - Aseos con duchas (con o sin agua caliente)
    - Zonas adaptadas para cocinar
    - Otros
  - zonas de estancia y pernoctación
    - Zonas de estancia para descansar
    - Zonas de pernoctación para dormir
    - Realizados de forma libre no están sujetos a este punto, si bien, si a tránsito y pernocta
  - Albergues de montaña
    - Instalación de hostelería rural
    - Estancias cortas
    - habitaciones compartidas
    - Están regulados normativamente, sentando bases de seguridad, claridad y garantía mínima en relación a infraestructura, instalaciones y servicios ofrecidos
  - Refugios de montaña
    - Sanitarios
    - Cocinas
    - Alojamientos compartidos
    - Generadores eléctricos o luz (depende)
    - Emisoras
    - Suele haber un guarda durante todo el año
  - Refugios-vivac
    - Son libres de guarda y siempre están abiertos
    - Solo es posible llegar a ellos a pie
    - No tienen comodidades, ya que son solo para pernoctar
  - Abrigo de montaña
    - Espacio entre rocas o debajo de ellas

Criterios para le reconocimiento de espacios geográficos específicos y la aplicación de la normativa de seguridad y protección medioambiental específica para el desarrollo de actividades de conducción en baja y media montaña.

- Actividades deportivas y su impacto

Es evidente que la prácticas deportivas, realizadas en un media natural, ya sean por baja o por media montaña, van a generar impactos medioambientales,

- Estos pueden ser:
  - Positivos o negativos. Establece el efecto resultante en el ambiente
  - Directos o indirectos
  - Acumulativos
  - Sinérgicos.
  - Residuales
  - Temporales o permanentes
  - Continuos o periódicos

- Por lo que debemos de:
  - Suprimir los impactos ambientales derivados de las actividades
  - Reducir los impactos ambientales generados por las actividades deportivas
  - Corregir los efectos producidos por los impactos ambientales
- Cuando no podamos suprimir los impactos ni la atenuación de los mismos, se deberán corregir estos en la medida de lo posible.
  - Podemos realizar talleres medioambientales
  - Plantado de arboles
  - Limpiezas puntuales
  - etc

Turismo en el medio natural: Turismo deportivo, ecoturismo, agroturismo, turismo rural

- ¿Que es turismo?, podemos definirlo como aquellas actividades que provoquen un desplazamiento de lugar de residencia con fines lúdicos, culturales, etc.
  - Actualmente podemos definirlo como:
    - Deportivo o Activo (Debate muy interesante)
    - Ecoturismo
    - Agroturismo
    - Rural

UF2474
Material deportivo, aproximación, regreso y pernoctación en Barranquismo

CRITERIOS DE SELECCIÓN DE MATERIALES DEPORTIVOS SOSTENIBLES DESDE UN PUNTO DE VISTA MEDIOAMBIENTAL

Como profesionales del mundo de la Montaña debemos de buscar materiales que cumplan las debidas garantías de sostenibilidad ambiental. Esto significa que debemos de comprar materiales que aboguen por la sostenibilidad de los recursos con los que se fabriquen.

Por ello debemos de buscar los siguientes objetivos:

- Reducir la contaminación debido al material deportivo
- Reutilizar y reciclar los artículos siempre que sea posible
- Promover equipamientos ecológicos y el conocimiento local en la industria de producción
- Adquirir material en aquellos establecimientos que tengan los Certificados ISO 9.000 Y 14.000 para la certificación de la Calidad y Gestión Medioambiental

INDUMENTARIA

Es uno de los principales elementos que debe de cuidar un profesional de la montaña. En la actualidad, y cada vez mas frecuentemente, debido a los imprevisibles cambios climáticos existentes se busca el uso de una sola prenda que reúna todas las características necesarias que se requieren en la Montaña. Si es de calidad, suele ser bastante cara, en cambio cumple con los requisitos de necesarios y tiene durabilidad.

Diseño y materiales utilizados en la fabricación: fibras, tejidos, membranas, propiedades físicas y químicas, usos y aplicaciones.

La ropa de montaña ha llegado a tal grado de sofisticación, que existen hoy en día gran cantidad de tejidos, fibras y compuestos, con nombre muy diversos y complejos.

- Las fibras pueden ser:

• Naturales : Tienen gran poder aislante, son ligeros y cómodos, pero absorben agua y en sudoraciones provocan que el cuerpo pierda calor por conducción, no resisten al viento, la lana por ejemplo ocupa mucho, algunos son demasiado caros como la seda, además de que tienen un secado lento. Debemos de evitar usarlas, sobre todo en invierno

- Vegetales:
    - Algodón
    - Lino
    - Esparto
    - etc
- Animal
    - Lana
    - Seda
    - etc.
- Artificiales : Se obtienen por regeneración de fibras mediante procedimientos químicos
    - La celulosa, por ejemplo
- Sintéticas : Derivadas del petroleo y del carbón.
    - Poliamida-nylon: Gran resistencia mecánica. (Emp. Ripstop que es una poliamida antidesgarro)

• Poliester: De este tejido se fabrican los forros polares, que aplicando un proceso de cardado atrapa el aire caliente y así forma una capa aislante. También en este apartado podemos encontrar el famoso "Coolmax" que facilita la expulsión de sudor hacia fuera, ideal para verano o el no menos famoso "Thermastat" con sus fibras de núcleo hueco que proporcionan mayor aislamiento térmico siendo ideal para actividades invernales.

• Polipropileno: Es la fibra que menos agua absorbe, muy utilizada en deportes acuáticos, es resistente y buen aislante.

• Clorofibra: Tiene gran capacidad térmica, pero no tiene buena transpirabilidad, por lo que se suele mezclar con polipropileno o poliester.

• Elastano, spandex (lycra): Le da elasticidad a nuestras prendas, mezclada con otras fibras permite que el tejido se adapte al cuerpo, facilita mucho la movilidad, aerodinámica y comodidad.

Una vez ya conocemos las fibras, debemos de explicar que con ellas se fabrican diferentes tejidos:
Tipos de tejido usados en Montaña:

- Apex :
  • Tejido usado por marcas como The North Face, está confeccionado a base de teflón.
  • Suele usarse en terceras capas
  • Buena transpiración

- Cordura :
  • Perfecto para cualquier actividad
  • Excelente resistencia a la abrasión
  • Mucha durabilidad
  • Resiste cualquier tipo de clima
  • Utilizado en cualquier material de montaña de los denominados "sufridor"
  • Dos veces mas dura que el Nylon, tres mas que el Poliester y diez mas que el algodón.
- Elastane :
  • Elástico y flexible
  • Se suele combinar con Polartec para mejorar la movilidad

- Elastane :
  • Elástico y flexible
  • Se suele combinar con Polartec para mejorar la movilidad
- Pertex:
  • Muy resistente, se usa para plumas de calidad
  • Escudo contra el agua y la humedad, e impedir que los cañones de la pluma desgarren el tejido.
  • Resistente al agua, no impermeable.
  • Favorece la transpiración
- Ripstop:
  • Tejido antidesgarros
- Schoeller:
  • Elasticidad y resistencia
  • También tiene prestaciones contra el viento y la lluvia

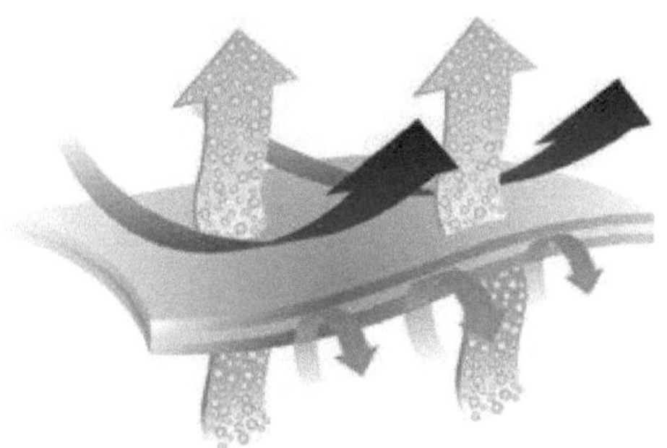

Y ahora ya nos toca conocer las membranas que podemos encontrar en los tejidos utilizados en la Montaña.

Son laminas finísimas de un material tipo plástico que lleva micro-poros o agujeros del tamaño capilar. Se laminan entre dos tejidos y detienen el viento, el agua y teóricamente permiten la transpiración.

El mas conocido es el Gore-Tex, pero tenemos muchos mas en el mercado.

Pluma o Fibra; Ventajas e inconvenientes

- Fibra

  Ventajas:

  - Menos sensibles a la humedad
  - La fibra mojada mantiene parte de de su capacidad de retención de calor.
  - Secan rápidamente
  - Se comprimen mejor y son mas polivalentes a la hora de hacer actividades

  Inconvenientes:

  - Duran menos
  - Pierden la propiedad antes que la pluma

- Pluma:

  Ventajas:

  - Cálido, suave y compacto
  - Capacidad aislante
  - Comprimible
  - Mas duradero que la fibra
  - Propiedades eternas
  - Pesan mucho menos que la fibra
  - Menos volumen que la fibra

  Inconvenientes:

  - La pluma mojada pierde sus cualidades
  - El sudor lo podemos considerar como humedad, disminuye prestaciones
  - Prendas de uso en descanso
  - Son mucho mas caras por un estímulo externo, ya sea la luz, calor, electricidad, presión o líquidos.

Tejidos inteligentes: Capas modernas combinadas

- Poseen una estructura con efectos interactivos en presencia de estímulos dependiendo de quien lo usa el medio ambiente en el que se encuentre.
- Reaccionan y detectan condiciones medioambientales o estímulos externos:

Existen tres tipos:

- Pasivos :
  - Solo pueden detectar las condiciones medioambientales o estímulos
- Activos :
  - Detectan y actúan frente a una determinada situación.
  - En este punto podemos encontrar los tejidos crómicos: son esos que cambian de color, irradian o simplemente se apagan por la inducción causada por un estímulo externo, ya sea la luz, calor, electricidad, presión o líquidos.

- Smart Textil :
  - Poseen sistemas electrónicos como MP3 o pueden recoger datos médicos, incorporar telefonía o sistemas de alarma.

Tejidos transpirables, tejidos cortavientos, tejidos ligeros, tejidos resistentes a la abrasión y tejidos impermeables.

- Tejidos transpirables
  - Normativa a cumplir ISO 11092
  - Trabajan mejor cuanto mejor estén laminadas una con otra
- Tejidos cortavientos
  - Permiten que el viento no atraviese
  - No son impermeables
  - Muy transpirables
  - Misión proteger del frio, no de la lluvia
- Tejidos ligeros
  - Cuanto mas ligero mejor en Montaña, aunque acorde con la resistencia
  - Deben de proteger del frio, la lluvia y del viento, así como evacuar el sudoración
- Tejidos resistentes a la abrasión

  La abrasión la clasificamos en:
  - Plana: cuando un área de una muestra es sometida a la acción de frote
  - Doblés: Cuando el tipo de desgaste se produce en el cuello y los pliegues de una prenda
  - Flexión: En este caso la fricción es acompañada de fuerzas de flexión.
- Tejidos Impermeables
  - Evitan la penetración de líquidos
  - Está medida bajo la norma ISO 811:1981
  - Algunas pueden tener capacidad de transpiración

La capucha en las chaquetas: características, tipos y aplicaciones

- Son utilizadas en condiciones de frio y climatología adversa en la montaña para proteger la cabeza, cuello y parte de la cara.
- Podemos encontrarlas:
  - Fijas
  - Desmontables
  - Enrollables y ajustables

Las capas de agua: características, tipos y aplicaciones

- Prendas impermeables de dos capas: la mas asequible
  - Consisten en una membrana o recubrimiento aplicado a la cara de la tela pora formar la capa 1. La segunda capa es a menudo un forro colgante.
- Prendas impermeables de 2.5 capas: la más liviana
  - En exterior tela bajo peso
  - Recubrimiento de poliuretano como segunda capa
  - Una mínima capa protectora interna, que es la considerada media capa
  - Son superligeras y compactables
  - Combinables con Soft Shell y ponértela en caso de grandes lluvias
  - Alto rendimiento a moderado precio

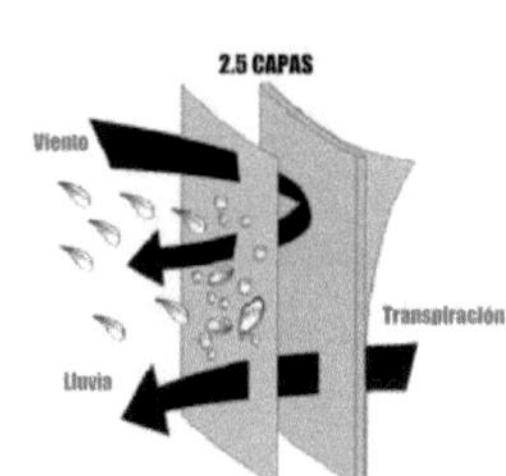

- Prendas impermeables de 3 capas: la mas durable
  - Robusta protección y peso bajo
  - Membranas en medio de la tela exterior, forro interno grueso y resistentes
  - Buscan alta transpirabilidad, durabilidad y peso relativamente bajo
  - El precio suele ser el mas caro

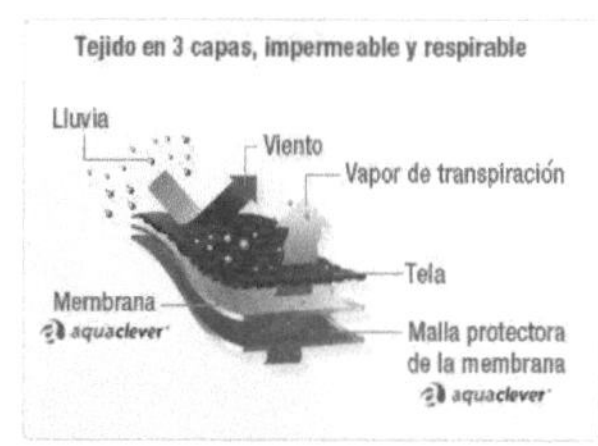

Ropa técnica para la vestimenta individual: tipos, características y aplicaciones, especificidad para adaptarse a las condiciones medioambientales y a la tipología del terreno.

- Actualmente las prendas se has sofisticado y cada fabricante las realiza especificas para el deporte practicado, por eso pasamos a denominarlas “prenda deportiva técnica”. No son las mismas las necesidades de un senderista que las de un corredor de montaña aunque ambos deportes sean parecidos.
- Su función es la de secar la piel mediante la expulsión del sudor lejos de ésta y evitar que nos enfriemos (la prendas húmedas en contacto con la piel dejan escapar el calor 25 veces mas rápido que las secas)
- Otra de las ventajas de usar ropa “técnica” es que evitan los sobrecalentamientos, pudiendo utilizar la energía que consumiríamos para enfriar el cuerpo y así incrementar la potencia muscular.
- Suelen ser de Poliester, Nylon.

Ropa interior: Tipos, características y aplicaciones

- Debe proporcionar total comodidad e impedir que la actividad se vea afectada por su uso
- Características
  • Material ligero y fino
  • Llevar lycra para su ajuste y confeccionada con tejidos bi-elásticos
  • Deben de ser transpirables para mantenerse seco
  • Es la mas importante de todas las capas, ya que condiciona el uso de las exteriores
  • Debe de ser como una segunda piel, ajustando bien de puños, cuello y tobillos. Así de esta forma atrapar el aire caliente que genera nuestro cuerpo, evitando se escape al exterior.
  • Tiene que carecer de costuras
  • Nunca utilizar con calzoncillos o bragas de algodón

Teoría de las capas: Interior, intermedia y protección

* Consiste en la combinación de tres prendas de ropa para crear un micro-clima para proteger el cuerpo de las inclemencias meteorológicas y del sudor, y así evitar sentirse incómodos.
* Es muy importante gestionar bien esta teoría y nos supone todo un reto, ya que debemos de estar preparados para el calor, el viento, la lluvia, la nieve, las bajas temperaturas, incluso para el sudor.
* El objetivo es permanecer secos en todo momento y el sudor nos puede empapar la ropa y causar sensación de malestar y frio pero que una empapada bajo la lluvia.

DEFINÁMOSLAS:

Capa Interior o segunda piel

- En contacto con la piel su función es alejar el sudor de la piel enviando la sensación de humedad y que el cuerpo se enfrié
- Materiales de fibras sintéticas (Poliéster, polipropileno, clorofibra) o la lana de nueva generación, que ya evacuan la humedad mucho mejor que los tejidos sintéticos cuando no son prendas muy gruesas y acumulan menos malos olores. Las fibras sintéticas son mucho mas baratas.
- Actualmente algunas de ellas llevan hilos de plata que evitan la acumulación de bacterias, los malos olores y actúan como un buen regulador térmico
- Nunca puede estar formada por camisetas de algodón. Éste se empapa con facilidad y tarda mucho en secarse.
- Deben de ser lo mas ajustadas posibles al cuerpo pero sin que lleguen a apretar.

Segunda Capa, capa de aislamiento o de abrigo

- ¿Cual es su función?
  - El aislamiento térmico
  - Retener el calor que genera el cuerpo e impedir su enfriamiento, favoreciendo al mismo tiempo la evacuación del sudor.
- Utilizaremos materiales aislantes, que aun mojados, consigan mantener sus propiedades intactas. Ahí encontramos el poliester, lana, etc.
- Ropa de segunda capa
  - Forros polares
  - Pantalones de trekking
  - gorros
  - Guantes polares, manoplas y mitones
  - Calcetines

Tercera capa, capa de protección o capa exterior

Tiene tres funciones muy importantes

- Proteger de la humedad exterior (Impermeabilidad)
- Proteger del viento exterior (Sensación térmica)
- Proteger del sudor, permitiendo su evacuación (Transpirabilidad)
- Podemos encontrar para tercera capa las siguientes prendas:
- Chaquetas con membrana impermeable
- Cortavientos
- Softshells
- Pantalones con membrana impermeable
- Guantes con membrana impermeable
- etc.

Calzado

- Es una de las prendas mas importantes para la realización de cualquiera de los deportes de Montaña. La utilización de un calzado correcto nos proporcionará seguridad, comodidad y nos permitirá acometer nuestra aventura adecuadamente, no viéndonos obligados a interrumpirla por ampollas, roces, etc.

- Debemos de elegir bien nuestro calzado, dependiendo de la actividad a realizar y deporte a practicar y época del año en que nos encontremos

- No existen botas para todas las actividades y estaciones. **¡ESO ES FALSO!**

Vamos a realizar una pequeña valoración de aspectos comunes:

- Calzado para senderismo o paseos por la montaña:

•Bota o zapatilla transpirable
•Suela antideslizante
•caña baja o media
•Ligeras de peso
•Poco rígidas (Cramponables)
•Podemos sacrificar la impermeabilidad por rejilla transpirable

- Calzado para media o alta montaña:

•Bota de montaña
•Buena suela y antideslizante
•Transpirables e impermeables (Membrana)
•Caña media o alta
•Semirigidas

- Calzado para alta montaña Invernal

• Bota de Montaña, Rígidas o plásticas, Soporte para crampones semiautomáticos o automáticos, Capacidad de retención térmica, Suelen contar con botín independiente como aislante.

Luego nos encontraremos con los criterios de selección: Material de fabricación y peso

- ¿Piel o sintética?
  • Piel: Cómodas, adaptables, pesadas y poco transpirables
  • sintéticas: Ligeras y transpirables, poco adaptables = ¡dolor, tortura! Debes de estar muy seguro y sentirte muy cómodo
- Flexibilidad y dureza
  • Poco rígidas o Semirigidas caminaremos mejor
  • rígidas son difíciles para caminar

Todo buen montañero, senderista, deberá de tener uno de los mejores complementos existentes para nuestras botas: **"Las polainas"**.

Cuidado de nuestro calzado de montaña:

- Antes de la actividad
  • Que no estén deterioradas
  • Que estén totalmente secas
  • Comprobar Velcros y cremalleras
  • No existen daños en los cordones
  • No llevamos piedras incrustadas en la suelas

- Durante la actividad
  - Evitar arrastrar los pies al caminar
  - Evitar los arañazos de rocas en los cantos, punta y empeine
  - Especial atención al caminar con crampones en nieve
  - No tirar la botas al suelo del refugio, sobre todo si son rígidas

- Después de la actividad
  - Debemos de secarlas bien en un lugar aireado, lejos de fuentes de calor y del sol directo.
  - Retiramos los cordones y la plantilla
  - Introducimos papel de periódico, cocina, baño, etc, en su interior cambiándolo cada vez que esté humedecido
  - Limpiarlas de objetos puedan tener y suciedad con un cepillo de hebras blandas
  - Una vez limpias renovar el tratamiento hidrofugante

Recursos de transporte del equipo personal

Si tenemos el material en condiciones nuestras salidas a la montaña se tornarán mas seguras, cómodas y estables.

Nuestros materiales deben de estar adecuados a la época del año, terreno y actividad a realizar

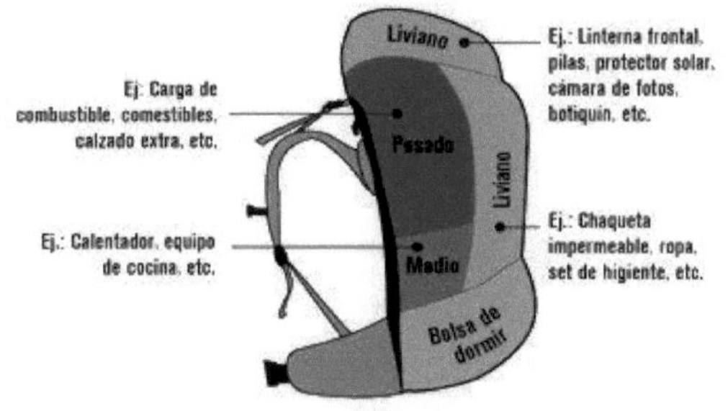

Distribución del peso en la mochila

Debemos de seguir unos criterios:

- Tipo de terreno donde va a transcurrir nuestra aventura y Meteorología
- Tenemos que guiarnos por dos principios fundamentales
  - Colocación de los objetos en función de su peso, los mas pesados a lo largo de un eje central imaginario, rodeándolos de otros más ligeros y flexibles
    * Terrenos llanos y fáciles : Conviene llevar el centro de gravedad en la parte mas alta, por lo que se colocarán los objetos mas pesados en la parte superior de la mochila, cerca de los hombros
    * Terrenos abruptos y difíciles : Llevaremos el centro de gravedad al centro de la mochila, así que pondremos la carga pesada lo mas pegada a la espalda y más abajo.
  - Colocar los objetos en función de su utilidad
    * Es evidente que una distribución lógica en la mochila nos hará mas cómoda nuestra actividad.
  - En cuanto a la meteorología, actualmente existen fundas de mochila para cubrir ésta y evitar de esta forma que se nos moje.

Ergonomía, carga de transporte y modalidad deportiva

- La mochila debe de ir totalmente pegada a la espalda, deben de tensarse al máximo las hombreras y correas de modo que se adapten por completo al contorno del cuerpo.
- El cinturón debe de ir bien ajustado a la cadera, de esta forma liberamos a los hombros y a la columna de gran parte del peso.
- La cinta de unión entre hombreras debe de ir abrochada. De esta forma se reparte mas el peso hacía el pecho

- Tipos de Mochilas:
  - Existen dos tipos de Mochilas, las de carga y las de ataque.
  - La mochila perfecta para un fin de semana con pernocta, será aquella que no supere los 45 o 50 l
  - En cambio para actividades de un solo día con 35l o 40 l vamos mas que sobrados.

Accesorios y materiales para el auto-cuidado y la protección personal.

Los **EPP "Elementos de Protección Personal"**, son cualquier equipo o dispositivo destinado para ser utilizado por la persona que realiza una actividad para protegerse de uno o varios riesgos durante el trayecto y aumentar su seguridad.

% de capacidad de refracción

- Las gafas de sol

• Fueron diseñadas para bloquear brillos y destellos del sol

• Su fabricación es en varios materiales, siendo los mas comunes el metal y el plastico con lentes de algún tipo de policarbonato

• Todas las gafas deben de llevar el símbolo CE para que sean homologadas

• Para la realización del senderismo y montaña sin condiciones de nieve una categoría 3 es mas que suficiente. Si tuviésemos que realizar trayectos largos en nieve o mucha Alta montaña, deberíamos de usar categoría 4.

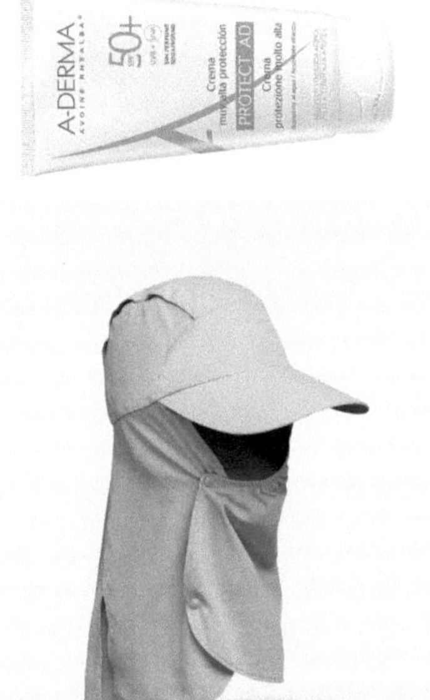

Cremas de protección epidérmica

Contienen filtros capaces de absorber o reflejar las radiaciones solares, protegiendo la piel de los efectos dañinos del sol.

Gorros

A través de un estudio de los norteamericanos, Investigadores Rachel Vreeman y Aaron Carroll de la Universidad de Indiana se desmintió el mito de que el ser humano debía de cubrirse la cabeza por que era el punto por donde mas calor se perdía en el cuerpo. Este falso mito ha estado circulando entre los montañeros casi hasta la actualidad.

Las partes del cuerpo que más calor pierden son aquellas que se encuentran al descubierto, como es lógico. El cuerpo, en condiciones extremas de frío, comienza sacrificando las extremidades para seguir manteniendo la circulación en los órganos vitales.

De ahí que los dedos de los pies y de las manos se conviertan en los mejores indicadores ante los primeros signos de congelación. No obstante, no hay que confundir la congelación con el frío "normal" que experimentamos en las extremidades, y que está provocado por tratarse de la parte más alejada del corazón y, por tanto, la menos irrigada.

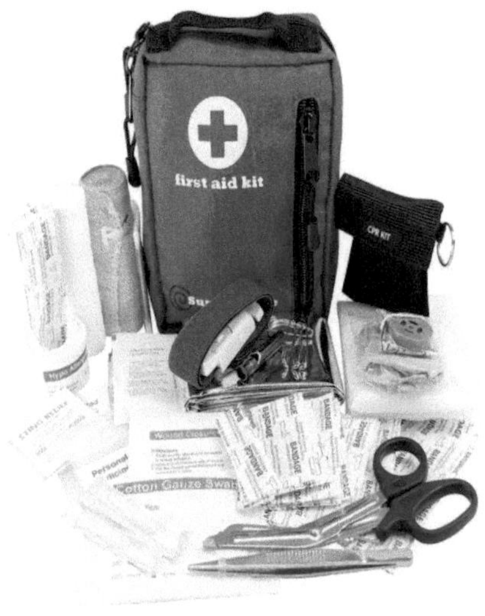

Botiquín básico

Nunca debemos de llevar medicamentos (Excepto los propios)

Algunas de las cosas que debemos llevar:

• Tiritas diferentes tamaños
• Apósitos de gasa diferentes tamaños
• Gasas estériles para los ojos
• Vendas
• Imperdibles
• Guantes desechables
• Pinzas
• tijeras
• Toallitas húmedas sin alcohol
• Cinta adhesiva
• Termómetro digital
• Crema para erupciones de piel
• Crema antiséptica
• Agua destilada

Una vez visto el tema, abramos debate, ¿Que mas podemos añadir?

Aseo personal

Evidentemente si vamos a estar por ahí varios días debemos de llevar nuestro aseo personal, no sin antes valorar el daño medioambiental que podamos ocasionar.

Otros materiales necesarios

- Linternas o frontales
- Accesorios para comer o beber (navaja multiusos)
- Machete de Montaña.
- Pedernal
- Bastones
- Cordinos
- Cuerda randonne
- Brújula y GPS
- Cinta americana
- Algún mosquetón

Recursos y materiales para la acampada y pernoctación

- Con medios de fortuna
  - Naturales
    - Huecos (cuevas, grutas, oquedades, abrigos)
    - ramas
    - troncos
    - etc
  - Artificiales
    - Vivacs de compra
    - fundas de tienda o Tarp
    - cuerda pita y plástico

- Acampada con tienda
  - Existen diferentes modelos con funciones y características

Criterios de selección por la tipología del entorno y la meteorología.

Normas básicas para una buena acampada o vivac:

- Que haya agua potable cerca
- Que exista una zona de arboles o de sombra
- Que el lugar esté seco, sea permeable y tenga césped
- Que esté protegido del viento
- Recordar el dicho **“MAS VALE UN BUEN LECHO QUE UN BUEN TECHO”**

El termino VIVAC es la practica de dormir a la intemperie, de forma que existe un contacto total con la naturaleza, sintiendo todos los aspectos de ésta:

- Sonidos
- Temperatura
- Humedad
- Frio, etc.

Se realiza utilizando únicamente:

- el saco de dormir o como mucho la funda de vivac.
- Esterilla aislante
- Es muy recomendable llevar algún tipo de tela para hacernos un cobertizo
- Nunca debemos de arrancar ramas de arboles o nada similar.

Los sacos de dormir, tipos:

- Expedición y grandes alturas
  - Soportan bajas temperaturas
  - Rellenos de plumón tipo Duvet
- Alta Montaña o 4 estaciones
  - Para temperaturas 0º
  - Oscilan entre los -5º y -20º confort
  - Los duvet mas capacidad de retención térmica, los de fibra mayor volumen y peso

- Trekking o tres estaciones
  - Livianos y resistentes
  - Utilizados en temperaturas moderadas
  - Algunos soportan temperaturas bajo 0
  - Los de fibra pueden lavarse
- Super ligeros
  - Pesan poco y volumen reducido
  - No protegen mucho de las bajas temperaturas
- Transformables
  - Son cuadrados
  - Se pueden usar como manta
  - Se pueden unir con otros similares

Los tipos de refugios

- Utilizado el vehículo
  - No hablamos de las Furgos, sin no de los recursos de un vehículo normal.
- Refugios naturales
  - Abrigos, cuevas, etc.
  - Solo necesitamos un lecho seco
- Refugios improvisados
  - Elementos de la naturaleza o con materiales del nuestro equipaje.

Normativa relacionada con equipos de alpinismo y escalada

- UNE-EN 564:2015
  • Cuerda auxiliar
- UNE-EN 565:2007
  • Cinta
- UNE-EN 566:2007
  • Anillos de cinta
- UNE-EN 567:2013
  • Bloqueadores
- UNE-EN 568:2016
  • Anclajes para hielo
- UNE-EN 569:2007
  • Pitones
- UNE-EN 892:2013
  • Cuerdas dinámicas
- UNE-EN 893:2011
  • Crampones
- UNE-EN 958:2007 + A1:2011
  • Disipación de energía utilizados en Vía ferrata
- UNE-EN 959:2007
  • Anclajes para roca
- UNE-EN 12270:2014
  • Cuñas
- UNE-EN 12275:2013
  • Mosquetones
- UNE-EN 12276:2014
  • Anclajes Mecánicos
- UNE-EN 12277:2016
  • Arneses
- UNE-EN 12278:2007
  • Poleas
- UNE-EN 13089:
  • Piolets

Criterios ha tener en cuenta para almacenamiento:

- Humedad
  • todos los materiales son sensibles a la humedad
- Temperatura
  • Siempre temperaturas medias agradables 15 a 25 grados es optima
- Luz
  • Evitar exposición directa al sol
- Ventilación
  • Debe de tener una buena ventilación dentro de almacén

Es el certificado que avala que un producto se adapta a las normas europeas.

La UE determina en la directiva 89/686/CEE, concerniente a los EPI (Equipos de Protección Individual) que los EPI's deben contar con la certificación **CE** (CONFORME A LAS EXIGENCIAS), según procedimiento definido en dicha directiva.

¿Que es un EPI? Un Equipo de Protección Individual, es todo aquel dispositivo o medio que llevará o dispondrá el usuario con el fin de protegerse contra los riesgos susceptibles de amenazar su salud o seguridad.

Categorias.

- EPI categoría I.
  • Riesgos mínimos. Guantes, gafas de sol, etc.
- EPI categoría II.
  • Riesgos importantes. Cascos, protecciones auditivas, etc.
- EPI categoría III.
  • Riesgo de muerte. Descensores. Mosquetones, etc.

Revisiones de los EPIs.

El cuidado y mantenimiento de EPI's se le supone al empresario pero también al trabajador en su uso diario según consejos específicos del fabricante:

El empresario en cuanto a los planes de inspecciones generales según frecuencia de uso, calidad del riesgo y volumen de trabajadores afectados (mínimo trimestral).

El trabajador en cuanto a la necesaria inspección previa y posterior a cada uso.

RECURSOS Y MEDIOS DE FORTUNA COMO SOLUCIÓN A CONTINGENCIAS EN ACTIVIDADES DEPORTIVAS EN BAJA Y MEDIA MONTAÑA, Y TERRENO NEVADO TIPO NÓRDICO

Los recursos naturales son los elementos y fuerzas de la naturaleza que el hombre puede utilizar y aprovechar

Podemos clasificarlos en:

- Renovables
- No renovables

Debido al cambio climático los recursos naturales, tales como el agua, la madera, los bosques, pastos etc. Se están viendo mermados. Es por ello, que se hace necesaria una concienciación y sensibilización en la gestión de los recursos naturales en las zonas de montaña.

Contingencias habituales que podemos sufrir en la montaña:

- Acampada inmediata por cambios climáticos
- Roturas del material deportivo necesario parar la actividad, por ejemplo, las cuerdas en escalada
- Falta de útiles para la inmovilización de una persona por accidente o emergencia
- Falta de objetos de señalización para informar sobre un accidente o emergencia
- Falta de agua y alimento

KILOGRAMOS DE LA PERSONA	PESO DE LA MOCHILA EN KILOGRAMOS
60	9
65	9,75
70	10,50
75	11,25
80	12,00
85	12,75
90	13,50
95	14,25
100	15,00

Por todo ello se hace necesario disponer de un kit básico de supervivencia:

- Mapa
- Brújula, si es posible un GPS
- Lentes de sol y protector solar
- Extra de alimentos
- Agua adicional
- Extra de ropa y cuerdas
- Linterna o frontal
- Botiquín con férulas sam
- Encendedor y Pedernal
- Cuchillo de monte
- Navaja multiusos
- Pastillas purificadoras de agua
- Piquetas
- Aguja, hilo, cinta americana
- Repelente de insectos
- Walkie talkie, silbato
- Lona
- Condones
- Tampones
- Bridas
- Imperdibles
- Cordino de 2 mm 3 o 4 m
- Pegamento contacto rápido

Todo ello debemos de realizar con unos criterios ergonómicos y de peso, estableciendo que una mochila cargada no debe de sobrepasar el 15% del peso corporal de quien la porta.

Muy importante para un Guía de montaña es la utilización de los materiales de los que dispone para emergencias o accidentes.

Para el transporte de los accidentados debemos de conocer los recursos y entrenar la técnica para inmovilizaciones y traslados.

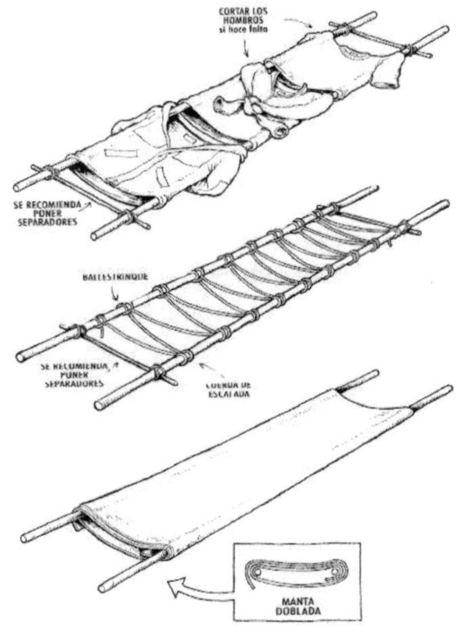

Algunos de ellos pueden ser:
- Camillas de fortuna
- Entablillado con mochila y cinta americana
- Polipastos de fortuna
- Etc..

En la construcción de camillas, podemos realizarlas solo con cuerda, con cuerda y palos, con palos y ropas, con palos y mochilas, etc.

LOS POLIPASTOS

Debemos de conocer la técnica de los polipastos, estos los podremos hacer con la cuerda de randonne de la que disponemos y unos pocos bloqueadores que vamos a fabricar con unos Cordinos (Nudo Marchard). Eso sí, estamos obligados a siempre llevar con nosotros unos pocos mosquetones.

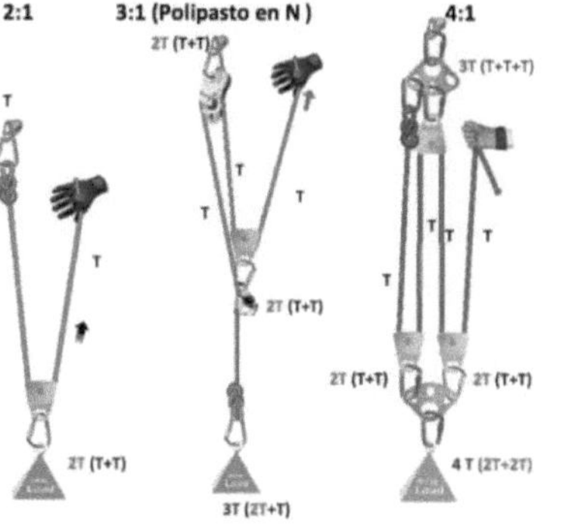

Los polipastos nos van a servir para el izado de materiales o de un compañero en caso necesario.

Los vamos a clasificar en:
- 1:3
- 1:5
- 1:7
- Existen muchas configuraciones.

Compuestos

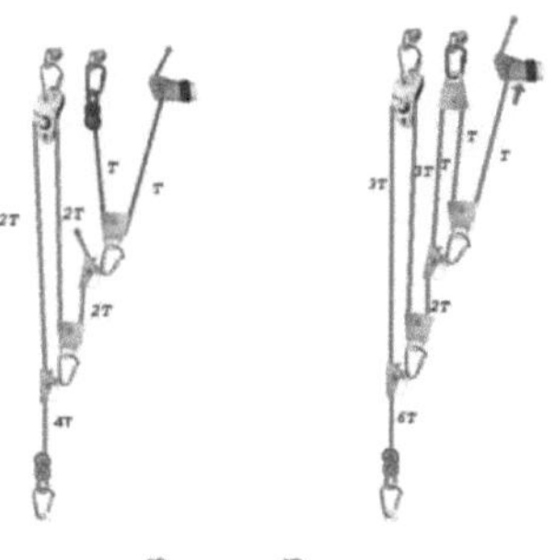

El uso de los Polipastos está muy extendido cuando debemos de mover cargas. Lo que básicamente hacemos es dividir la carga en tantas partes como queramos:

Ejem.

Una carga de 100 kg, con un polipasto de 1:3 la convertimos en una carga de 33.3.

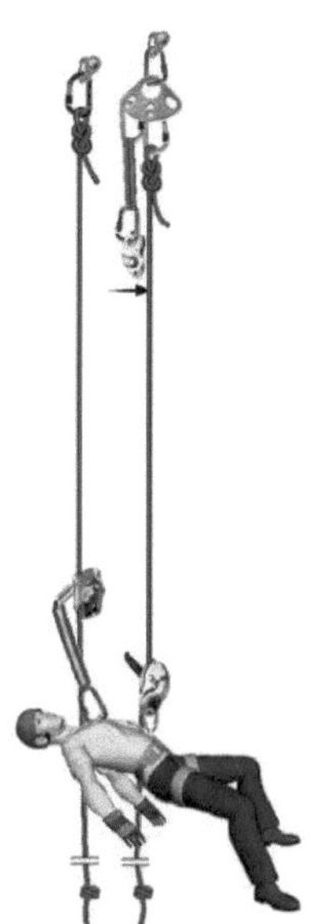

LOS NUDOS

Cualquier Guía de Montaña debe de saber realizar, cuantos mas nudos mejor. Debemos de pensar que todos, o gran parte, de los aparatos mecanicos que hoy en dia existen. Igualmente, no solo debemos de saber realizarlos, si no realizarlos correctamente, ya que de ello dependerá su fuerza y buen funcionamiento.

Los podemos dividir en cuatro grandes grupos:

- Nudos de Gaza: Son los que, al realizarse, forman una gaza para su anclaje. Su utilización es muy variada pero fundamentalmente los utilizaremos para realizar instalaciones, así como encordamientos o anclajes sobre elementos naturales.
- Nudos de Union: Como su propio nombre indica, estos nudos nos van a servir para realizar uniones o empalmes sobre cuerdas, tanto del mismo como de distinto diámetro. Algunos son especiales para un tipo de cuerda o cordino concreto, mientras que otros son generales para todo tipo de cuerdas, aunque sus usos dependerán de cada situación: Unión de cordinos, unión de cintas, unión de cuerdas para seguir progresando por una vertical, etc.
- Nudos de Ligada o Lazada: Son los nudos que no poseen una gaza propiamente dicha, sino que se hacen directamente sobre el mosquetón, anilla o anclaje. Sus usos son muy variados. Sus mejores características son la facilidad de realización, bajo consumo de cuerda y fácil desmontaje.
- Nudos de fortuna: Son los nudos que van a suplir a los aparatos que utilizamos habitualmente, para ascender o descender por la cuerda o como un seguro en caso de necesidad. Es muy interesante su conocimiento ya que, en un momento de emergencia, podemos utilizarlos para poder subir o descender por una cuerda.

VEAMOS ALGUNOS DE ELLOS:

NUDOS DE GAZA

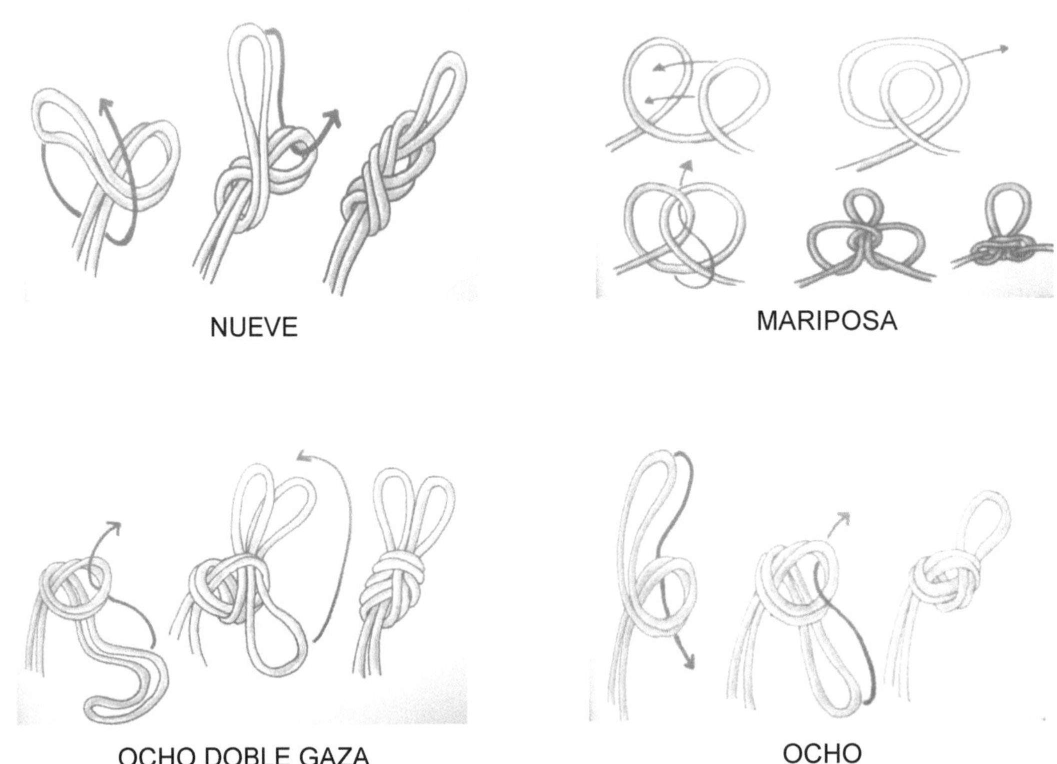

NUEVE

MARIPOSA

OCHO DOBLE GAZA

OCHO

NUDOS DE UNION

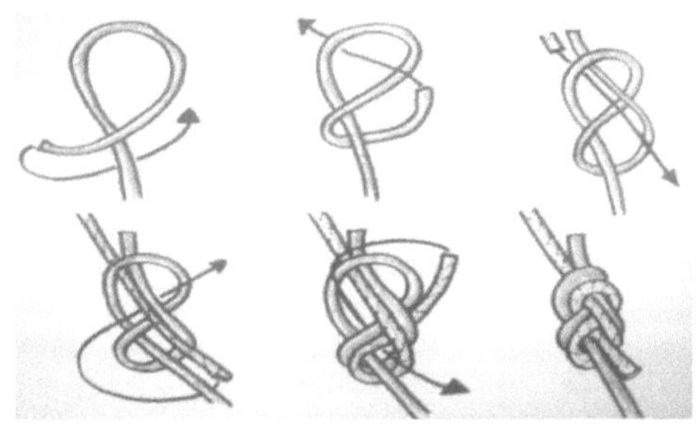

OCHO COSIDO INVERSO

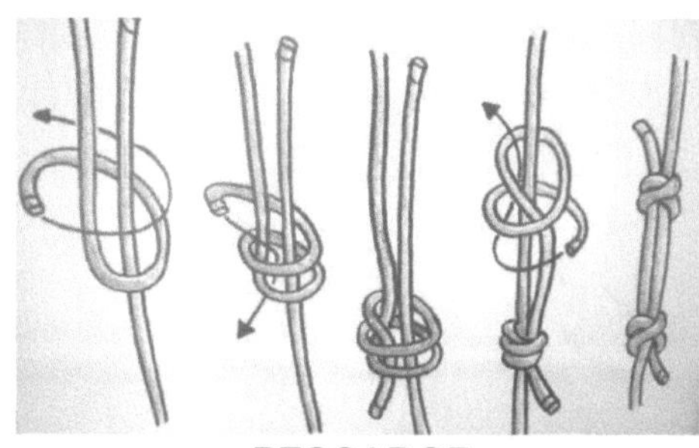

PESCADOR

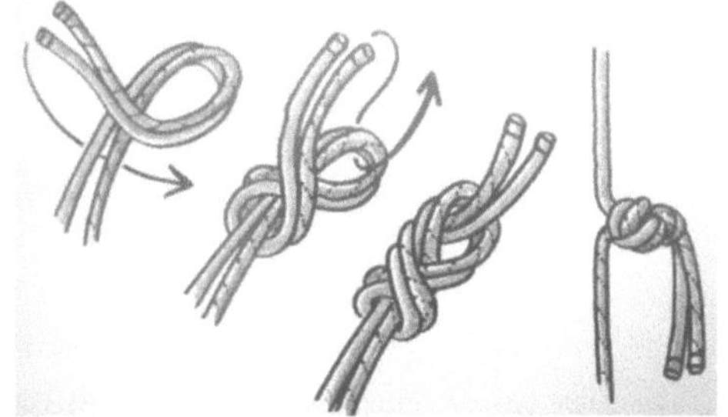

NUEVE

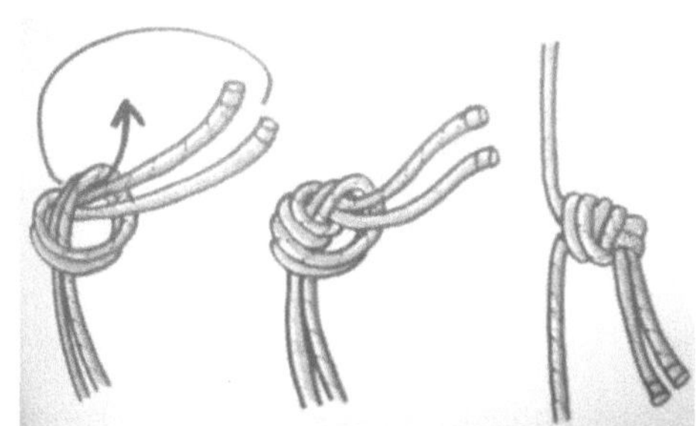

E.V.E

NUDOS DE LIGADAS O LAZADAS

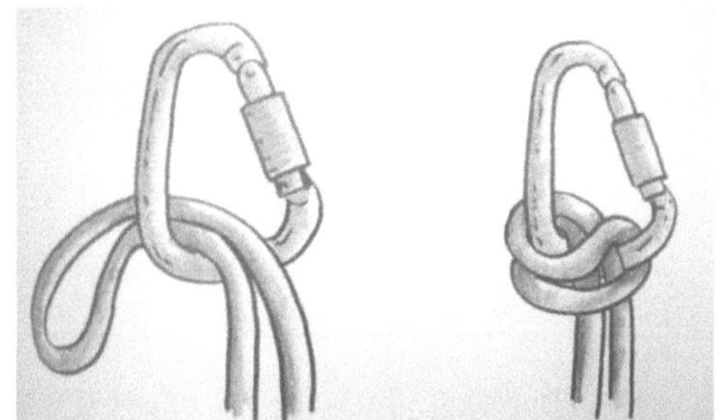

VUELTA AL POSTE

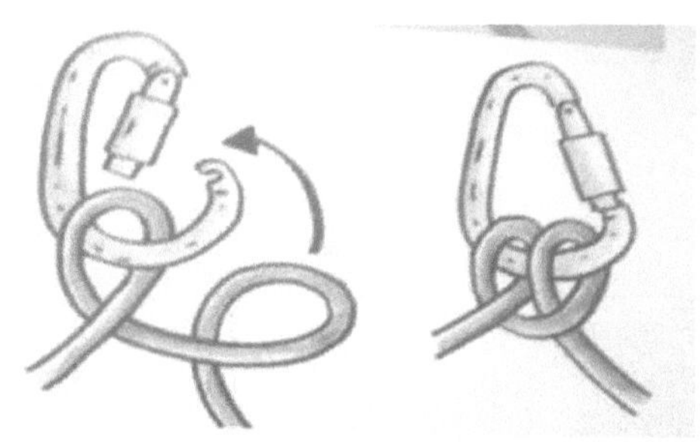

BALLESTRINQUE

NUDOS DE FORTUNA

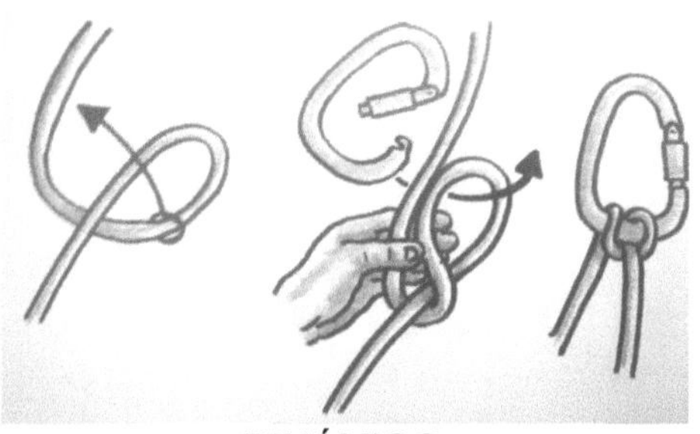

DINÁMICO

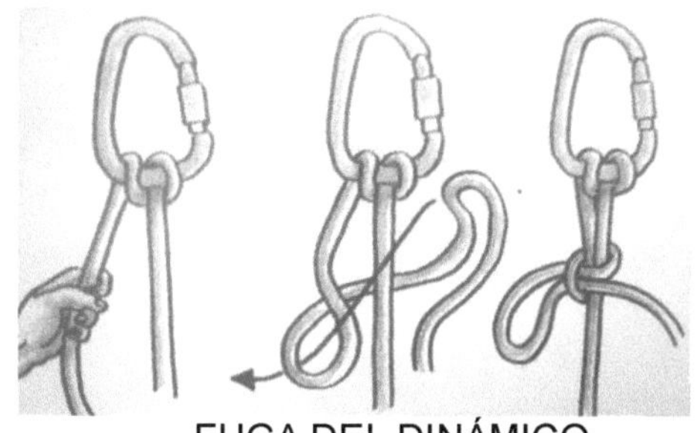

FUGA DEL DINÁMICO

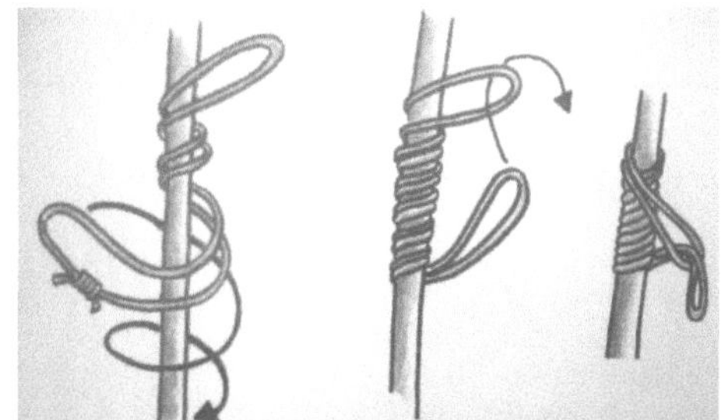

MARCHARD UNIDIRECCIONAL

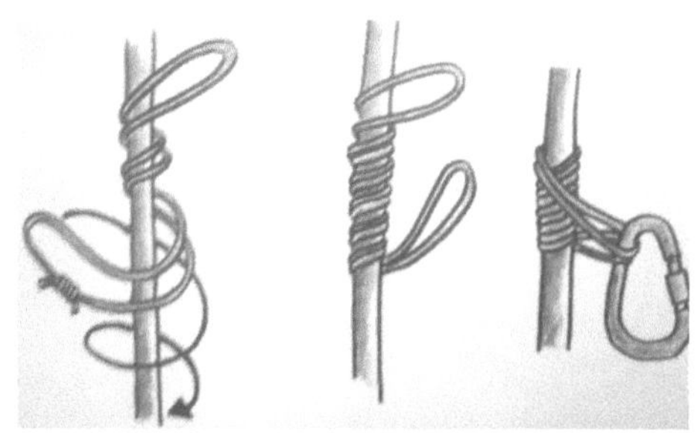

MARCHARD BIDIRECCIONAL

La señalización de emergencia también es muy importante y podemos hacerla de varias formas:

- Con nuestro cuerpo
- otros materiales, tales como telas, trapos, ropas, etc...
- Sonoras:
  Silbatos con 6 pitidos con pausa de 10 seg entre ellas. Cada grupo de pitidos irá seguido de un silencio de un minuto.
- Cohetes etc.

Importante conocer que ante una emergencia debemos de tener muy presente, estudiaréis en PRIMEROS AUXILIOS, el protocolo de actuación PAS

PROTEGER - ALERTAR - SOCORRER

ENTRENAMIENTO DE DESARROLLO Y DE MANTENIMIENTO PARA DESPLAZARSE CON EFICACIA POR BARRANCOS SECOS Y ACUÁTICOS

Los principios del entrenamiento o acondicionamiento físico tienen una serie de normas cuyo objetivo es el de obtener beneficios en el organismo, mejorar la salud y la prevención de lesiones.

Conociendo éstas normas se puede conseguir la autonomía en la elaboración de los planes de entrenamiento personal para el desarrollo de la condición física y con el objetivo de mejorar la salud y la calidad de vida.

Capacidades de la Condición física:

- Fuerza: Capacidad de lo músculos poseen para vencer una oposición externa
- Resistencia: Capacidad para mantener un esfuerzo físico durante un tiempo prolongado
- Velocidad: Rapidez de acción
- Coordinación: Habilidad de desarrollar una secuencia ordenada, armónica y eficaz de un gesto o acción determinada
- Flexibilidad: Capacidad que tienen las articulaciones para facilitar la mayor amplitud posible de los movimientos corporales
- Equilibrio: Habilidad del cuerpo para mantener una postura, oponerse a las fuerzas que puedan afectarla, especialmente la gravedad
- Otros: Agilidad, destreza, precisión

Rendimiento deportivo. Condición Física

Es la capacidad que tiene una persona de poner en marcha todos sus recursos bajo unas condiciones determinadas

La capacidad personal para llevar a cabo con éxito las actividades físicas que se realicen.

- Aspectos a trabajar en la condición física:
  • Preparación física
  • La preparación invisible (procesos de recuperación y adaptación entre Entrenamientos)
  • Las lesiones
  • Planificación y programación del entrenamiento

Tener una buena condición física nos aportará:

• El poder realizar actividades con menor esfuerzo y mas eficacia
• Se evitan y previenen enfermedades y lesiones
• Se rinde mas intelectualmente
• Se disfruta realizando cualquier tipo de actividad

Bases y Principios del Entrenamiento. La adaptación Fisiológica

El sistema General de Adaptación, comprende tres estadios:

- Fase de reacción de alarma
    - El estimulo estresante actúa sobre el organismo
    - altera de forma local y general el equilibrio celular (homeostasis)
    - produce un aumento de las funciones cardiovasculares y metabólicas
    - movilización de las reservas energéticas de la fase de alarma
- Fase de resistencia
    - El organismo luchas por volver a su estado original, superando y adaptándose
- Fase de agotamiento o readaptación
    - En el primer caso el cuerpo reacciona trastornando los ajustes y produciendo una disminución del resistencia
    - En el segundo caso, el cuerpo reacciona restituyendo las pérdidas e incluso aumentando sus defensas haciéndole mas resistente a ese estimulo

Fatiga. Fatiga crónica o sobre entrenamiento

- Debemos de tener muy presente que la condición física se va obteniendo progresivamente. El llevar al cuerpo al limite y todos los días, nos puede provocar fatiga y esta puede conducirnos a una crónica y un sobre entrenamiento que puede echar al traste toda nuestra temporada.

- Es por ello que debemos de realizar una buena planificación

- ¿Que es la fatiga? Es aquella que indica una disminución de la capacidad de rendimiento como reacción a las cargas del entrenamiento.

    • Las cargas en entrenamiento son la medida del trabajo realizado con el entrenamiento o la cantidad de estimulo que le administramos al organismo.

- La fatiga crónica o sobre-entrenamiento

    • Se engendra como resultado de un largo e intenso proceso de entrenamiento que ocasiona un estado permanente de fatiga. Esto es lo que conocemos como un sobre-entrenamiento.

    • Síntomas:

        * Reducción del apetito
        * Inflamación muscular
        * Nauseas ocasionales
        * Trastornos del sueño
        * Frecuencia cardíaca en reposo elevada
        * Tensión arterial alta

El fenómeno de la SUPERCOMPENSACIÓN es el causante de mucho sobre-entrenos mal planificados. Este efecto es el aumento del nivel o capacidad funcional, el conjunto de adaptaciones y restauraciones que tiene lugar en el cuerpo una vez que se ha sometido a un gran esfuerzo o fatiga. Conlleva un aumento del nivel físico del individuo para esfuerzos posteriores.

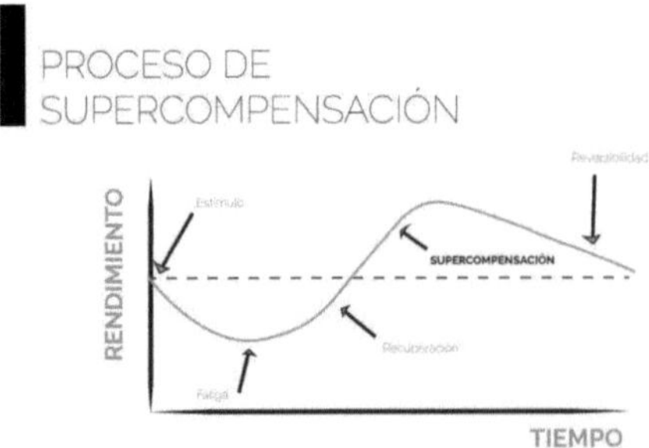

La preparación para la progresión en baja y media montaña

Está claro que no vamos a competir, por tal motivo, nuestra preparación siempre irá encaminada a un mejor estado físico y sobre todo a la SEGURIDAD.

Al tratarse de actividades de larga duración, nuestro cuerpos están acostumbrados a convivir con la fatiga. Este es el motivo de la realización de entrenamientos, puesto que en la realización de pasos de los denominados “técnicos” la cosa se complica cuando la hacemos fatigados, pudiendo comprometer nuestra integridad física.

Capacidades condicionales para una preparación física en entrenamientos de montaña

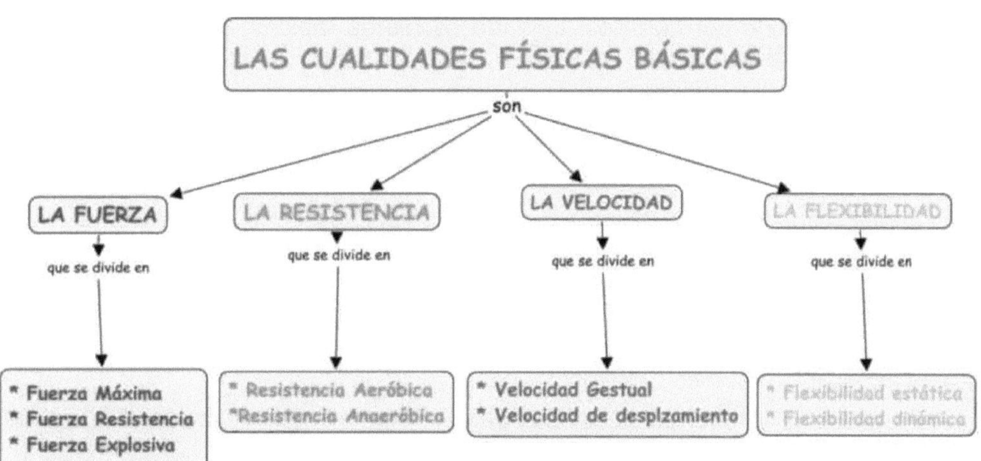

Tenemos cuatro capacidades básicas principales, estas son:

- Fuerza
  - Capacidad principal y fundamental.
  - Se realiza con ejercicios de carácter excéntricoconcéntrico
  - Ideal hacer circuitos
  - Importante tren superior, es menos trabajado, utilización de bastones
  - Combinar con isométricos

- Resistencia
  - Debe de ser el mas relevante
  - Siempre compaginado con la fuerza
  - Podemos trabajar la resistencia cotidianamente con frecuentes salidas o buscando cambios de ritmos con elevaciones de frecuencia cardíaca

- Velocidad
  - Es una cualidad muy importante
  - Debemos de realizar entrenamientos en serie, ejemplo:
    * 1 vez a la semana, 1 tanda de de 10 series de 3 minutos al 80% descansando 5 minutos entre series, si puede ser en subida y calentando 15-20 minutos.•
  - Con ello vamos a ganar esa constante en el ritmo y nos dará la capacidad de aumentar o disminuir a nuestro antojo

- Flexibilidad
  - Es importantísima, ya que una buena flexibilidad trabajará en evitación de lesiones.
  - Importante realizar estos estiramientos después del ejercicio físico

Otras cualidades que debemos de entrenar son:

- Coordinación
  - Podemos entrenarla privando del sentido de la vista
- Equilibrio
  - Importante para nosotros en la Montaña.
  - Podemos dividirlo en estático y dinámico
  - Entrenar en barandillas, bordillos, de pie, etc.
  - Interesante practicarlo con la mochila en la espalda
- Agilidad
  - Destreza y habilidad motriz
  - Se entrena corriendo por bordillos, bajando escaleras rápidas, buscando con la vista apoyos rápidos, etc.

Fuentes de energía para la actividades de progresión por baja y media montaña

- Sistema anaeróbico aláctico, sistema anaeróbico láctico y sistema aeróbico
  - Funcionan como un continuo energético, es la capacidad que tiene el organismo de mantener simultáneamente activos a los tres sistemas energéticos en todo momento, pero otorgándole una predominancia a uno de ellos sobre el resto.
  - Sistema anaeróbico aláctico o de fosfágeno
    * Proporciona la energía necesaria para la contracción muscular al inicio del ejercicio y durante ejercicios de muy alta intensidad y corta duración.
    * Son el ATP de nuestro cuerpo. Energía directa de nuestro organismo
    * No acumula ácido láctico. El ácido láctico es un desecho metabólico que produce la fatiga muscular.
    * Ejercicios de máximo 10 segundos
    * Utilizado para esfuerzos musculares breves y de máxima carga.
  - Sistema anaeróbico láctico o glucólisis anaeróbica
    * Duración del ejercicio entre 30 seg y 1 ó 2 minutos
    * Se alimenta de las reservas de glucógeno
    * produce ácido láctico o lactato por ausencia de oxigeno en el musculo
  - Sistema aeróbico u oxidativo
    * Esfuerzos de régimen constante, caminar, correr, pedalear, nadar, etc.
    * Constante en el tiempo
    * La energía es una combinación de azucares, oxigeno y grasas

SISTEMA ANAERÓBICO ALÁCTICO	SISTEMA ANAERÓBICO LÁCTICO
Actúa sin recibir oxigeno o en una cantidad inapreciable	No produce ácido láctico
Actúa sin recibir oxigeno	Se produce ácido láctico, provocando fatiga y disminuyendo la función celular
Utiliza la propia energía del musculo	Se produce por degradación del glucógeno del músculo o de la glucosa proveniente del hígado, en ácido láctico
La duración del esfuerzo de alta intensidad es de 0 a 15-20 segundos	La duración de esfuerzo de alta intensidad varia de 15-20 segundos a 2 minutos
Aparecen 2 vías: ATP (adrenosintrifosfato) ATP + CP (fosfocreatina)	Vía ATP+ falta oxigeno = ácido láctico

Métodos básicos del entrenamiento. Frecuencias cardíacas.

- Para la realización de nuestro calculo de la frecuencia cardíaca, la formula es **FC=220-edad**. Según en que umbral trabajemos veremos mejorada nuestra capacidad. Os mostramos los umbrales.
  • Seguridad: 50-60%
  • Regulación de peso: 60-70%
  • aeróbica: 70-80%
  • Umbral anaeróbico: 80-90%
  • Peligro: 90-100%

Necesidades de nutrición e hidratación para la actividad físico-deportiva

- Metabolismo Basal
  • Es la energía mínima para el mantenimiento del organismo
    * hombres: kg x 1kcal/kg x 24
    * Mujeres: kg x 0'95kcal/kg x 24
- Actividad física y metabolismo basal
  • Actividad ligera
    * 30% energía del metabolismo basal
    * (cocinar, trabajo sentado oficina, conducir, estudiar, etc.)
  • Actividad moderada
    * 50% energía del metabolismo basal
    * (andar, golf, vela, limpiar la casa, cortar el césped, bici en terreno plano, etc.)
  • Actividad Pesada
    * 75% energía del metabolismo basal
    * (futbol, andar rápido, subir escaleras, cargar objetos, bicicleta, esquiar, patinar, cabalgar, etc)
  • Actividad muy pesada
    * 100% energía metabolismo basal
    * (Correr, carga de objetos por escalera, cortar leña, tenis, etc...)

Recomendación de Alimentación diaria según deporte:

DEPORTES DE	PORCENTAJES	CALORÍAS	MACRONUTRIENTES
Resistencia	55-60% carbohidratos 10-15% Proteína 30-35% lípidos	3200-3500 kcal	500g hidratos 100g proteínas 100g grasas
Fuerza	55-55% Proteína	4200 kcal	550g hidratos 200g proteínas 140g lípidos
Fuerza-Resistencia	15-20% Proteína		
Fuerza-Velocidad	25-30% lípidos		

MATERIAL NECESARIO PARA LA REALIZACIÓN DE BARRANQUISMO

Equipamiento personal y de seguridad:

Individual.

- Arnés
- Casco
- Neopreno
- Escarpines
- Botas para barrancos (Opcional)
- Cabos de anclaje mosquetones tipo K
- Ocho y mosquetón
- Saca
- Bote estanco
- Gafas de bucear

De seguridad.

- Cinta exprés con mosquetones de seguro
- Cinta exprés con mosquetones sin seguro
- Juego de 6 mosquetones HMS
- Un ocho extra de tamaño grande con su respectivo mosquetón
- Navaja
- Silbato
- Cintas o cordinos cosidos de varios tamaños

Grupal. (O individual en caso de ser deportivo)

- Cuerda tipo A (Doble del rapel mas largo)
- Cuerda auxiliar (Randonne) (metros del rapel mas largo)
- Protectores de cuerda
- Bolsa de basura
- Kit cocinar: hornillo, cazo, mechero (OPCIONAL)
- Botiquín (normalmente lo llevará cada componente) si el descenso es grupal se pueden preparar varios completos

o Manta térmica
o Collarín
o Tenso-plas
o Vendas
o Gasas
o Suero fisiológico
o Cristalmina /
o Tiritas de aproximación
o Velita
o Mechero/pedernal
o Tampones/condones
o Cánula gedel
o Máscara facial RPC

Deportivo.

- Topo /croquis
- Porta topos/meteo estanco

De socorro y auto-rescate.

- Dos cordino atado en anillo para machard, prusik,...
- 3m de cuerda dinámica aligerada para valdostano
- Bloqueador tipo tibloc
- Polea con mosquetón
- Chapas + tuerca + junta tórica anti pérdida
- Llave del 13 / 15
- Cordino, cintas... de abandono
- Maillones y argollas de abandono

De comunicación.

- Teléfono: apagado, sin bloqueo o con contraseña apuntada, dentro de una funda (condón)
- Radio 2m
- Heliógrafo (Espejo)

Avituallamiento.

- Comida
- Bebida
- Glucosa

TRAER TODO EL MATERIAL QUE DISPONÉIS, LO VALORAREMOS Y VEREMOS SI ES BUENO O NO PARA REALIZAR BARRANCOS

ES INTERESANTE QUE SI YA REALIZAS BARRANCOS UTILICES TU PROPIO MATERIAL PARA LA REALIZACIÓN DEL CURSO.

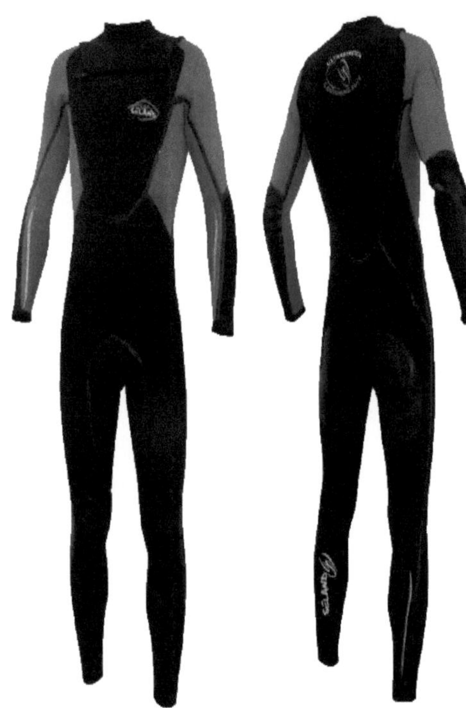

INDUMENTARIA

Diseño y materiales utilizados en la fabricación: fibras, tejidos, membranas, propiedades físicas y químicas, usos y aplicaciones.

Diferenciaremos entre barranquismo acuático y descenso de barrancos secos, en cuanto al uso de indumentaria concreta:

Para el barranquismo seco, nos equiparemos con ropa de montaña e imprescindible bota de media caña.

Para el barranquismo acuático, sumaremos a nuestro equipo el traje de neopreno.

Teoría de las capas: interior, intermedia y protección.

- Capa interior: en las actividades de descenso de barrancos, podemos colocar como capa interior entre nuestro neopreno y la piel algunas prendas de tejido "térmico", dirigidas a conservar el calor corporal. Estas prendas podrán estar confeccionadas con neopreno de menor grosor o elastano (la combinación de ambos, poliamida, lycra,...). Evitaremos a toda costa el uso de prendas de algodón.
- Capa exterior/intermedia: el neopreno como vestimenta de protección, sistema de funcionamiento.
- Capa exterior: impermeables, muy recomendable en situaciones de viento dentro de los barrancos ya que el neopreno no actúa bien como corta vientos, además de retener más el calor y podernos mantener menos mojados.
- Complementos al neopreno: escarpines, guantes y gorro de neopreno.

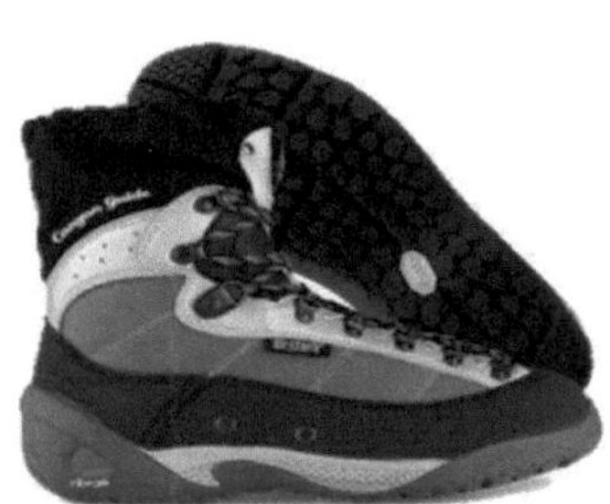

CALZADO

Un barranco se puede bajar con cualquier tipo de calzado, pero ello conlleva un riesgo que se puede evitar si utilizamos el calzado adecuado.

- Hoy en día hay muchos modelos de calzado para barrancos, solo hay que tener en cuenta algunas pautas para su elección, que son las siguientes:
- Suela adherente y flexible y que nos de mucha estabilidad.
- Que sea un calzado ligero y que evacue bien el agua que entra en el.
- A poder ser que sea calzado atado o con sistema de hebillas y resistentes a los golpes y roces.

ARNÉS

Para descender un barranco podría valernos cualquier arnés del mercado, pero la experiencia nos dice que a la hora de elegir un arnés, debemos tener en cuenta mucho factores. Debemos preguntarnos qué es lo que vamos a hacer con él, en qué condiciones y que prestaciones puede llegar a tener, en cuanto a ligereza, comodidad, seguridad y resistencia.

- En el mercado existen muchas variedades de arnés para barrancos, casi todas son válidas, pero nosotros vamos utilizar el arnés que reúna las condiciones que a continuación se nombran.

Condiciones que debe reunir un arnés para barrancos:

- Que su punto principal de anclaje sea alto, esto evita que podamos voltearnos al descender en rapel, sobre todo si llevamos una mochila a la espalda, o si estamos bajando una cascada con mucha fuerza, además de estar colocado de forma horizontal para así quede bien el ocho.

Debe de ser regulable de cintura y piernas, dependiendo del vestuario que llevemos deberemos ajustarlo más o menos.

- Las costuras deben de estar bien rematadas y protegidas para evitar el desgaste al roce con la cuerdas y elementos naturales (piedras, troncos...).
- A poder ser, debería tener una protección de plástico duro integrada en la parte trasera del arnés, a modo de culera, así protegemos al propio arnés y al neopreno.

El arnés debe de estar provisto de porta materiales en sus laterales, los cuales deben de estar colocados hacia delante, así en las zonas o pasos estrechos evitaremos que nos enganchemos y ayudara a que tengamos controlado el material.

DESCENSOR

Están sujetos a la norma EN 15151 UIAA-129 que exige que los sistemas de frenado manual sean capaces de detener el deslizamiento de una cuerda en simple o en doble aplicando una fuerza de 7kN y con un ángulo de 30º.

- Además del tradicional "ocho", existen diferentes nuevos sistemas que incorporan utilidades. La elección será siempre personal pero se ha de ser capaz de trabajar con éste en todas las facetas: descender, asegurar, socorrer, rescatar,...

El uso de descensores de poleas (STOP, RACK, INDY) será únicamente recomendable en grandes verticales secas o con poco caudal, donde descendamos en simple.

- Lo ideas es llevar al menos dos, donde uno lo utilicemos para montar cabeceras (éste deberá tener los agujeros grandes) y otro para descencer (que podrá ser cualquiera pero se recomienda, que éste sea igual que el otro por si se pierde).

CABOS DE ANCLAJE

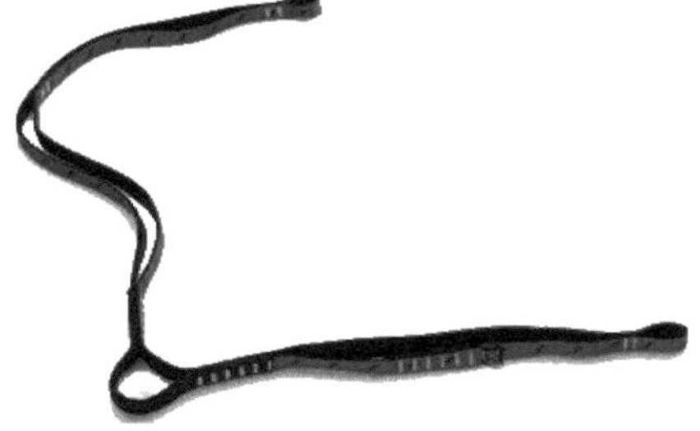

- Puntos a tener en cuenta:
    - Diseño y materiales de fabricación.
    - Características técnicas
    - Control del estado del material y puntos de unión.
    - Control de la fecha de fabricación.
    - Almacenamiento.

- Es una pieza fundamental de nuestro EPI. Es lo primero y lo último que utilizo al acceder a una instalación de rapel o pasamanos.
- Ha de ser doble, con un cabo más largo que el otro, lo cual nos facilitará maniobras en descuelgues, siendo 25 y 45cm la medida estándar. No obstante lo importante es que el cabo de anclaje largo nunca supere mi envergadura.
- Para el trabajo como guía será imprescindible usar cabos de anclaje confeccionados y homologados por el fabricante. Los cabos irán unidos al arnés mediante eslabón rápido (Maillón) de métrica 8 preferiblemente y en sus extremos colocaremos mosquetones tipo K (ferratas) preferiblemente.
- Para uso deportivo o como opción personal del Guía, se pueden confeccionar cabos de anclaje "caseros", utilizando cuerda dinámica simple o doble (mayor absorción). Para los extremos usaremos nudos de anclaje (ocho, nueve, medio pescador, gaza doble,...) y es recomendable fijar los cabos sobrantes mediante bridas. Podemos incorporar una placa autoblocante en el cabo más largo, siempre que trabemos su posible salida con un nudo final.

CASCO

Puntos a tener en cuenta:

- Diseño y materiales de fabricación.
- Características técnicas.
- Control y frecuencia de reposición.
- Factores que disminuyen y acortan las características y vida útil.

- Es un elemento de obligado uso en el descenso de barrancos de cualquier tipo. No existe una norma que regule los requisitos del casco para barranquismo, por lo que usamos la norma EN-12492/UIAA-106.
- Existen cascos que cumplen varias normativas, como montaña, aguas bravas o BTT que nos pueden servir, pero evitaremos usar cualquier otro tipo de casco por no cumplir las exigencias necesarias para acometer un descenso de barranco con seguridad.
- Según la norma, los cascos han de absorber una cantidad de fuerza suficiente como para que la cabeza no sufra impactos superiores a 8kN, tanto en el plano vertical como lateral, frontal o dorsal.
- Se ha de poder ajustar fácilmente a la horma de la cabeza y fijado al cuello y nuca para evitar desajustes al mover la cabeza. Han de resistir el impacto al saltar al agua, aunque para saltos de más de 5m puede ser recomendable "soltarlo".
- Encontraremos en el mercado cascos de poliestireno o policarbonato inyectado, de aspecto rígido y resistente, los más indicados para actividades con alto riesgo de pequeños roces o impactos (espeleo) y los novedosos cascos de ABS (acrilonitrilo butadieno estireno) en el exterior y poliexpan (poliestireno expandido) en el interior para absorber los impactos.
- Estos cascos están más indicados para absorber grandes impactos al deformarse e incluso romperse.
- Como novedad tenemos los cascos de polipropileno expandido, con gran capacidad de absorción y muy ligeros.

CUERDAS

Características:

- Carga de rotura: Es la carga máxima que una cuerda puede soportar antes de romperse. La carga de rotura es proporcional al diámetro de la cuerda.
- Capacidad de elongación: La capacidad de elongación de una cuerda (y por tanto la de absorber la energía que se produce en una caída) es inversamente proporcional a su diámetro.
- Número de caídas UIAA (factor 2) que soporta: Cuanto mayor es la cifra indicada en la etiqueta de la cuerda, habrá mayor seguridad y fiabilidad en el tiempo. Son tres los factores fundamentales que hacen una cuerda más o menos duradera:
    - El primero, la resistencia a la abrasión de la camisa.
    - El segundo es su elongación, por regla general, cuanto mayor es la capacidad de elongación de una cuerda, menor es su durabilidad.
- Y un tercer factor, es la acumulación de pequeños impactos que sufre, éstos poco a poco van restando capacidad de elongación de la cuerda. En un test se comprobó que una cuerda de 10,5 mm, tras 125 caídas de factor 0,6, había perdido el 65% de su resistencia. Toda cuerda va perdiendo con el tiempo sus propiedades iniciales.
- Según los fabricantes, una cuerda es fiable hasta 10 años después de la fecha de fabricación, pero una recomendación generalizada de todas las instituciones y fabricantes es la de retirar toda cuerda que llegue a los 5 años, aunque no se haya utilizado nunca y haya sido guardada en adecuadas condiciones de luz, humedad y limpieza.
- Resistencia a la abrasión: En general las cuerdas con camisas moderadamente rígidas y rugosas, poseen más resistencia a la abrasión que las muy suaves y flexibles. Además, existen tratamientos y elaboraciones especiales que hacen a las camisas más resistentes.

- Resistencia al corte en aristas: Existen cuerdas capaces de aguantar una caída de factor 2 sobre un borde de 90º con un filo de 0,75 milímetros de radio. Esto lo logran los fabricantes reforzando interiormente la camisa con distintos tipos de monofilamentos. Este tipo de cuerdas resultan necesarias en nuestro trabajo.

- Resistencia al calor: La poliamida (nylon) funde a unos 250º C. Sin embargo, hay cuerdas que incluyen kevlar o aramida en su alma para trabajar en temperaturas de hasta 300º C. Estas cuerdas se destruyen hacia los 500.

- Flotabilidad: Existen cuerdas flotantes gracias a un trenzado en el alma de polipropileno. Este tipo de cuerdas pueden ser recomendables para las actividades donde el agua está presente. Rescates acuáticos, barrancos, etc. Actualmente se ha detectado que la flotabilidad de la cuerda en descensos de aguas vivas puede ser un problema más que una ventaja.

- Impermeabilidad (tratamientos Dry): La poliamida es capaz de absorber agua (y otros líquidos). Una cuerda mojada es más pesada y un 30% menos resistente. Hoy día, los fabricantes utilizan la impregnación de la cuerda en una solución de fluoropolímeros, para combatir la permeabilidad. Este tratamiento, dicen los fabricantes, alarga la vida de la cuerda en un 15-20%. Las cuerdas, durante nuestras intervenciones, se pueden impregnar en el suelo de productos muy nocivos, por ello con cuerdas impermeables el riesgo de impregnación disminuye.

- Es el elemento básico de progresión en medios verticales. Se construyen casi exclusivamente de Poliamidas (Nailon o perlón) y poliéster en algunos casos. Las cuerdas de polipropileno vendidas específicamente para el barranquismo por su flotabilidad, son elementos a descartar de nuestro equipo. El Polipropileno es mucho menos resistente a la abrasión que la poliamida, por lo tanto estarán totalmente contraindicadas en descensos de barranquismo seco, ya que el calor generado por el descensor en rapeles especialmente largos y rápidos podría llegar a seccionar la cuerda por fusión. Además, la flotabilidad no será un factor ventajoso, sino más bien lo contrario ya que una cuerda flotando en una recepción agitada tiende a enredarse con el consiguiente riesgo de quedar atrapados.

- Actualmente todas las cuerdas se construyen mediante un sistema de trenzado en dos partes: alma y camisa.

La primera es la parte interior y determina la resistencia y la elongación.

La segunda es la cubierta exterior que confiere estructura, nudabilidad y protección al alma. Contribuye a la resistencia de la cuerda hasta en un 30%.

- Las cuerdas dinámicas, con una baja fuerza de choque, no son recomendables para rapelar en barranquismo ya que su elongación provoca mayor peligro de corte o deterioro por rozamiento con aristas.

Sin embargo, las cuerdas dinámicas tienen importantes funciones en el descenso de barrancos, tanto a nivel deportivo como profesional, tales como montaje de pasamanos recuperables, aseguramiento en escapes expuestos, cuerda auxiliar de seguridad,...

En actividades en las que la cuerda se utilice principalmente como método de descenso y progresión (espeleología, barranquismo, trabajos verticales, rescates, montaje de pasamanos fijos,...) se optará por las cuerdas semiestáticas o estáticas. Su baja elongación (menor al 5% tras pasar de 50kg a 150kg de masa en suspensión), permite minimizar riesgos de desgaste por roces, reducir gasto energético en remontes, facilidad de recuperación en rapeles, en general fiabilidad para montajes que requieran una mayor resistencia.

- Desde 2014 existe en el mercado una cuerda con doble homologación (dinámica en simple y Tipo A):
Ejemplo Lluisa 10,5 de Kordas.

- Actualmente las cuerdas semiestáticas están disponibles en múltiples colores, aunque tradicionalmente se usaba el blanco ya que estaban pensadas para destacar en la oscuridad de las cuevas.
- Una cuerda dinámica nunca será blanca, además suele llevar al menos 3 colores para diferenciar de las semiestáticas o estáticas.

CUERDAS SEMIESTÁTICAS

Según la resistencia, las cuerdas semiestáticas podrán ser:

- TIPO A: (Norma EN1891) Son las más resistentes por su diámetro generalmente superior a 10mm (hay algún modelo certificado con diámetro ligeramente inferior). Serán las elegidas para el trabajo de guía ya que sobre una misma cuerda en simple podremos realizar todas las maniobras necesarias.

TIPO B: (Norma EN1891) Son de diámetro y resistencia inferior a las TIPO A. Pueden ser usadas en simple siempre que el fabricante así lo indique en sus características técnicas, pero teniendo en cuenta que están pensadas como cuerdas para uso deportivo, ligeras, más rápidas, menor peso y por tanto menor resistencia.

- TIPO C: No es una categoría oficial, pero se está aplicando en el territorio de la Unión Europea. Son cuerdas que van quedando en descatalogadas por sus inconvenientes (baja resistencia a la abrasión, problemas al flotar,...). Tienen el alma de polipropileno en lugar de poliamida y únicamente se pueden usar en doble y para rapelar.

TIPO L: No es una categoría oficial sino más bien un proyecto sólo aplicable por el momento en Francia. En el resto de países se consideran cordinos auxiliares. Están siendo diseñadas para uso de cuerdas semiestáticas ligeras en espeleología.

NORMA EN1891

- Según esta norma, una cuerda semiestática ha de cumplir los siguientes requisitos:

- Resistencia estática sin nudos hasta un mínimo de 22kN en tipo A y 18kN en tipo B, debiendo resistir con nudo de "ocho" durante tres minutos 15kN y 12 kN respectivamente.

- Además, debe aguantar sin romperse un mínimo de cinco caídas Factor 1, en intervalos de tres minutos; la prueba se realiza con 100kg para cuerdas de tipo A y 80kg para las tipo B.

Fuerza de choque inferior a 600daN durante una caída de Factor 0,3 con una masa de 100kg para las tipo A y 80 kg para las de tipo B.

CUERDAS DINÁMICAS

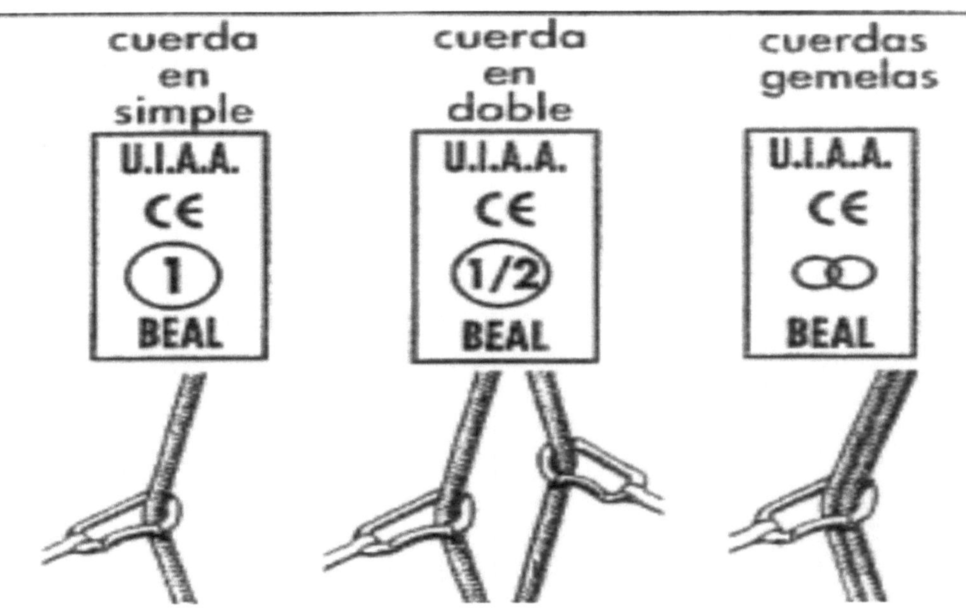

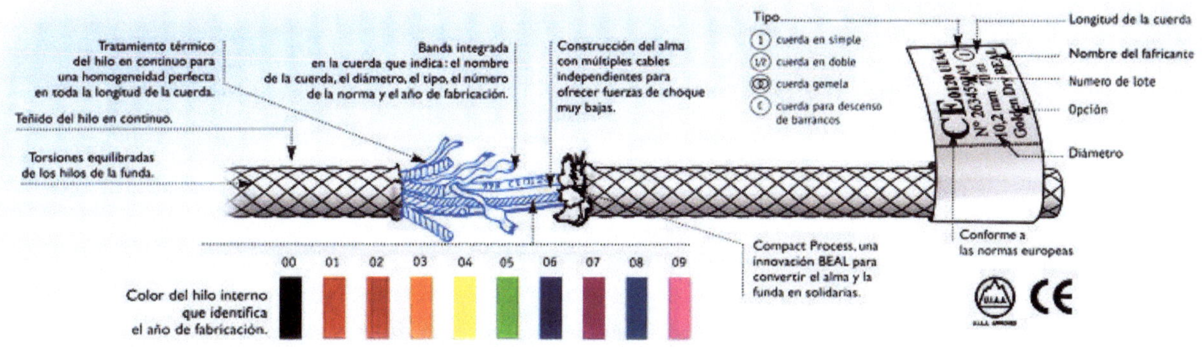

MOSQUETONES

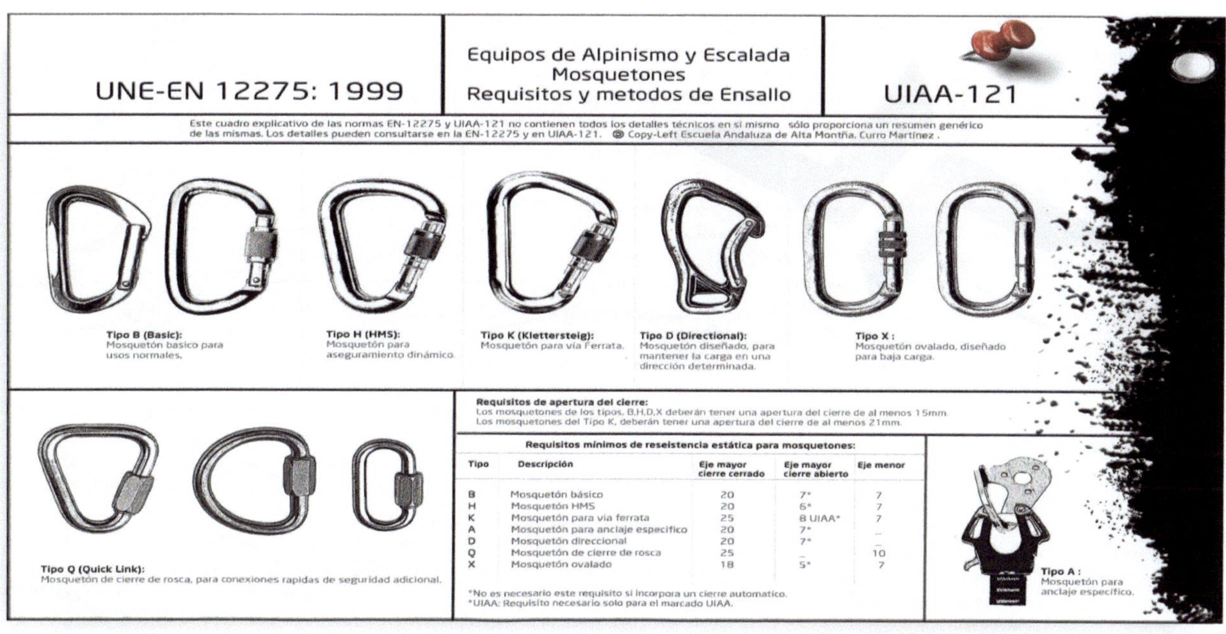

Requisitos mínimos de reseistencia estática para mosquetones:

Tipo	Descripción	Eje mayor cierre cerrado	Eje mayor cierre abierto	Eje menor
B	Mosquetón básico	20	7*	7
H	Mosquetón HMS	20	6*	7
K	Mosquetón para via ferrata	25	8 UIAA*	7
A	Mosquetón para anclaje especifico	20	7*	_
D	Mosquetón direccional	20	7*	_
Q	Mosquetón de cierre de rosca	25	_	10
X	Mosquetón ovalado	18	5*	7

*No es necesario este requisito si incorpora un cierre automatico.
*UIAA: Requisito necesario solo para el marcado UIAA.

UF2475
Tecnicas de desplazamiento en Barranquismo

TÉCNICAS DE DESPLAZAMIENTO EN BARRANCOS SECOS Y ACUÁTICOS

BIOMECÁNICA DE LA LOCOMOCIÓN HUMANA

- La marcha humana. Consideraciones anatómicas y biomecánicas básicas.

Es muy importante conocer los patrones de movimiento de cada una de las articulaciones del cuerpo humano con la finalidad de evitar cualquier tipo de problema de salud. Las articulaciones están implicadas en todas las actividades que hacemos a diario.

La marcha humana es un modo de locomoción bípeda en la cual intervienen los miembros inferiores, o como dice el Profesor Pedro Vera Luna del Instituto de biomecánica de Valencia, "la locomoción humana es una serie de movimientos alternantes, rítmicos, de las extremidades y del tronco que determinan un desplazamiento hacia delante del centro de gravedad". Es el proceso locomotor en el cual el cuerpo humano se mueve hacia delante, siempre en posición erecta.

Presenta dos fases:

FASE DE APOYO: Se inicia con el contacto del talón en el suelo y finaliza cuando ese pie está completamente apoyado en el suelo, terminando con el despegue del otro pie,

FASE DE BALANCEO U OSCILACIÓN: Comienza en el momento que se despega el segundo pie del suelo, avanzando éste en el aire, preparándose para ser el segundo apoyo.

- Raquis y relación segmentaría: Implicaciones y coordinación en el desplazamiento bípedo

La espalda se constituye como una sucesión de piezas (vértebras) unidas entre sí por una serie de elementos: ligamentos, discos invertebrales, apófisis articulares, etc.

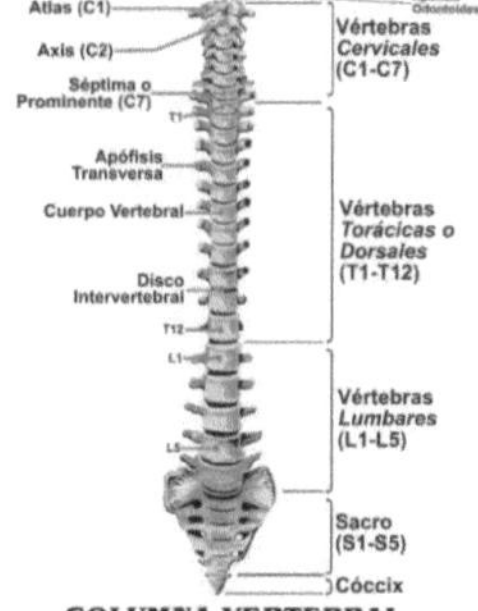

COLUMNA VERTEBRAL (Vista Anterior)

Se compone por 33 vértebras distribuidas de la siguiente manera

- 7 vertebras cervicales
- 12 vertebras dorsales
- 5 vertebras lumbares
- 5 vertebras fusionadas en el hueso sacro
- Coxis, vestigio de las vértebras de la cola en los homínidos

Todos tenemos clara la importancia de la columna vertebral, ésta es el pilar base de todo nuestro esqueleto, contando además con un conducto, denominado canal raquídeo, que permite el paso de la médula espinal.

La médula espinal el la prolongación del sistema nervioso encefálico y constituye la vía de salida y de llegada de las fibras nerviosas que van del cerebro a los órganos y viceversa.

- Actitud postural en el desplazamiento bípedo

El concepto de lo que es la actitud postural y postura corporal, se define conociendo el significado de los tres términos principales, como son:

Posición: Es la relación entre el cuerpo y el medio que le envuelve. Postura, actitud o modo en que alguien o algo está puesto.

Postura: Es la planta, acción, figura, situación o modo en que está puesta una persona, animal o cosa. Se puede definir como la tensión que el cuerpo adopta para conseguir la posición adecuada con una eficacia máxima y gasto mínimo.

Actitud: Es el resultado de un proceso de equilibrio muscular, realizado por un conjunto de posturas que adoptan las articulaciones en un momento determinado

Por lo tanto podemos definir:

postura corporal: como la alineación simétrica y proporcional del cuerpo, en relación con el eje de la gravedad.

Actitud postural: es el equilibrio y la alineación ideal de los músculos, articulaciones y los segmentos corporales en base a una serie de principios científicos y anatómicos

La espalda forma una serie de curvas fisiológicas, establecidas durante los primeros meses de vida:

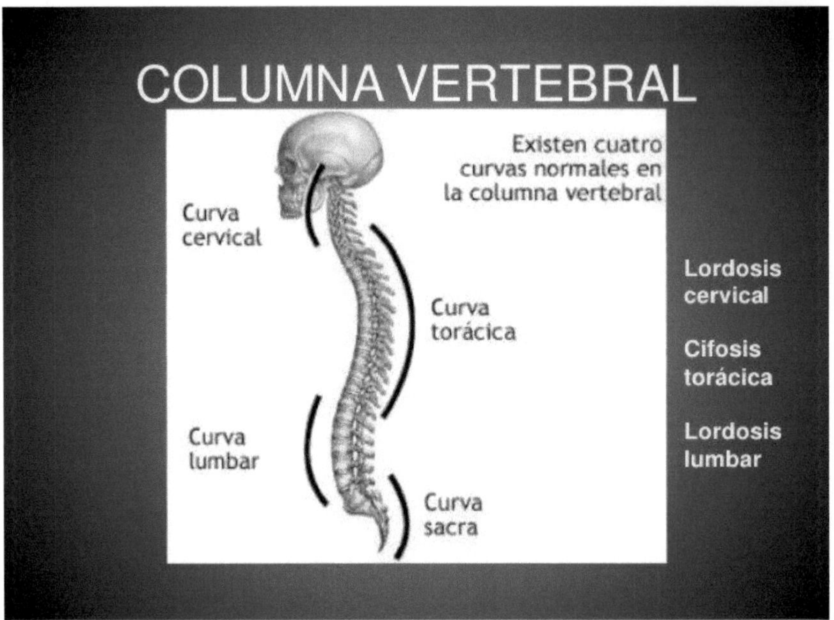

LORDOSIS CERVICAL: Se desarrolla a los 2-3 meses de vida, cuando el bebé comienza a levantar la cabeza enprono, de manera que aumenta el tono muscular y fuerza de la musculatura posterior de cuello y cabeza

CIFOSIS DORSAL: suele ser una curva generada pasivamente ante el desarrollo de la lordosis cervical, por arriba, y la lordosis lumbar, por abajo.

LORDOSIS LUMBAR: Se desarrolla sobre los 5-7 meses de vida, cuando el bebe comienza a extender los brazos en prono, descargando el peso sobre abdomen y pubis y comienza a levantar un brazo.

- Adaptaciones posturales durante la marcha: Con y sin carga

Mantener una postura correcta durante la marcha es de vital importancia para evitar lesiones.

Una mala postura mientras se camina, puede derivar en problemas más serios y graves que dolores de cabeza o espalda, como puede ser la aparición de hernias discales, fatiga crónica o mala alineación corporal.

Una postura correcta al caminar es imprescindible para evitar dolores de espalda y cuello, como ya sabemos, pero es importante saber que la postura inadecuada afecta al desgaste de los discos vertebrales, desgaste que deriva en diversas patologías graves.

A continuación os describo una serie de factores que ayudan a mantener una postura correcta al caminar:

- Se debe de andar mirando al frente. Las orejas deben de estar alineadas con los hombros, para evitar molestias en el cuello
- Siempre se debe de andar erguido
- Los hombros deben de estar ligeramente echados hacía atrás, lo mas alineados con la espalda. Los hombros deben estar relajados durante la travesía, evitando tensiones en las cervicales.
- Mantener el abdomen fuerte para poder mantener una postura erguida y estable al caminar
- Los pasos al andar deben ser moderados, no deben ser ni demasiado grandes, ni demasiados pequeños
- Llevar un ritmo constante durante el camino.

Como llevamos diciendo durante todo el curso, para andar por terreno irregular es necesario utilizar un calzado cerrado, que agarre bien el tobillo, que evite las torceduras durante el camino. Las botas de montaña suelen tener una suela más gorda que evita problemas posteriores como la **fascitis plantar**

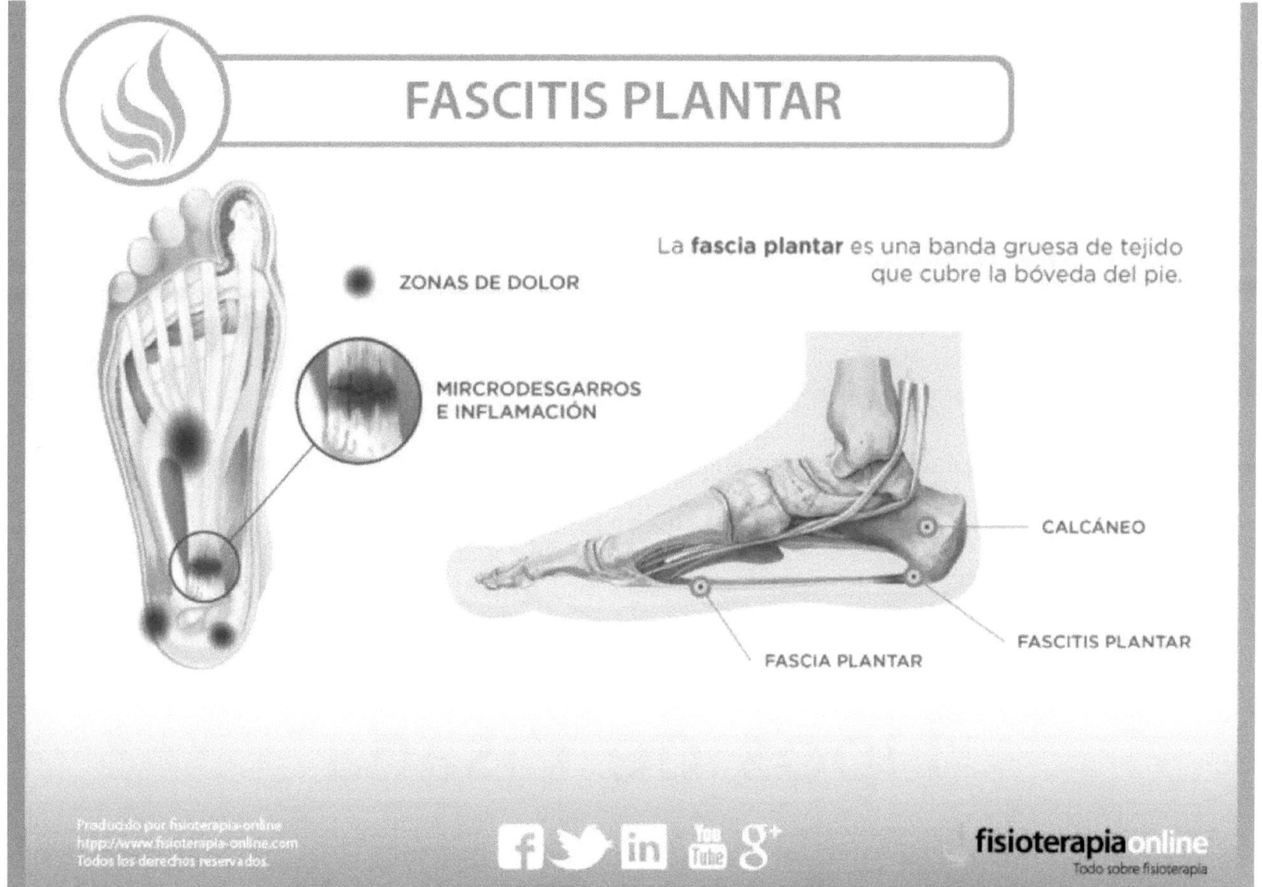

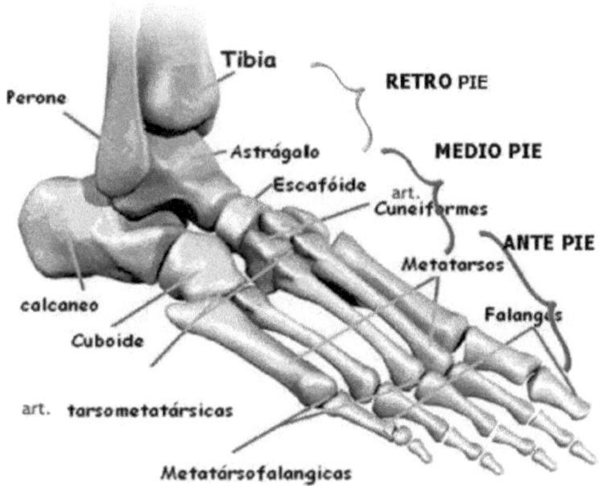

El Pie. Estructura cupular.

En los deportes de montaña, los pies constituyen el único punto de apoyo con el suelo, por ello es vital saber cómo debe pisarse sobre el suelo, para caminar de manera correcta, evitando problemas de salud durante la práctica de los diversos deportes de montaña, como puede ser el senderismo.

Tenemos que pensar que cualquier pequeña lesión en nuestros pies puede convertir un deporte placentero en una verdadera pesadilla de dolor y sufrimiento. Es por eso que debemos de conocer bien a los protagonistas de nuestro deporte.

Si llegar a extendernos, vamos a conocer un poco nuestro pie:
Esta formado por tres partes:

- Retropie (Astrágalo, que se une con el calcáneo y forma la articulación subastragaliana, que es el punto de apoyo anterior del pie)
- Mediopie : formado por el escafoides
- Antepie: Formado por los metatarsianos y sus falanges.

Esta disposición en el pie da forma a una bóveda en la parte central del pie, que es la encargada de aportar la resistencia para cargar pesos y realizar esfuerzos, para ello se articula en los tres puntos de apoyo recibiendo el nombre de trípode podálico.

Estos tres puntos de apoyo son los siguientes:

- Arco de carga: Permite el soporte del peso corporal
- Arco de equilibrio: Es el estabilizador corporal
- Arco de impulso: Es el arco interno o longitudinal y es conocido como el motor propulsor.

Tipos de pisadas:

Igualmente podemos encontrar tres tipos de pisadas:

- Las del pie normal
- Las del pie cavo
- Las del pie plano

Neutra

Pronador

Supinador

Luego también tenemos que saber que existen las pisadas de los pronadores y de los supinadores

Tipos de Pisada

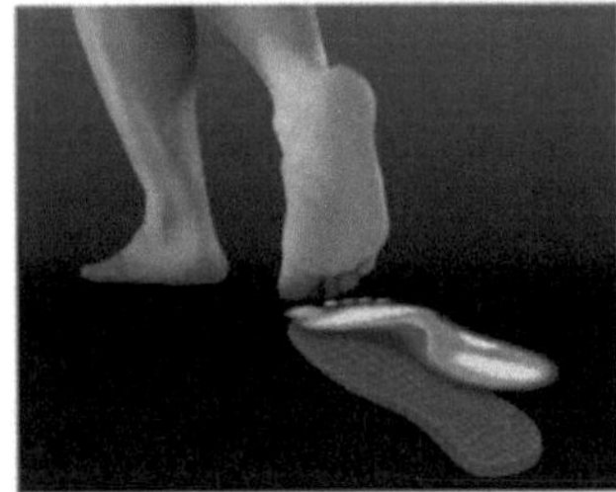

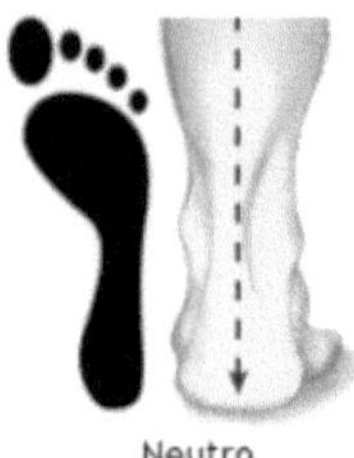
Neutro

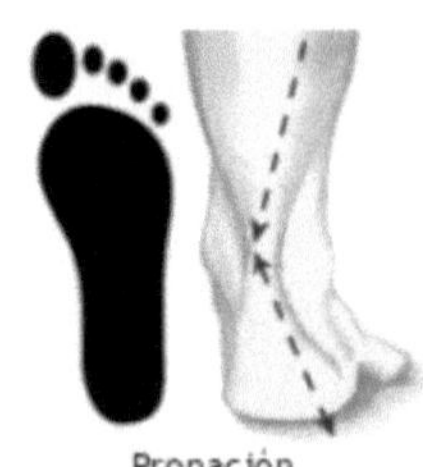
Pronación

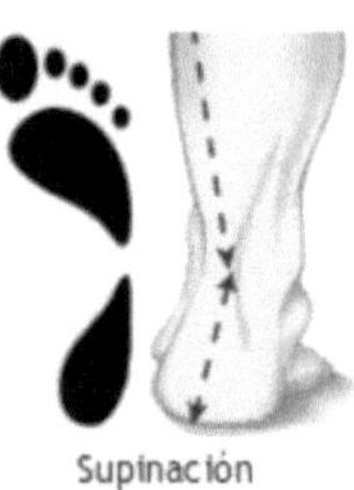
Supinación

Pisada con el pie derecho

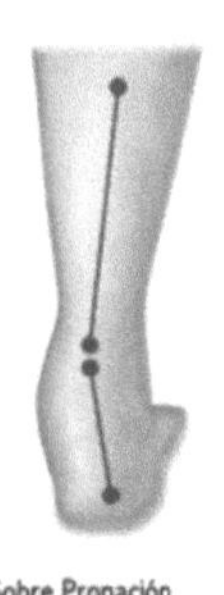

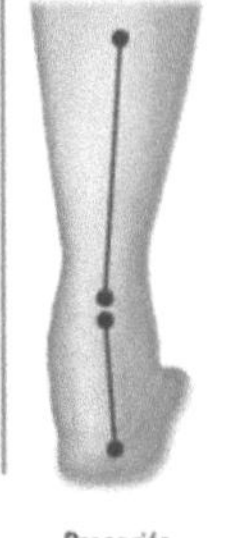

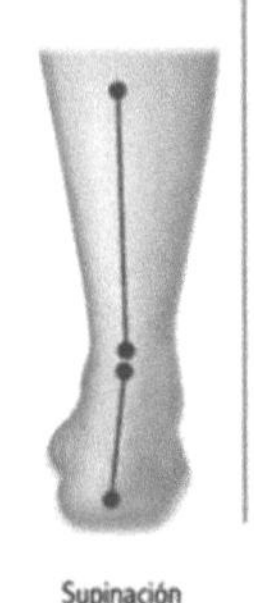

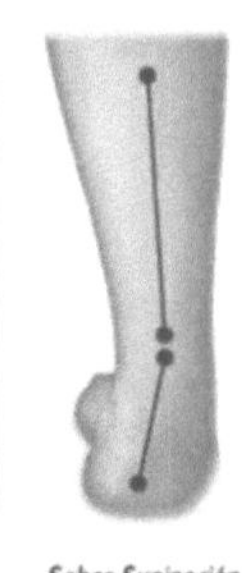

Sobre Pronación | Pronación | Neutral | Supinación | Sobre Supinación

ECOS DE MONTAÑA el podcast

TÉCNICAS ESPECIFICA DE BARRANCOS DE PROGRESIÓN SIN CUERDA

Al contrario de lo que la gente piensa, y exceptuando barrancos muy verticales, la progresión sin cuerda dentro de los barrancos es la mas empleada y la que mas tiempo se utiliza en un descenso de barrancos secos y/o acuáticos.

Dentro de los barrancos se utilizan diferentes medios de progresión, que en un principio no requieren de material especifico, salvo el de seguridad, pero si es cierto que todas estas técnicas de progresión necesitan de TECNICA.

LA TREPADA Y LA DESTREPADA. PASOS EN OPOSICIÓN

Es algo habitual que conlleva la actividad del barranquismo. Las normas básicas de la gestualidad de la escalada están a la orden del día dentro de los modos de destrepar unos bloques, un resalte vertical, flanqueos (UNA REGLA BÁSICA ES LA DE SIEMPRE TRES PUNTOS APOYO).

- La gestualidad utilizada obedece a dos espacios diferentes:

En la pared

- De cara al vacio (fácil)
- De cara a la pared (difícil)

En oposición

- Nuestro peso y cuerpo serán quienes realicen toda la fuerza, es un tipo de escalada muy singular y muy personal. En barrancos muy estrechos tiene una aplicación muy fácil.

- La seguridad en los Destrepes se hará en circunstancias especiales, tales como:

*Compañeros poco hábiles

*Exceso de caudal

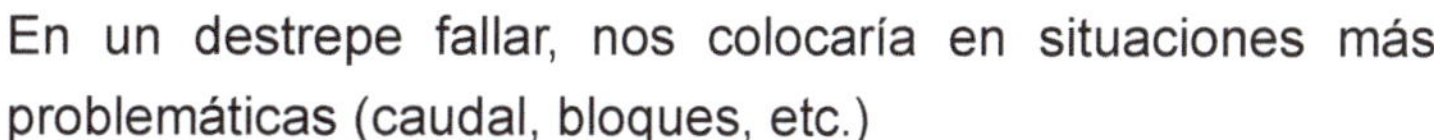

En un destrepe fallar, nos colocaría en situaciones más problemáticas (caudal, bloques, etc.)

- Las ayudas en los Destrepes las podemos clasificar en

*La personal: Utilizaremos nuestro cuerpo como una escalera

*Naturales: Buenas presas o árboles, etc..

LAS TREPADAS

- Las trepadas son pequeñas escaladas que debemos de realizar para salvar algún obstáculo que podamos encontrarnos en los barrancos.
- Debemos de mantener al igual que en los demás pasos la norma de oro. SIEMPRE TRES PUNTOS DE APOYO
- En ocasiones nos podemos encontrar los pasos instalados y con alguna cuerda de apoyo, en otras deberá de ser nuestra propia imaginación y colaboración del grupo la que nos ayude a superar el obstáculo

TÉCNICAS ESPECÍFICAS DE BARRANCOS DE PROGRESIÓN SIN CUERDA

- Trepada y «destrepada»: Serán aquellas técnicas de superación de obstáculos, tanto en ascenso como en descenso, sin llegar a la verticalidad y por tanto a la escalada. Consideraremos trepadas o destrepadas todo aquel obstáculo de grado inferior el III (escala UIAA) o que necesitemos utilizar la ayuda de una o ambas manos para superarlo.

- Destrepes: En muchos barrancos encontraremos situaciones en las que estemos tentados u obligados a realizar destrepes en lugar de montar un rapel. Esto puede ocurrir por ejemplo en barrancos con gran cantidad de instalaciones destrepables o bien porque los aperturistas y equipadores decidieron que ese salto era destrepable y no hay instalación.

El ahorro de tiempo es una razón importante para aventurarse en el divertido pero comprometido mundo de los destrepes imposibles. Por ello habrá que tener en cuenta unas consideraciones:

- Revisar siempre la existencia de una instalación (puede que oculta por la vegetación o en un lugar alto y protegido de crecidas) y evitar el destrepe si no lo vemos claro o es muy comprometido.

- Observar siempre la regla de “los tres apoyos”, básica en la escalada. Mover un punto de apoyo individualmente en cada movimiento; así si un agarre falla, tendremos cierta estabilidad.

Mucha precaución con las rocas húmedas, mojadas o con musgo ya que agarran menos y perder un pie bruscamente es casi seguro que nos hará caer.

- En terreno de rocas o tierra suelta, una caída puede ser imparable.

- Siempre que podamos, puede ser una solución intentar salir del cauce y buscar el destrepe por terreno boscoso. Esto nos permitirá apoyarnos en troncos y ramas, así como el montaje de rapeles y pasamanos de fortuna.

- Si la dificultad del destrepe es baja, acometerlo mirando aguas abajo. Por el contrario, si la dificultad es alta, es mejor destrepar mirando a la pared.

- En zonas muy estrechas podemos usar la técnica de oposición, que veremos a continuación.

- Los destrepes que terminan en extraplomos o cavidades son muy complicados y causa de caídas descontroladas al final del destrepe con resultado incierto. Mucha precaución ya que desde arriba podemos infravalorar esa potencial caída. Valorar altura y recepción.

- Es necesario llevar material de instalación para, en caso necesario meter un seguro y asegurar un destrepe o incluso rapelarlo.

- Mucha precaución con bloques recién caídos en barrancos muy activos.

- En el barranquismo invernal habrá que tener mucha precaución con los destrepes sobre nieve ya que no sabremos con seguridad qué hay debajo. También ha sido motivo de accidente el colapso de puentes de nieve en barrancos de alta montaña.

- Agarres y apoyos. Serán aquellos elementos del terreno por el que progresamos, en los que podamos asirnos o apoyarnos para conseguir progresar con seguridad.

- Técnica de superación de chimeneas y pasos en oposición: Estas técnicas ampliamente conocidas en el mundo de la espeleología y la escalada clásica, se incorpora al barranquismo como técnica de progresión basada en la oposición de fuerzas generadas con nuestro cuerpo y sus extremidades, tanto en ascenso como en descenso.

- Existen varias formas de realizar pasos de oposición:
- Piernas-espalda
- Piernas-manos
- Piernas contrapuestas: una estirada y la otra flexionada como la grulla.
- Lateral con caderas y hombros.
- Un brazo arriba y otro abajo

- Finalmente, la mejor forma de realizar una oposición tendrá en cuenta nuestra envergadura y la anchura del cauce, ya que cada persona encontrará una forma de hacer lo mismo en función de sus capacidades.
- Actualmente, los avances en calzado y el uso de neoprenos con elementos de protección antideslizantes en rodillas y codos, han permitido mejorar considerablemente la capacidad de destrepar por superficies cada vez más lisas y obtusas, utilizando una depurada técnica de oposición.
- Marcha en barrancos:caos de bloques, en zonas de poca profundidad de agua, zonas deslizantes.

AYUDAS DURANTE LA PROGRESIÓN SIN CUERDA

- Durante el descenso, hay que utilizar la técnica de las "ayudas mutuas", lo que quiere decir que uno ayuda siempre al que viene detrás y se deja ayudar por el que va delante. Esta norma evitará un gasto innecesario de energía además de reducir considerablemente las posibilidades de hacerse daño. Estas ayudas pueden ser verbales mediante la comunicación de qué vamos a encontrar o cómo debemos pasar, pero también físicas, mediante apoyos o retenciones.

Las retenciones serán siempre desde abajo en la vertical, y sobre las extremidades y arnés, evitando tocar en puntos delicados, ya que podemos herir sensibilidades tanto de la persona a quien tocamos, como de parejas o familiares presentes.

Ante todo profesionalidad!!!

CAMINAR POR LOS BARRANCOS

El itinerario.

Siempre buscaremos recorridos que tengan características propias de ese medio tan especial, por ejemplo, no evitar un caos, pues dentro del mismo siempre hay algún rincón de singular belleza.

El color del agua es un condicionante, pues con ésta turbia o “chocolate” nos podemos eternizar en un recorrido largo, pues nuestra progresión tendrá que ser muy lenta, incluso a veces a cuatro patas.

En esta situación, si es posible, progresaremos fuera del agua que es lo adecuado. Hay que hacerlo siempre fácil y evitar las situaciones de riesgo innecesarias.

Pero cuando lo hagamos por el interior del cauce habrá que tener una atención especial a:

- Si la roca tiene depósito de la últimas tormentas (barro)
- El tipo de roca
- El caudal
- El tipo de calzado que utilizamos
- La refracción del sol sobre el agua (Quemaduras solares)

Condicionamientos negativos de la marcha:

- Cansancio físico y psíquico.
- Cuando caminamos por el río hay un esfuerzo suplementario ocasionado al andar por el agua, lo que nos hace ralentizar la marcha y nos fatiga.
- El frio del agua puede ser un condicionante que nos puede llevar a situaciones de Hipotermia.
- El tiempo que dura hacer el barranco también es un condicionante, hay que ir haciendo barrancos cada vez más largos de forma progresiva.

La Hipotermia.

En este apartado hay grupos de personas más propensas que otras a que le ocurra. Hacemos una lista en orden descendente:

- niños delgados
- personas poco deportistas
- adultos delgados,
- grupos mal equipados de neopreno
- personas mal o nada alimentadas y sin hidratar.

También hay otros factores que la desencadenan:

- La orientación de un barranco sin sol
- La presencia de viento
- La falta de ritmo en la marcha
- La ausencia de neopreno o en mal estado

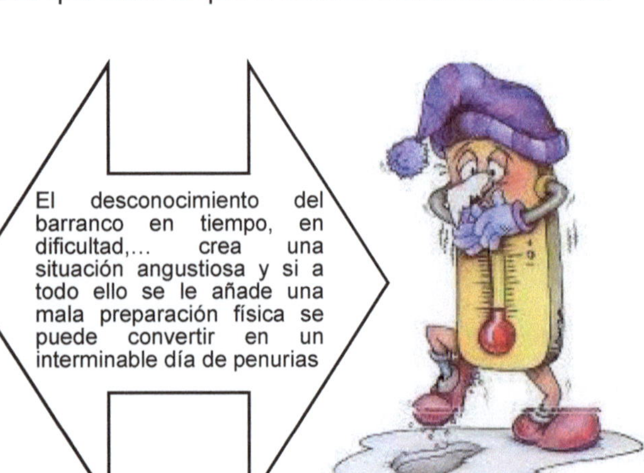

NATACION EN BARRANQUISMO

Es un concepto muy a tener en cuenta, ya que es un aspecto básico de seguridad en la progresión en el descenso de barrancos. Alguien que no sepa nadar mínimamente no debería realizar esta actividad, primero por el componente miedo que no le permitirá tener sensaciones positivas, y segundo, es una técnica de progresión muy importante, tanto como la marcha.

La flotabilidad positiva del neopreno junto con pequeños impulsos hará que progresemos.

- Natación en barrancos

* Lo idóneo es nadar de espaldas con la mochila atada a la cintura y bidón estanco en su interior para ganar en flotabilidad y siempre con los pies por delante. (Posicion de Floting).

* No hay que nadar deprisa, salvo que haya que emplearse a fondo en alguna situación especial. (natación en ataque)

* Es preciso aprender a impulsarnos con los pies

* No quitarse el casco

* El neopreno debe estar bien ajustado y tener el grosor suficiente

* No colocar chalecos salvavidas a personas con natación insuficiente, son muy peligrosos ya que pueden quedarse encajados en los pasos estrechos.

* Saber reducir un tirón muscular en el agua

LOS SALTOS

(1º comprobar salto, 2º saltar con la técnica correcta)

Es una de las formas de progresión que a la mayoría de la gente, no a todos, más les atrae. Al igual que el buceo, tiene que ser evitable, aunque en ocasiones podemos encontrar más dificultades sorteándolo que realizando el propio salto.

Es una técnica especifica que requiere mucha seriedad y precaución, la mayoría de accidentes que se producen en el Barranquismo son consecuencia de los saltos, así que no debemos de sobrestimarlos, tal y como vemos en la imagen se adquieren grandes velocidades.

- Factores positivos con respecto al salto
    - Es lúdico
    - Ahorra tiempo
    - Se pueden evitar pasos peligrosos: rebufos, corrientes, etc...
    - Cerrar la cadena de seguridad, evitando pequeños rapeles.
- Peligros objetivos del salto (1º comprobar salto, 2º saltar con la técnica correcta)
    - Traumatismo
        * Por falta de profundidad
        * Al encontrar cuerpos extraños (ramas, troncos, etc)
        * Por realizar una mala entrada en el agua
    - Falta de seguridad al saltar
- Prevención de los peligros en el salto

  Podemos evitarlos si tomamos en cuenta estas medidas:
    - Conocer la profundidad del agua
    - Visualizar y bucear después de riadas comprobando que no hay ramas, ni troncos, ni ha subido el nivel del suelo por entrada de grava
    - Ensayar los gestos de entrada en el agua varias veces
    - Hacer ejercicios de concentración antes de saltar

Mecánica gestual del salto

- Preparación:
    - Concentración, respiración y visualización de la llegada
- Salida:
    - Impulso que nunca daremos con los pies juntos, no será demasiado largo y con buena tracción evitando siempre los sitios resbaladizos.
- Vuelo:
    - Prepararemos la posición para la llegada con las manos pegadas al cuerpo, la espalda en tensión, pequeña flexión en las rodillas y piernas juntas.
- Recepción:
    - Compresión muscular generalizada para absorber el impacto. Si se prevé tocar fondo hay que flexionar más las rodillas para evitar el contacto con el suelo y si nos vamos a hundir bastante no taparemos la nariz para evitar dañar el oído por el exceso de presión.

"SALTOS EN BARRANCO"
(RELACIÓN ENTRE ALTURA Y VELOCIDAD)

ALTURA DEL SALTO (metros)	VELOCIDAD ALCANZADA (km/h)
1	16,1
2	22,8
3	27,9
4	32,2
5	36,0
6	39,4
7	42,6
8	45,5
9	48,3
*PELIGRO 10	50,9 *SOLO EXPERIMENTADOS
15	62,4
20	72,0
25	80,5
30	88,2

LOS TOBOGANES

Es una manera de progresión que tampoco tiene porque ser obligatoria, debemos tener opciones de paso y si no debemos de conocer la situación.

- Debemos de tener en cuenta:
    - El llegar a la salida no debe de suponer ningún peligro
    - En la recepción es preciso tener en cuenta
        * Que haya suficiente agua (Profundidad) y que no tengamos ramas ni troncos. (COMPROBAR IGUAL QUE EN LOS SALTOS)
        * Que no lleguemos a un remolino o un rebufo
        * Ante cualquiera de estas situaciones se puede colocar una cuerda auxiliar que nos frene un poco el deslizamiento.
    - La posición de seguridad en el tobogán es:
        * Manos plegadas en el pecho
        * Flexión de rodillas
        * Cabeza un poco levantada para ver el camino
        * El cuerpo en general contraído muscularmente
        * No olvidar el casco
    - El tipo de roca es importante en el deslizamiento.

PROGRESIÓN EN BARRANCOS CON CAUCE DE AGUA ACTIVO. EL MOVIMIENTO DE AGUA EN LOS BARRANCOS.

La Hidrología y la Topografía son disciplinas fundamentales en la práctica del barranquismo, ya que el comportamiento hidrodinámico del agua varía significativamente según la morfología del lecho y los laterales del cañón. Estos factores geomorfológicos generan diversos patrones de flujo que, como barranquistas, debemos comprender exhaustivamente para mitigar riesgos y evitar accidentes.

Aunque no existen dos cauces idénticos, ciertos fenómenos hidrodinámicos originados por la configuración del lecho y los márgenes del cañón presentan elementos comunes que pueden generar condiciones peligrosas. En este documento, analizaremos varios de estos patrones de flujo, sus características distintivas, las estrategias de evacuación y/o las técnicas de prevención adecuadas.

HIDROLOGÍA

EL FLUJO

- El concepto de flujo (vocablo derivado del latín fluxus) da nombre al acto y la consecuencia de fluir (entendido como sinónimo de brotar, correr o circular).

EL CAUDAL

- Se denomina caudal en hidrografía, hidrología y, en general, en geografía física, al volumen de agua que circula por el cauce de un río en un lugar y tiempo determinados. Se refiere fundamentalmente al volumen hidráulico de la escorrentía de una cuenca hidrográfica concentrada en el río principal de la misma. Suele medirse en m3/seg , lo cual genera un valor anual medido en m3 o en Hm3 (hectómetros cúbicos: un Hm3 equivale a un millón de m3) que puede emplearse para planificar los recursos hidrológicos y su uso a través de embalses y obras de canalización. El caudal de un río se mide en los sitios de aforo. El comportamiento del caudal de un río promediado a lo largo de una serie de años constituye lo que se denomina régimen fluvial de ese río.

- Los principales factores que influyen en el caudal son:

· Superficie de la cuenca
· Clima predominante en la cuenca hidrográfica.
· Régimen fluvial
· Vegetación, principalmente, la vegetación natural.
· Tipo de relieve y pendientes
· Constitución del suelo y del subsuelo: tipos de rocas, circulación freática de las aguas, evaporación de las aguas (que depende a su vez de la radiación solar o insolación y de la transpiración de las plantas) y otros factores relacionados.

LA CUENCA

- Cuenca estrecha, poco caudal durante y más duradero.
- Cuenca ancha, mucha capacidad de recepción pero también de desagüe.

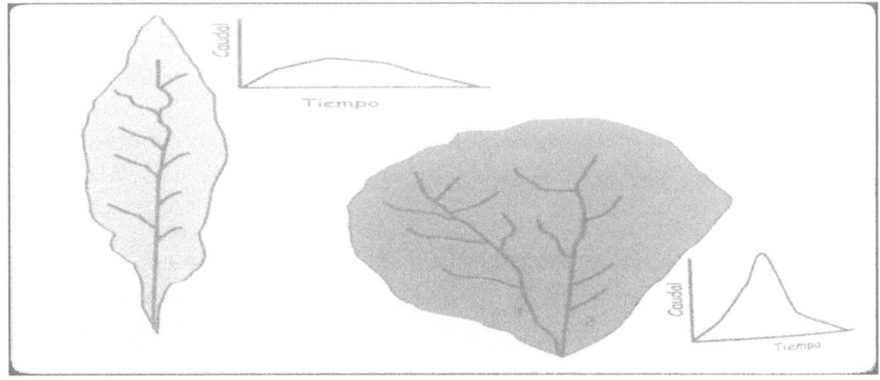

LA VELOCIDAD

- La velocidad es la relación entre distancia recorrida y tiempo empleado en recorrer esa distancia. En los ríos, a mayor pendiente mayor velocidad. En los barrancos hay que tener en cuenta que la pendiente suele estar condicionada por los saltos de agua, donde la velocidad es muy alta. Pero en las zonas de pozas que alternan entre dos saltos, esa velocidad puede disminuir mucho.

- El caudal también influirá en la velocidad del agua. A mayor caudal, mayor velocidad. Y por último el cauce (profundidad y anchura). A menor tamaño del cauce, para un mismo caudal y pendiente, mayor velocidad.

- Así´pues, podemos encontrar grandes verticales con agua cayendo a gran velocidad seguidas de pozas profundas donde el agua prácticamente se detiene y tramos con poca pendiente pero muy estrechos donde el agua se acelera generando fuertes corrientes.

- ¿Cómo podemos medir la velocidad del agua en un barranco?

Nos puede resultar muy útil poder calcular la velocidad aproximada del agua, si pretendemos cruzar un cauce. Para ello tomaremos un objeto flotante, por ejemplo una ramita de unos 15cm de longitud y 2cm de diámetro.

Buscaremos un tramo uniforme si es posible para hacer el cálculo. Esto obviamente no siempre es posible ya que podemos necesitar cruzar el cauce en un momento concreto y por razones de urgencia.

Se toma un tramo de unos 20m y se lanza el palo al centro del cauce cronometrando el tiempo que tarda en recorrer esos 20m. La velocidad serǻv=m/t. Si hubiese tardado 5 segundos en recorrer 20m, la velocidad seria V=20/5= 4m/s. Si hemos hecho la medición lanzando la ramita al centro, seguramente tendremos la velocidad máxima ya que coincidirá con la vena principal del flujo.

APRENDAMOS A LEER EL RIO

LA FLOTABILIDAD

- Es la capacidad de flotar que tiene nuestro cuerpo al sumergirse en el agua. Esta flotabilidad viene dada por la relación entre la densidad del agua y la nuestra. Sin traje de neopreno, nuestra densidad es mayor que la del agua y por lo tanto nos hundimos. Con el traje puesto, disminuimos nuestra densidad y por lo tanto flotamos.

La densidad es la relación entre nuestro volumen y nuestra masa. En el agua, un cuerpo sumergido desplaza un volumen de agua igual al suyo. Esta acción genera una reacción opuesta, de forma que ese volumen de agua desplazado intenta recuperar su posición original impulsando el cuerpo extraño hacia arriba. Si la densidad del cuerpo es menor que la del agua desplazada, flotará. En caso contrario, se hundirá.

LA CAVITACIÓN

- Es la formación y colapso de burbujas de vapor en una corriente de agua o en un fluido. Estas burbujas se forman al aumentar la velocidad del agua al caer por un escalón o cascada, disminuyendo su presión. Cuando esta agua de baja presión y alta velocidad impacta sobre el agua calma de la poza de recepción genera burbujas o lo que se llama “agua blanda” muy oxigenada.

- Esto provoca una enorme liberación de energía capaz de erosionar las rocas y crear las formas caprichosas que tanto nos gustan de los barrancos.

Otro efecto de esas burbujas es disminuir nuestra flotabilidad en esa zona “aireada”. Ese es el motivo por el que la entrada en zonas de “agua blanda” es más suave, a cambio de profundizar más.

LAS CORRIENTES

- Nos referiremos a una corriente a la dirección que toma el flujo del agua en un momento y lugar determinado. Por tanto, en un mismo lugar, podemos encontrar diferentes tipos de corriente, con direcciones incluso opuestas. Las corrientes vendrán determinadas por las características del cauce y cualquier elemento (rocas, troncos, resaltes, saltos, sifones, huecos,...) que provoque un cambio de dirección en el agua, sea total o parcial.

CONTRACORRIENTES

- Una contra es una corriente en sentido ascendente del cauce. Se produce por la acción de un obstáculo contra el que choca el agua, creando en su zona de aguas abajo una corriente inversa. Estas zonas podrán ser utilizadas para detenernos o avanzar de forma controlada en un cauce de fuertes corrientes y caudal.

- Toda contra corriente genera una línea de cizalla entre el agua que baja y el agua que sube. Esta línea nos delimita la zona de acción de la contracorriente y habrǻque atravesarla con decisión para penetrar en la zona de influencia de la contra. El ángulo correcto sería de 45º. En ocasiones, esta línea, muy marcada justo tras el obstáculo pierde definición creando una zona de aguas “muertas” que nos pueden llevar a la falsa sensación de haber cogido la contra.

- Mucha precaución con las contracorrientes que nos llevarán irremediablemente a una zona de peligro. Estas contras se formarían tras cascadas con o sin rebufo, donde parte de la vena impacte contra una pared cóncava que redirija esa agua de nuevo a la cascada. Buscaremos siempre su refugio en la parte donde el agua quede más quieta (línea de cizalla de corrientes).

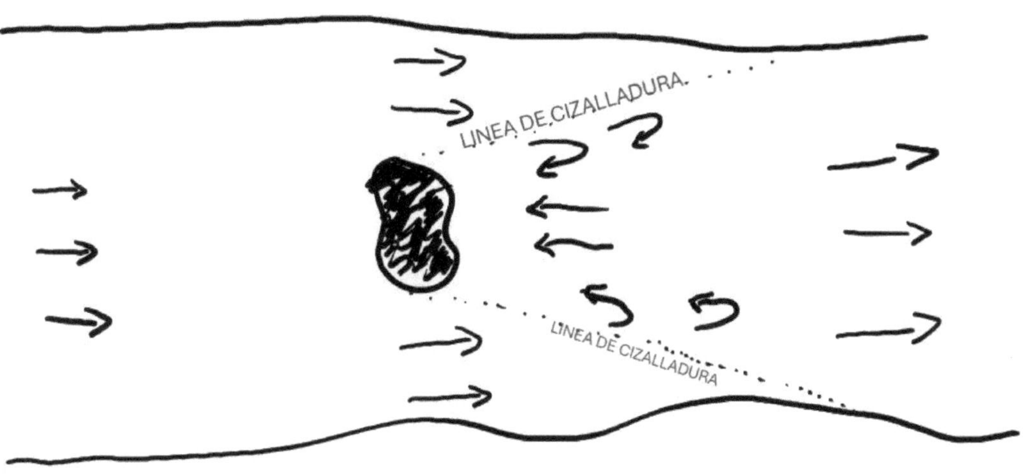

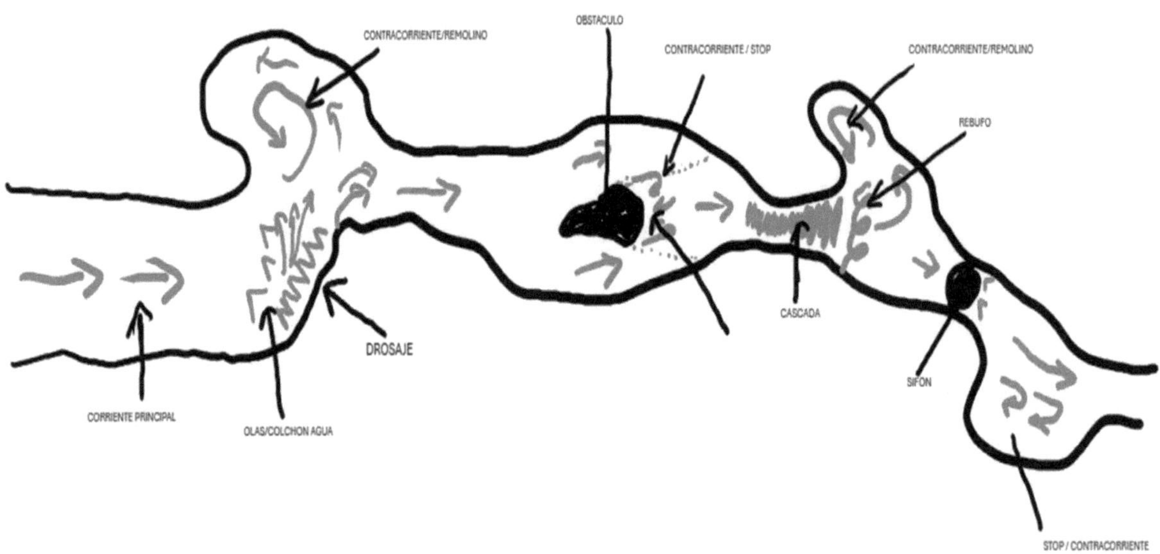

Tipos de Agua

Dentro de un cañón encontraremos distintos tipos de agua, los cuales están determinados por un fenómeno que denominamos "emulsión", que es producida al crearse burbujas de aire que se mezclan con el agua, cambiando la densidad de la misma.

Agua blanda / muy emulsionada:

Cuando el agua se encuentra muy emulsionada, presenta una gran cantidad de burbujas de aire, lo que reduce mucho su densidad ya que está es menor cuanto más aire tiene la mezcla agua-aire; esto implica que nuestra capacidad de flotar en ella es menor y se puede distinguir a simple vista por su característico color blanco formado por pequeñitas burbujas de aire, suele presentarse en aguas poco profundas y sin obstáculos en el fondo, los movimientos en este tipo de agua son fuertes pero no llegan al fondo de la poza.

Agua mixta / medianamente emulsionada:

Cuando la mezcla de agua-aire se encuentra en una proporción de 50-50%, tiene una densidad moderada que nos resta flotabilidad; se distingue por su color blanco con burbujas grandes y violentas, en ella se pueden presentar movimientos poderosos y potencialmente peligrosos, los que pueden llegar al fondo de la poza.

Agua dura / poco emulsionada:

Presenta una pequeña cantidad de aire lo que nos da una flotabilidad mayor, está suele presentarse cuando existen obstáculos en el fondo de la poza o la poza es irregular, se distingue fácilmente ya que el agua pareciera estar hirviendo, genera burbujas grandes e irregulares, los movimientos en este tipo de agua suelen llegar al fondo de la poza.

Rebufos:

Movimiento cirucular con eje horizontal muy pontente. creado por un obstaculo cubierto totalmente por el agua. Se crea mucha cavitación (concentración de aire en el agua) que le da inconsistencia al agua y el caracteristico color blanco.

Estos movimientos son muy característicos en lo barrancos y siempre, en la medida de lo posible deben de ser evitados.

Estos tambien los podemos encontrar en reperesas y otras formaciones de los barrancos y los debemos de distingir entre dos tipos: SONRIENTES O TRISTES, de ello dependerá nuesto existo al abordarlos por dentro del agua

Remolinos:

Corriente circular vertical que se forma por el roce entre la corriente principal y la contracorriente generada por un obstaculo (stop). Esta puede provocar un efecto de succión hacía el fondo. Nunca lleva asociada aguas blancas.

Debemos de observarlos e identificarlos.

Sifones:

Corrientes que permiten el paso por debajo de un obstaculo en buceo. Debemos de tener mucha precaución con los sifones y observar su peligrosidad. Pueden ser aspirantes o no aspirantes y estar o no, taponados en su salida. Es por ello que debemos de abordarlos siempre con mucha precaución y prudencia evitando, siempre, los aspirantes.

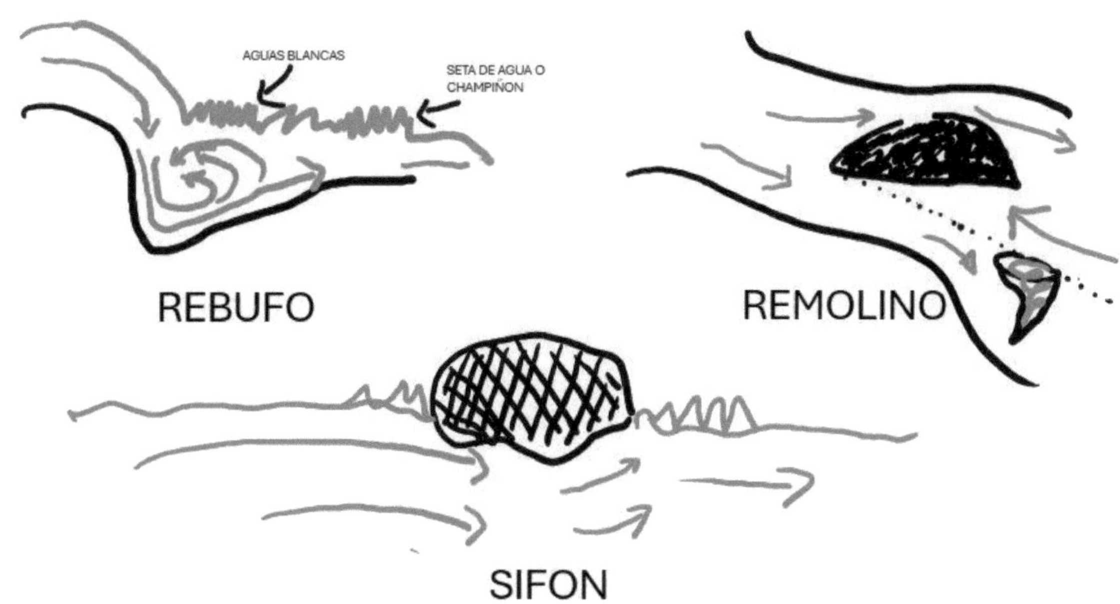

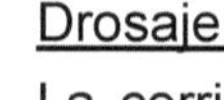

DROSAJE

Drosaje:

La corriente principal golpea en la pared o roca del rio, por efecto de la erosión se puede hacer una cavidad por debajo del nivel del agua con unos flujos y corrientes hacía abajo que nos podrían atrapar, sumado a la fuerza y presión de la corriente principal puede convertirlo en una trampa mortal.

TECNICAS DE MOVIMIENTO CORPORALES EN AGUAS VIVAS

Posición de Seguridad (Flotting):

Tal y como habíamos anticipado en progresión por el barranco (Natación), esta posición sirve para descender de una forma mas segura los cauces de los rios o tramos largos donde haya suficiente agua para poder navegarlos y no pisar el fondo.

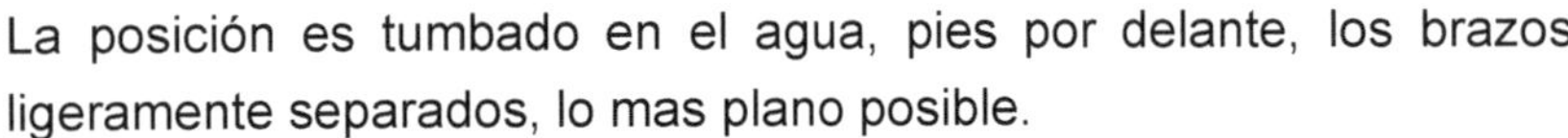

La posición es tumbado en el agua, pies por delante, los brazos ligeramente separados, lo mas plano posible.

Tomas de Corriente y superación Obstaculos

Entrar en una corriente nos puede resultar complicado si no realizamos la maniobra como debe de hacerse. Debemos de hacerlo con un angulo de incidencia de unos 45º aprox respecto de la linea de corriente (Observa la figura)

Es por ello que muy importante es la "anticipación". debemos de pensar que todo va a ocurrir muy rapido y por lo tanto debemos de ir leyendo el rio y moviendonos para realizar cambios de dirección o giros sobre nosotros mismos para alcanzar los objetivos (stops) o cambios de posición que necesitemos.

Para superar obstaculos debemos de ser rapidos y podemos cambiar ritmos, realizar giros y de esta forma eviatr el "encorbatamiento".

SEGURIDAD ACTIVA. Apoyos con la cuerda de kayak

Existen una normas de seguridad que nunca debemos de saltarnos a la hora del uso de la cuerda de kayak. En caso contrario, tal y como desgraciadamente se ha demostrado pueden haber consecuencias fatales.

Para el monaje de tirolinas o pasamanos en Rios debemos de tener en cuenta lo siguiente:

- SIEMPRE la cuerda debe de estar colocada digagonalmente a favor de la corriente

- Ambos extremos deben de poder DESEMBRAGARSE e incluso soltarse rapidamente.

- NUNCA debemos de anclarnos a la cuerda y siempre usaremos sistemas que sean faciles de soltarnos como pasar un mosqueton con un ocho y asirnos de él por el agujero grande, colocarnos en posidicón de seguridad por el lado de la corriente y dejar que ella realice su trabajo.

- SIEMPRE debemos de preveer otro sistema por si hay problemas.

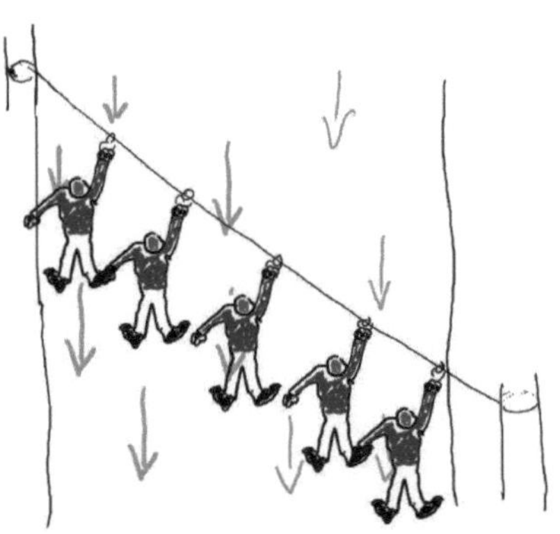

(El dibujo muestra la progresión de la persona, se debe de pasar de uno en uno)

Los lanzamiento de cuerda nunca deben de ser subestimados, parecen sencillos, pero al igual que en todas las técnicas deben de ensayarse y trabajarse para una correcta utilización.

La cuerda debe de ser lanzada siempre a la victima cuando está nos mire, debemos de elegir una buena posición, perararnos para sujetar a la victima. siempre debe de realizarse el lanze delante de rescatado.

La victima igualmente debe de ser instruida de como coger la cuerda.

Debemos de ser rapidos en el plegado y posteriormente lanzar el otro extremo.

La cuerda de Kayak es la gran aliada de cualquier barranquista y no solo nos servirá como los usos que hemos explicado, tmabién nos sirve para cruzar venas de agua, asegurar acceso a instalaciones de rapel y resaltes peligrosos,en resaltes y movimientos de agua etc...

<u>**Zambullidas o Salto en Plancha:**</u>

Consiste en saltar en la misma posición de cuando hacemos un salto de cabeza pero debemos de caer con el pecho antes y no hundir la cabeza. Esto es para intentar penetrar lo mínimo posible en el agua y conseguir un buen impulso hacía delante.

Acto seguido se realizar un nado a Crol energico hacía delante

(Observar la fotografía)

Es la mas adecuada si tenemos un punto cercano desde donde saltar al agua, pero así nos alejamos de la corriente de retorno y evita impacto contra el fondo en pocas profundidades. Esta misma técnica es la que utilizamos para atravesar corrientes o realizar entradas al agua en rios.

Hay que intentar no golpear con mucha fuerza sobre el agua para no hacerse daño, aunque ésta se encuentra muy aireada y por lo tanto menos densa y amortigua nuestra caida, si bien también provoca que nos hundamos más. Si esto ocurre hay que realizar mas impulso y nadar con un crol mas energico.

ELECCIÓN DEL RECORRIDO Y ACTUACIÓN ANTE LOS OBSTACULOS ACUÁTICOS

Un barranco es diferente a un rio. Por lo tanto debemos de progresar con una observación continua y siguiendo unos pasos establecidos:

- <u>Leamos el Agua:</u> Constantemente debemos de ir observando los movimientos y formaciones que se presentan delante de nosotros (Corriente principal, contracorrientes, setas, espuma blanca, etc...) todo esto nos ayudará a diferenciar y reconocer el obstaculo. Nunca hay que fiarse de los lugares conocidos pues un rio varia con las diferencias de caudal.
- <u>Escoger la técnica para superarlo</u>: En este punto debemos de valorar y evaluar todas la variables que se nos presenten, debemos de saber que somos guías y, entre nuestra funciones es está la seguridad del cliente, por lo tanto como norma principal será realizar el paso con total seguridad. Tambíen deberemos conocer estado de nuestros clientes, tiempos restantes, cansancio, etc.... Una vez sepamos que hacer explicaremos a nuestros clientes, claro y sin tapujos cada uno de los pasos a realizar por nosotros y posteriormente por ellos.
- <u>Paso del obstaculo por parte del Guia</u>: Debemos de superar el obstaculo sabiendo que solamente dependemos de nosotros, de nuestras capacidades, experiencia y las habilidades que hayamos adquirido. RECUERDA que antes de abandonar a nuestros clientes debes de haber explicado la maniobra sin que exista ningún tipo de duda.

- Preparamos toda la seguridad: Ya hemos superado el obstaculo, ahora debemos de asegurarlo y centrarnos en la seguridad de nuestros clientes, siempre con nuestro plan B activo por si acaso no funcionase nuestra primera opción.

- Paso de nuestros clientes ya con total seguridad: Es el momento de realizar la maniobra con los clientes, siempre atentos y observantes para actuar en caso necesario.

Mochila ancla para superar obstaculos:

En ocasiones como Guias debemos de conocer estas técnicas y ponerlas en practica para la superación como primeros de un obstaculo hidrico.

Debemos de pensar que los movimientos se producen en la base de la cascada y con una debida observación debemos de poder superarlos, ya que los mismos no suelen ser muy amplios.

Lanzando la mochila de forma que la misma coga algún resalte hidrico y sea capaz de llenarse de agua podremos superar el obstaculo de la base de la cascada. Siempre debemos de pensar que el rapel debe de estar protegido por un nudo o sistema que nos sujete en nuestro rapel. o pasamanos y bajar lo mas rapido posible

Maniobra muy técnica que requiere muchas experiencia y únicamente sirve para el descenso de la primera persona (normalmente el Guia), además require que se den las caracteristicas adecuadas (salto de agua) para que la maniobra funcione correctamente. La tensión de la cuerda Guia se consige atando uno o varias mochilas a la cuerda Guia. El anclaje se debe de realizar a la cinta de anclaje y a los tirantes y una vez llena de agua se lanzará, dando la cuerda necesaria para para que la mochila quede bloqueada en el lugar escogido. La cuerda Guía debe de estar montada sobre un sistema alargable que facilite su alarge, rápida recogida y bloqueo (nudo dinámico fugado)

Tanto la cuerda Guia como la cuerda de rapel deben de estar bloquedas en el anclaje de la cabecera para garantizar así la seguridad nuestra y de nuestro clientes.

Una vez descendido el primero de los Guías se montará un guiado convencional o a cuerpo para que desciendan el resto del grupo.

¿QUE MOVIMIENTOS DE AGUAS PODEMOS ENCONTRARNOS?

Antes en la "Aprendamos a leer el rio" hemos visto brevemente algunos de los movimientos que podemos encontrarnos, vamos a verlos un poco mejor.

Veamos el primero

EL REBUFO

El principal problema de este movimiento no es que la corriente nos atrape, sino que el agua está muy blanda, muy emulsionada y nuestra flotabilidad es practicamene nula, esto nos mantiene en el reflujo haciendo que nuestra salida sea practicamene imposible.

Siempre debemos de comprobar el movimiento de agua con algún objeto flotante (por ejemplo una mochila atada, un palo, etc)

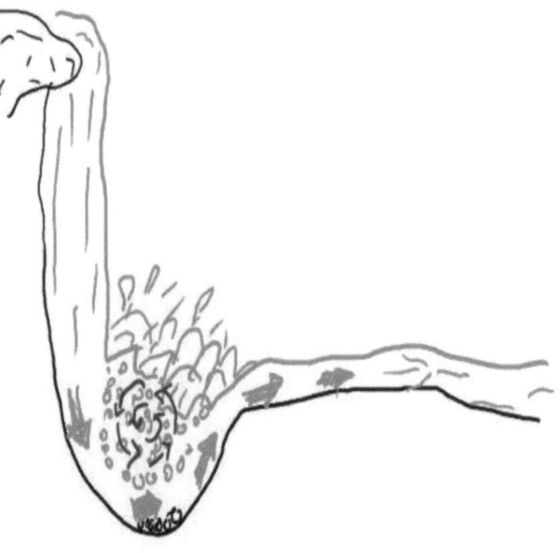

No solamene existe un tipo de rebufo, en un cañon podemos encontrar de diferentes formas y dificultades. Veamos algunos

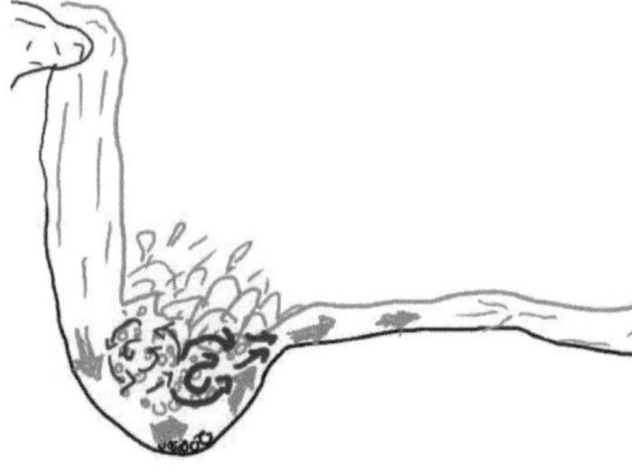

Rebufo tras un salto de agua

Produce dos corrientes trasversales, una de retorno y otra de salida

¿Como podemos salir de él?
Debemos de sumergirnos buceando hasta el fondo para coger la corriente mas profunda que nos ayudará para salir. Ésta es la que nos sacará de este rebufo.

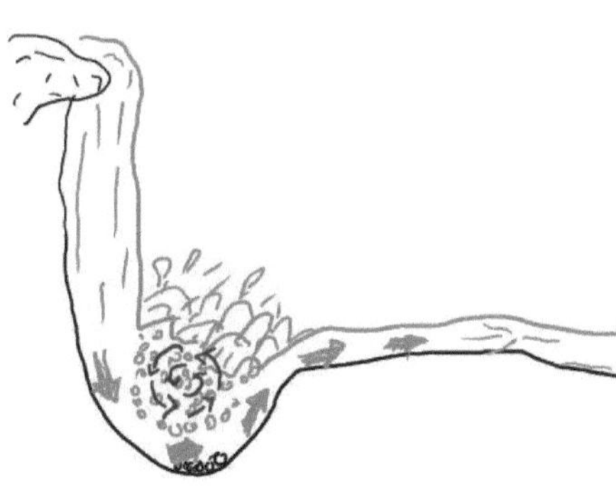

Rebufo simétrico

Se produce en aguas blandas que contienen mucho aire, dejan un espacio entre éste y el fondo por donde podremos escapar.
¿Como podemos salir de él?
Debemos de sumergirnos buceando hasta el fondo y en dirección al salto de agua para coger la corriente mas profunda que nos ayudará para salir.

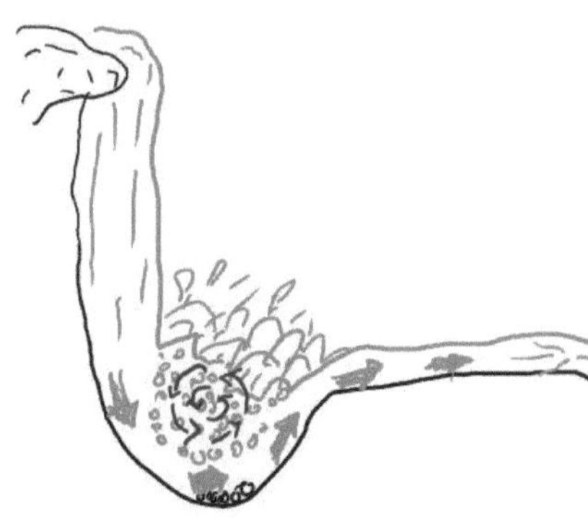

Rebufo asimétrico

Se produce en caidas de agua muy verticales y la poza tiene bastante profundidad, por lo demás es igual que el rebufo simétrico, deja espacio por debajo
¿Como podemos salir de él?
Debemos de sumergirnos buceando hasta el fondo y en dirección al salto de agua para coger la corriente mas profunda que nos ayudará para salir.

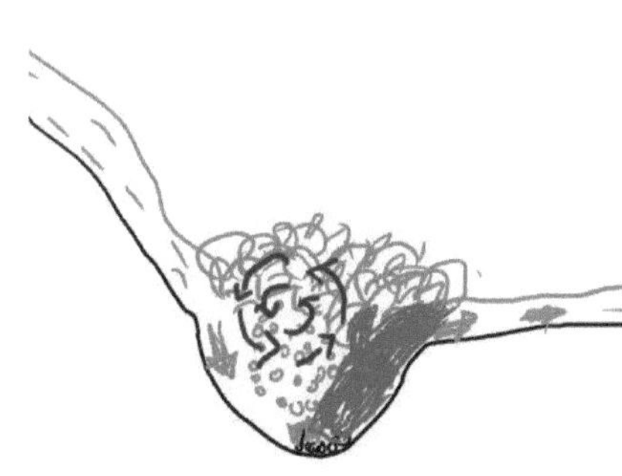

Rebufo sobre plano inclinado o tobogan
Este se podría producir en un eje con fuerte inclinación y con pozas de poca profundidad. Son los mas peligrosos, llegan hasta el fondo de la poza, nos pegan a él y suelen tener objetos atrapados en el fondo como palos, troncos, etc...

¿Como podemos salir de él?
Hay que sortearlos siempre con un salto en plancha, un rapel guiado o un pasamanos.

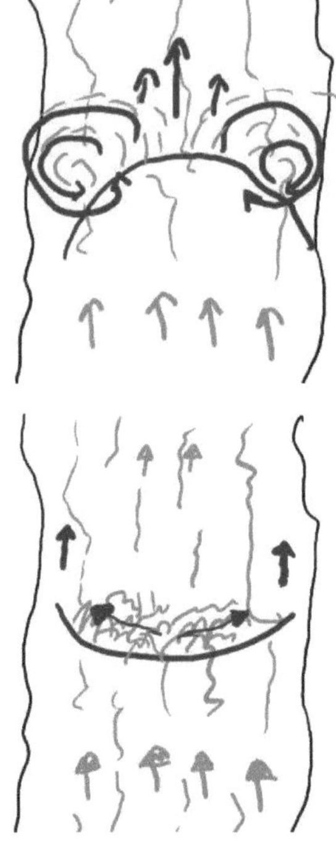

Rebufos tristes

Estos rebufos representados en el dibujo son muy peligrosos, normalemente están creados artificialmente en represas u obras realizadas por el hombre, siempre te devuelve directo al rebufo.

¿Como podemos salir de él?

Hay que sortearlos siempre con un salto en plancha, un rapel guiado o un pasamanos.

Rebufos alegres

Estos rebufos representados en el dibujo apenas tienen peligro, normalemente están creados artificialmente en represas u obras realizadas por el hombre, siempre te sacan por los laterales.

¿Como podemos salir de él?

Siempre debemos de evitar todos los rebufos pero en este caso su salida será la del mismo rebufo que nos expulsará por alguno de los laterales.

Vistos esto, se hace necesario conocer alguna técnica de rescate y procedimientos para escapara de estos movimientos de agua:

Utilizando la cuerda de rescate (lanzamiento): En esta técnica lanzaremos la cuerda sobre nuestro compañero en el momento que asoma a la superficie, el rescatador se encontrará aguas abajo y esparemos que coja la cuerda para remolcarlo.

Entrada al agua a por el compañero: En esta actuación es necesario atar un extremo de la cuerda al arnes para asegurarse entrar en el rebufo. Una vez cogido el compañero en apuros, otro compañero debe de tirar de nosotros aguas abajo para sacarnos.

Otras formas de evitación de los rebufos, serán buscar pasos alternativos, salto en plancha, cuerda corta para saltar por encima, rapel guiado a cuerpo o con ancla y en caso de mucho apuro tambien se puede usar un ancla de agua. Ésta última es atarse a la propia mochila metidos en el rebufo e intentar que esta busque la corriente principal.

EL REMOLINO

Los remolinos son corrientes circulares. No suelen tener peligro, aunque en algunas ocasiones si el agua es muy potente puede llegar a hundirnos y sacarnos en otro punto.

¿Como podemos salir de él?

Dependiendo de su fuerza, si no succiona y nos vemos atrapados el punto mas seguro y donde menos desgaste tenemos es su centro. Desde ahí dando vueltas podemos observar donde atacar con un nado energico y salir de él

Si por el contrario el remolino es succionante o con corriente muy fuerte deberemos de estudiar previamente el barranco evitando entrar en él cogiendo las corrientes laterales de salida

EL DROSAGE

También conocido como Lavadora, es un movimiento de aguas muy peligroso que nos puede arrastar por la fuerza del agua al fondo de una cavidad y dejarnos empotrados sin posibilidad de salida.

¿Como podemos salir de él?

Siempre debemos de anticiparnos y colocar los pies por delante bien estirados para golpear contra la pared y poder alejarnos del mismo.

Si hemos preparado el barranco, como es de esperar de cualquier buen guia, sabremos por donde esquivar un drosage. Normalmente buscaremos la zona externa y mas alejada del mismo donde la corriente es menor.

En el hipotetico caso de quedar atrapados en su interior, es necesario que un rescatista fuese atado con una cuerda al arnes para que nos pudiesen coger y sacar

LOS SIFONES:

Estos obstaculos se forman cuando la corriente pasa por debajo de algún objeto en superficie que obstaculiza el paso de ésta.

Pueden ser aspirante o no aspirantes, puesto que el agua funciona como vasos comunicantes. Si uno se encuentra mas alto y el vaso inferior no se iguala en altura pues se produce un efecto de succión que lo haría muy peligroso.

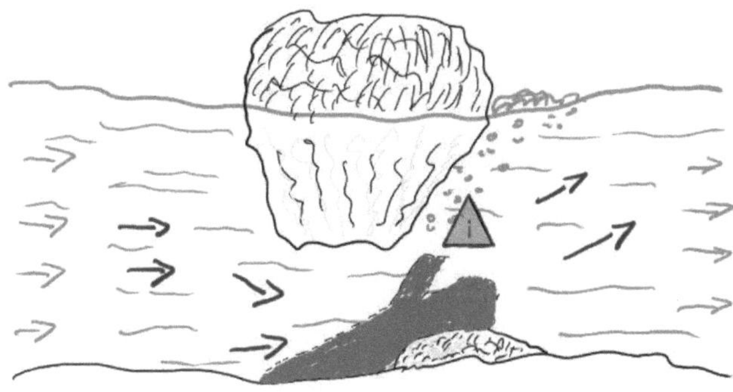

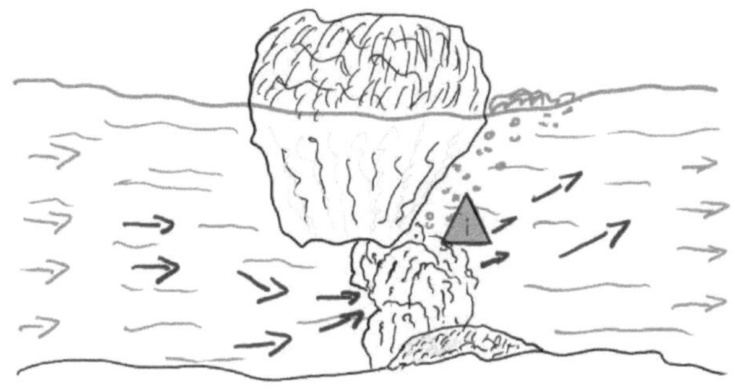

Siempre debemos de observarlos antes de pasar por ellos, puede darse el caso de que por arrastre de la corriente de un año para otro haya sufrido modificaciones y que nos encontremos algún tipo de obstaculo, ramas, palos, etc.... y ahora sea impracticable.

Otros sifones son ciegos y el quedarse atrapados en los mismos sería muy peligroso, ya que nos dejaría sin posibilidad de movimiento siendo practicamente imposible la salida.

¿Como salir de ellos?

En el primer caso se deben de bucear. Hay un auténtico turismo especializado en sifones. Todos los años deben de ser revisados y comprobado que no se han obstaculizado. Si los mismos estuviesen parcial o totalmente cerrados, la unica forma de salir sería con la saca de rescate (lanzamiento) y que podamos cogerla o bien con socorrista al agua que nos sacase

En este punto y a pesar de que nos encontramos en Hidrotopografía, no queríamos terminar esta parte sin enseñaros dos nudos que nos pueden sacar de algún apuro en el momento de que nos sorprenda una crecida en un barranco.

Son NUDOS DE ESCAPE. (Estos nudos se deben de practicar constantemente y no se debe de tener la confianza plena de que simpre funcionen, por lo que su uso se recomienda solo a profesionales entrenados)

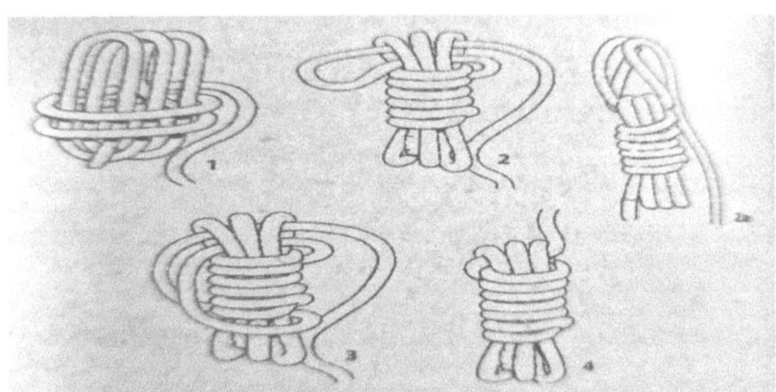

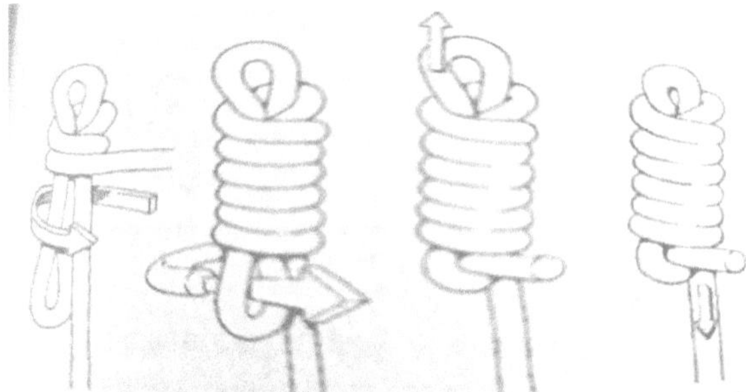

El primero es el que mejor funciona y mas interesante, con practica puede alcanzar una altura intresante. El segundo pesa menos, aunque es mas compacto, lo interesante es conocer los dos para utilzarlos indistintamente. Estos nudos eran utilizados en poda en altura para sobrepasar ramas. Es por ello que todas las variantes de la "Verticalidad" son importantes para un deporte en crecimiento de técnicas como es el Barranquismo.

MANIOBRAS TÉCNICAS A REALIZAR DURANTE EL CURSO

La exposición de las maniobras a realizar no significa que sean todas las que veamos, podemos ver muchas mas, si bien, el autor considera que éstas son las imprescindibles para conocer y tener suficiente base de actuación técnica dentro del barranquismo.

El listado es meramente informativo y no explicativo

- El Rapel (posiciones correctas)
- Correcta colocación descensor
- Descensor en grandes cargas
- Sistemas desembragables
- Ensacados de cuerdas
- Plegados de cuerdas
- Aseguramiento desde arriba
- Aseguramiento desde abajo
- Descuelgue poleado
- Descuelgue mediante dinámico
- Instalación cabeceras en grandes Verticales
- Cambio de Nudo empotrado a sistema desembragable con uso de mariner
- Paso de nudos por cabecera desembragable usando Mariner
- Rapel Guiado a instalación fija
- Rapel Guiado a Cuerpo
- Pasamanos simple poleado
. Pasamanos con puntos intermedios
- Desviador fijo
- Desviador recuperable desde abajo
- Polipastos simples y compuestos con mariner
- Izados a cabecera (Puntual e Integral)
- Ascenso por cuerda y cambio a descenso
- Paso de nudo en ascenso y descenso
- Gestión en Fraccionamientos un solo Guía
- Montaje y Gestion Pendulo
- Cambios de cuerda
- Montaje de tirolina y Ascenso y descenso camilla.
- Rescate con 1 ocho, 2 ochos y poleado
- Rescate aereo persona no colaboradora
- Rescate aereo persona colaboradora
- Corte de cuerda
- Descenso por cuerda tensa valdostano y Stop

LA FUERZA DE CHOQUE Y EL FACTOR DE CAIDA

Estos puntos no suelen venir reflejados en los temarios y sin embargo dentro del campo de Prevención de Riesgos profesionales son fundamentales el conocerlos para entender muchos funcionamientos de los equipos.
Aunque la masa no afecta a la aceleración en la caída (en ausencia de rozamiento caemos a la misma velocidad pesemos 80 kilos o 50) esta sí que afectará al momento del frenado, acumulando más energía un cuerpo pesado que uno ligero. Este es el punto clave de diferenciación entre factor de caída (relación entre las longitudes de la caída y nuestro elemento de amarre) y fuerza de choque (energía que recibimos al frenarse la caída).
Empecemos a ver la Fuerza de Choque:
Es la energía que genera el escalador durante una caída hasta el momento en que esta se detiene bruscamente. Para que todo el mundo lo entienda, es la fuerza con la que tu cuerpo detiene una caída en cuerda, cuando más alta sea la caída más fuerte será la fuerza de choque, e igual cuando mayor sea el peso del ferratista mayor será la fuerza de choque.

La mayor fuerza de choque que podemos recibir en actividades de montaña dependerá del elemento que nos esté deteniendo la caída. Se miden habitualmente en caídas de factor 2 y con una masa de 80 kilogramos, aunque las normativas ponen muchos condicionantes. Uno de ellos son los cabos de anclaje de los cuales explicamos un poco:
Atendiendo a la definición de la norma EN 17520 / UIAA-109, un cabo de anclaje es un elemento flexible de unión con al menos dos terminaciones, capaz de absorber la energía de una caída de factor 2, usado para conectar el arnés a un punto de aseguramiento. Entre los requerimientos para pasar la norma se exige una resistencia mínima de 15 kN en carga estática y que en la primera caída no transmita más de 10 kN de fuerza de choque.

En el test de carga dinámica con cabos dobles se testea cada cabo por separado y, en el caso de que los cabos sean regulables, se realizará la prueba al 80% de su máxima longitud. Se dejará caer en factor 2 una masa de 80kg y, como hemos dicho, el resultado de la fuerza de choque no puede ser mayor a 10 kN en la primera caída.

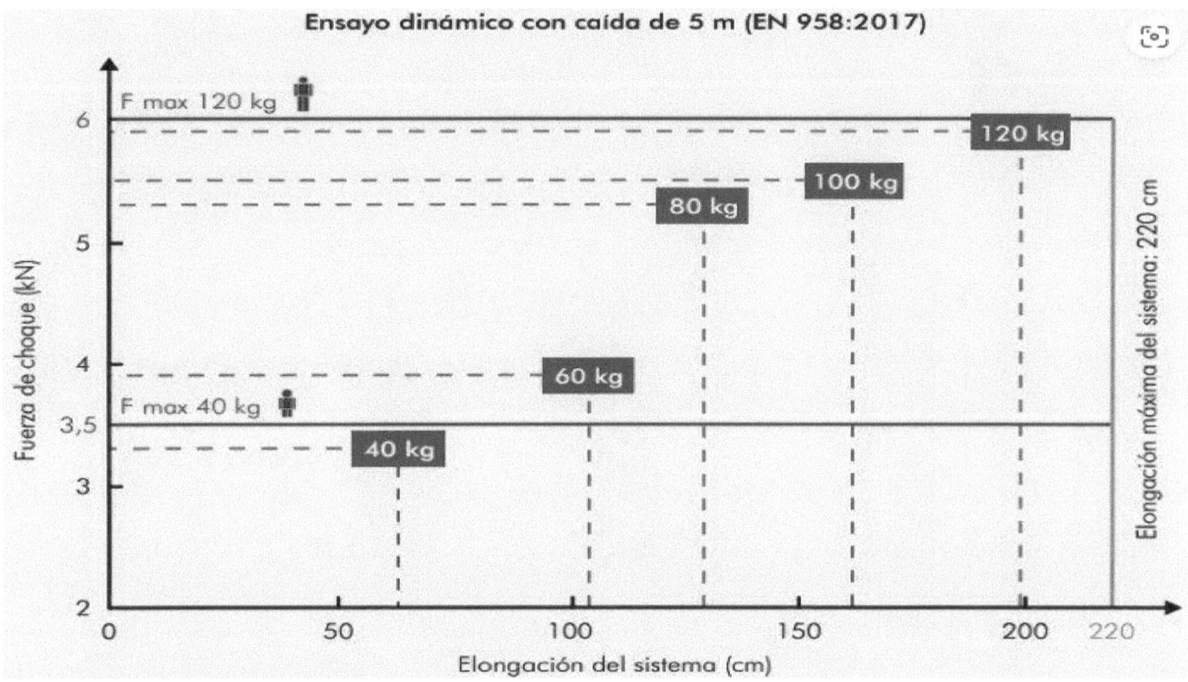

Fuerzas de choque máximas según normativa para vías ferratas. Gráfico Climbing Technology

Sigamos con el Factor de Caida:

Cuanta mayor cantidad de ese elemento que absorba energía tengamos disponible, lógicamente su capacidad de disipación de la energía de la caída será mayor. Así pues, ante una misma longitud de caída de, pongamos, 4 metros la potencial peligrosidad de una caída será menor cuanta más cuerda dispongamos para frenarla. Esta longitud de cuerda se mide cuando hablamos de escalada en su tramo con capacidad para disipar la energía, desde el aparato asegurador hasta nuestro nudo de encordamiento.

Es el número que se obtiene de la relación que existe entre la longitud de caída y la longitud de la cuerda con la que hemos caído.

Cuanto más grande nos dé el resultado de la operación el factor de caída más grave será ésta.

$$\text{FACTOR DE CAÍDA} = \frac{\text{longitud de la caída}}{\text{metros de cuerda utilizada.}}$$

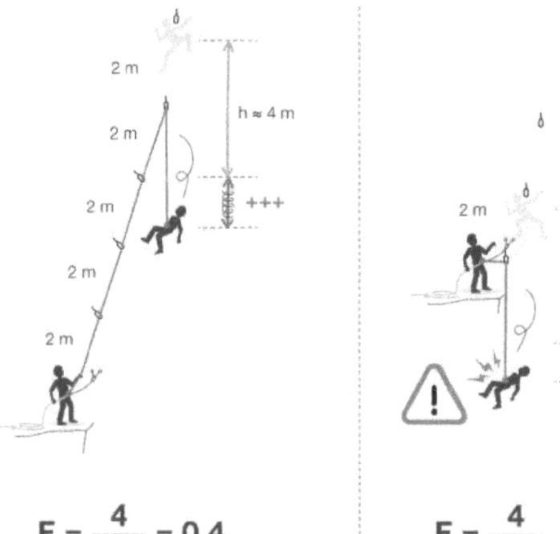

$$F = \frac{4}{10} = 0{,}4 \qquad F = \frac{4}{2} = 2$$

EJERCICIO:

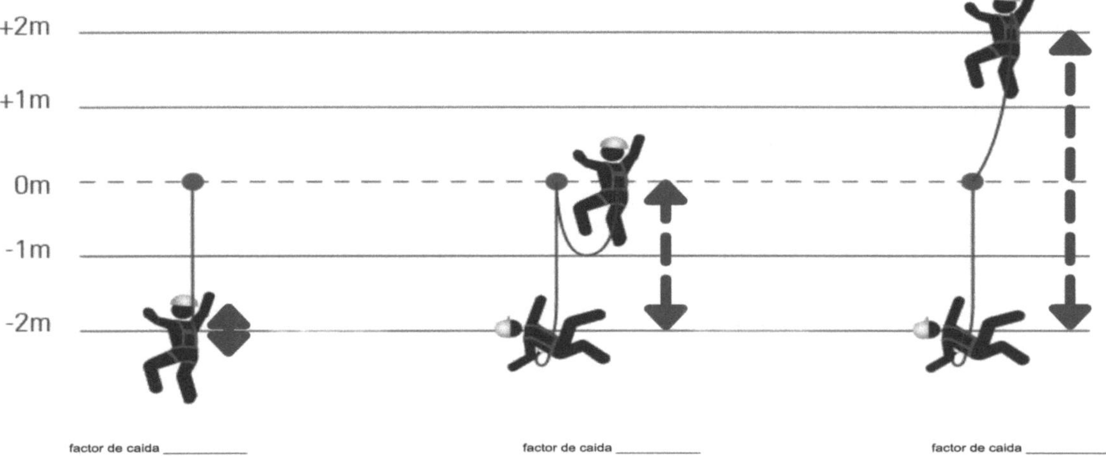

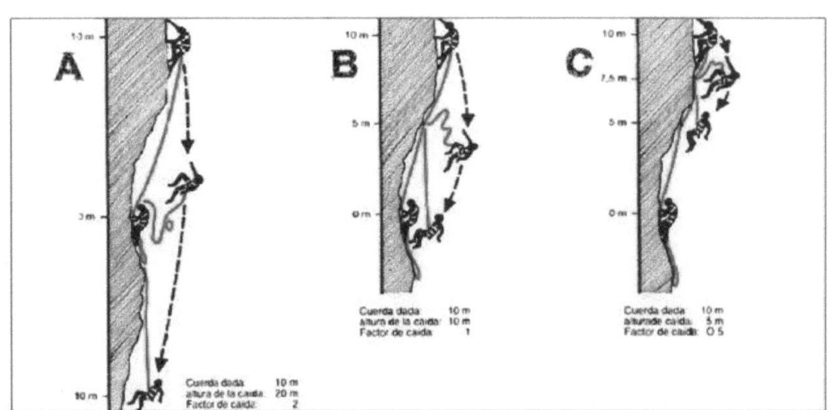

UTILIZACIÓN Y MANTENIMIENTO DEL MATERIAL DEPORTIVO EN BARRANCOS

El material deportivo para el barranquismo no es solo aquello que llevamos con nosotros, también lo son las instalaciones, es por ello que debemos de cuidarlas y trabajarlas como equipamiento que son.

Veamos cosas sobre ellas:

Las instalaciones en barranquismo pueden estar compuestas de uno o dos puntos de anclaje. La diferencia entre una apertura y un equipamiento reside justamente en que durante una apertura puedo haber dejado instalaciones más o menos precarias, con un único punto de anclaje, naturales, spits,... En un equipamiento, todas las instalaciones deben quedar equipadas con dos puntos de anclaje, en lugares protegidos de las crecidas, con puntos de anclaje auxiliares para maniobras en crecida (pasamanos, rapel guiado, escapes,...).

Así pues, podremos encontrar barrancos abiertos, equipados y re-equipados. En el reequipamiento de barrancos se sustituirán elementos deteriorados, mal ubicados inicialmente u obsoletos por nuevos elementos como tensores químicos, parabolt con argolla, descuelgues de tensores o parabolt con cadena y argolla.

En cuanto al material utilizado para la instalación podremos encontrar cualquier combinación de: Anclajes naturales (troncos, puentes de roca), Pitones, Buriles, Spits, Parabolt y Químicos.

Toda instalación que no esté compuesta de dos parabolt o dos químicos habrá que considerarla dudosa o precaria y tendremos que triangularla para el equilibrado de las cargas.

Una triangulación supone el reparto de las cargas que recibirá cada anclaje, de forma solidaria, buscando el reparto de esas cargas al 50%. Esto dependerá de cómo realicemos esa triangulación y del ángulo resultante entre el punto central y los dos o más anclajes del sistema. A menor ángulo mejor reparto de la carga, de forma que por debajo de 45º se reparten al 50% y por encima el reparto empeora llagando incluso a multiplicarse en el caso de las tirolinas.

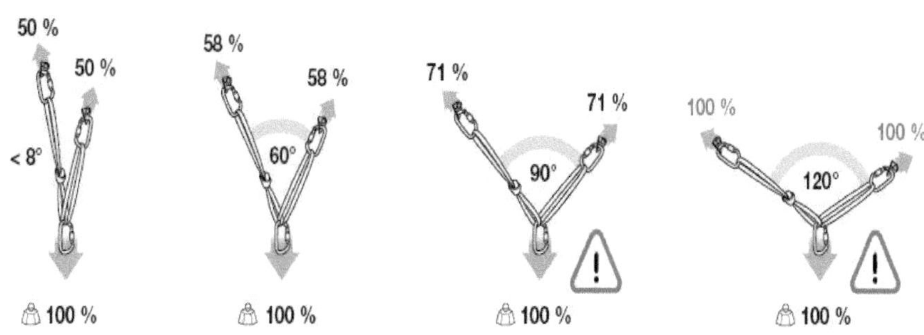

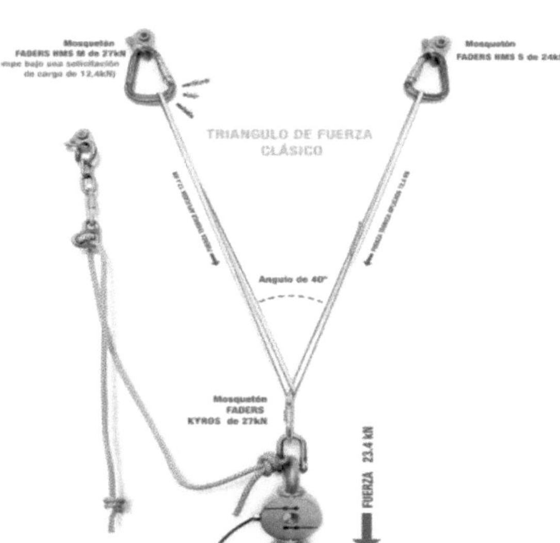

Colocación en los anclajes de una instalación:

En función del tipo de mosquetón que tenemos entre manos, los colocaremos de forma que actúen con las cargas en el sentido de máxima resistencia.

Mucho cuidado con los HMS y su colocación al triangular una instalación

LAS FUERZAS SOBRE LOS ANCLAJES DE UNA INSTALACIÓN

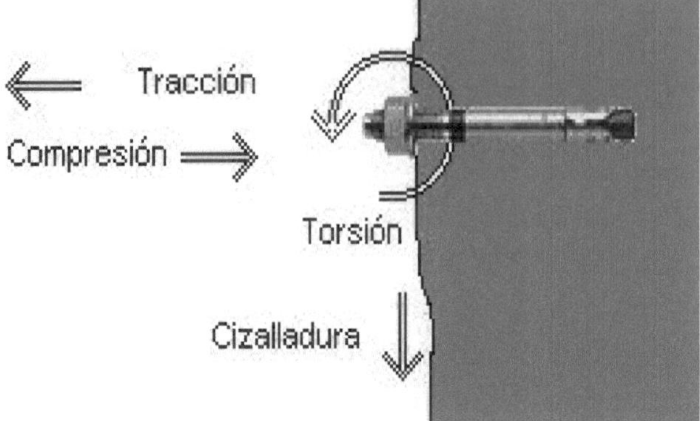

- Tracción: Ejercida en la misma dirección pero sentido contrario al de su colocación. En otras palabras, si tiramos del anclaje hacia afuera, estamos sometiéndole a una tracción
- Cizalladura: Ejercida en perpendicular al anclaje, es decir, sería la fuerza resultante cuando nos colgamos del anclaje.
- Torsión: Ejercida al traccionar el anclaje en una posición diferente a su sentido de trabajo normal. O sea, si pretendemos hacer girar al anclaje
- Compresión: Ejercida al presionar sobre el anclaje en la misma dirección y sentido de colocación. Es decir, empujando hacia adentro el anclaje

MÉTODOS DE DISTRIBUCIÓN DE LAS FUERZAS SOBRE LOS ANCLAJES

La mejor forma de distribuir las fuerzas sobre los anclajes en barranquismo será triangulando las fuerzas mediante un sistema de “ecualizado” de cargas.

- Este sistema lo realizaremos siempre que una instalación nos presente dudas acerca de su resistencia, bien por estar compuesta por anclajes precarios, corroidos, deteriorados, alejados,...
- Así pues, partiendo de que SIEMPRE trabajaremos con dos puntos de anclaje (salvo excepciones muy concretas como anclajes naturales a prueba de bomba), la forma de “ecualizar” o distribuir esas fuerzas será uniendo ambos anclajes mediante una cinta lo suficientemente larga como para que el ángulo resultante no supere los 60° y así repartir eficazmente las cargas.
- Además, tendremos en cuenta la posibilidad de que uno de los anclajes no soporte la carga y salte, lo cual nos obligará a tomar una serie de medidas, como hacerle un bucle a la cinta antes de poner el mosquetón central, aplicar nudo-tope en la cinta para limitar el factor de caída, aumentar el número de anclajes con triangulaciones más complejas,...

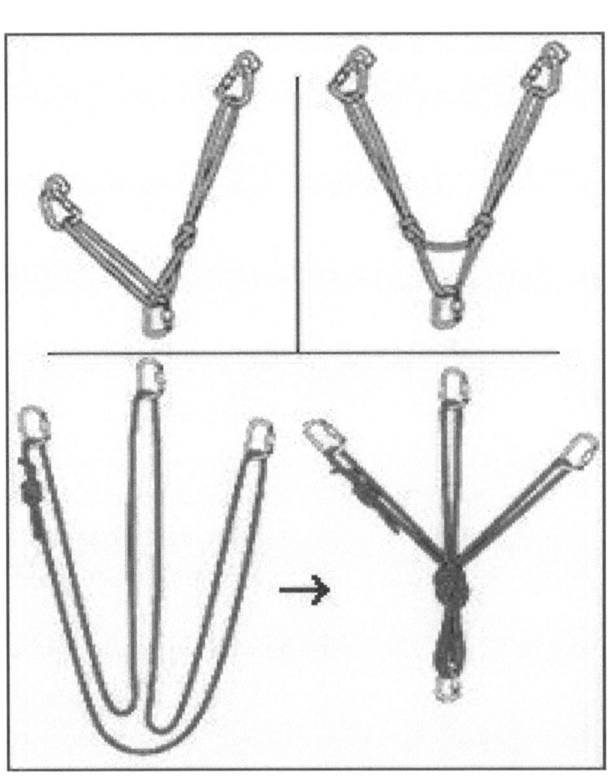

INSTALACIONES Y ANCLAJES EN BARRANCOS

ANCLAJES: Consideraremos anclajes a aquellos elementos que utilizaremos para sujetarnos a la pared o en combinación con las cuerdas y demás materiales para poder realizar rapel y demás maniobras con cuerdas.

- Tipos: naturales y artificiales.

Anclajes naturales: Diferenciaremos los anclajes en función de si son naturales, es decir, elementos que ya se encontraban de forma natural en el cauce, como troncos, puentes de roca, salientes,... o bien que hemos "creado" nosotros a partir de éstos, como una piedra empotrada, un tronco empotrado,...

Es muy importante comprobar la resistencia y fiabilidad de estos anclajes. En el caso de algunos árboles y arbustos como el Boj o la sabina, nos proporcionan una gran resistencia con poco grosor.

Otros árboles, tendrán que ser revisados y comprobar que no están muertos y podridos, o que el sustrato que los mantiene es estable,... Éstos anclajes naturales los podremos rodear por anillos de cinta plana o cordino anudados y preferiblemente con una anilla o maillon pasada para facilitar la maniobra de recuperación y no desgastar cuerda y anillo por rozamiento. Es recomendable no hacerlo desde la misma base ya que esto dificultará la recuperación por rozamiento y por tanto el deterioro. Pero en caso de duda tener en cuenta que cuanto más abajo menor será la palanca y por tanto la seguridad.

Existen nudos y maniobras dirigidos a recuperar la cuerda de un anclaje natural desde abajo sin dejar ningún elemento extraño o abandonar material que quizás después necesitaremos, por ejemplo el nudo dufour.

En el caso de salientes de roca, podremos utilizar anillos de cordino o cinta pasados simplemente por detrás o bien aplicando nudos como el ballestrinque o de alondra para mejorar la fijación, aunque a costa de disminuir aproximadamente un 50% la resistencia del anclaje debido a la resistencia residual de estos nudos.

- Los anclajes artificiales:

Son aquellos que emplazaremos nosotros mismos mediante técnicas artificiales de penetración en la roca, bien gracias a una maza, un burilador o un taladro.

Estos anclajes serán:

EMPOTRADORES: Podremos usar estos elementos como abandonos en caso de necesidad. Una solución económica y muy eficaz si se sabe utilizar, son los nudos empotrados. Este sistema será considerado de fortuna y de uso únicamente reservado para expertos. De cualquier modo no son elementos de anclaje muy comunes en el descenso de barrancos, salvo en aperturas para montaje de desviadores.

PITONES: Se trata de "clavos" de diferentes formas y material en función del tipo de roca a la que van destinados, y vienen del mundo de la escalada clásica y artificial. No son muy comunes en el barranquismo aunque un pitón en el equipo nunca está de más. Hay que tener en cuenta que un pitón abandonado puede haber sufrido las inclemencias del paso del tiempo y haber perdido la resistencia que tuvo cuando se colocó. Siempre tendremos que revisarlos.

BURILES: Es un tornillo con o sin rosca, que puede incorporar un sistema de expansión y que se introduce a martillazos en la roca aprovechando orificios existentes o preparados con un burilador.

SPITS: Se trata de un taco autoperforante hueco, con rosca interior y ranuras para su posterior expansión mediante un cono metálico introducido a tal efecto. Se aplican mediante la combinación con un "espitador", sistema similar al burilador pero praparado para usar spits en lugar de broca. Se perfora la roca con el spit a martillazos, de forma que sus dientes van rompiendo poco a poco ésta y penetrando. Habrá que seguir hasta los 33mm (31mm del spit + 2mm extras), entonces se coloca la cuña y se vuelve a golpear consiguiendo que el spit se abocarde dentro del agujero imposibilitando su extracción. Se coloca la chapa mediante un tornillo

PARABOLT. Anclaje mecánico por expansión que se aplica mediante taladro y posterior introducción en el orificio. Dispone en un mismo elemento de cono expansor y anillo dentado.
QUÍMICOS. Sería la última innovación. Se trata de unos tensores de acero que previo taladro se introducen en el orificio junto a una resina química (epoxi o epoxi-acrílica) que una vez fraguada le confiere una resistencia y durabilidad muy superior a cualquier otro anclaje.

UBICACIÓN EN LOS BARRANCOS

- Los anclajes en barranquismo tendrán que ser situados en emplazamientos muy concretos y pensados para poder ser utilizados según las condiciones. En ocasiones incluso podrán coexistir dos instalaciones para un mismo rapel, con el objeto de ser utilizadas según las condiciones de caudal.
  - En el emplazamiento de los anclajes tendremos en cuenta las siguientes consideraciones:
    - Barranco seco o acuático
    - Carácter torrencial
    - Régimen hidrológico
    - Facilidad de acceso y seguridad
    - Recuperación

SELECCIÓN DE ANCLAJES EN FUNCIÓN DEL SUSTRATO Y RÉGIMEN HIGROLÓGICO

En función del tipo de roca que encontremos necesitaremos elegir bien el tipo de anclajes a utilizar.
Así pues, nos basaremos en el tipo de roca y su dureza para elegir un tipo de anclaje u otro... partiendo que en la actualidad lo recomendable es la utilización de anclajes químicos inoxidable con resina de epoxiacrilico.

MÉTODOS DE INSTALACIÓN EN FUNCIÓN DEL TIPO DE ANCLAJE

- CLAVOS: Se colocan en una grieta o fisura casi de la misma profundidad del pitón y se fija a martillazos, buscando el modelo adecuado para cada tipo de localización. Por norma general, sabremos si un clavo ha quedado bien emplazado por el sonido o "canto" al ir penetrando.
- Expansivos: Serían aquellos anclajes que durante su instalación utilizan un sistema de expansión para fijarse a la roca mediante una fuerza mecánica de compresión. Hay que tener en cuenta que por la dinámica de las fuerzas, cualquier cuerpo tiende a adaptarse a las fuerzas que actúan sobre él, y por lo tanto, con el paso de los años, cualquiera de estos anclajes perderá resistencia. La resistencia a la extracción vendrá determinada por la dureza de la roca, ya que es directamente proporcional a la fuerza de compresión capaz de soportar.
  - Hablaremos de dos tipos de anclaje por expansión:

SPIT Ó SPIT-ROC: se trata de un anclaje autoperforante de expansión por cono. Su instalación requiere de un Spitador o mandil al cual se acopla el Spit y que se martillea para que los dientes del spit perforen la roca. Hay que introducirlo 2mm en la roca para que al colocar el cono expansor no nos deje el spit fuera creando una palanca que debilitaría el anclaje por el efecto de cizalla. Una vez colocado el cono en su interior, se golpea para introducirlo a martillazos y provoque la expansión del cilindro comprimiendo la roca. Hay que sanear la superficie exterior para que al colocar la placa, no haga palancas y apoye perfectamente sobre la roca para alcanzar su máxima fiabilidad y resistencia.
PARABOLT: se trata de un anclaje de expansión por anillo. Requiere de un taladro para su instalación. Se realizará un agujero de la misma métrica que el parabolt a utilizar, pero suficientemente profundo como para introducirlo totalmente. Esto nos permitirá hacerlo algún día si se decide eliminarlo. Existen sistemas de extracción de parabolts de forma que se podría re-utilizar un agujero para emplazar un químico, pero las tremendas fuerzas que requiere su extracción pueden debilitar la roca. Una vez introducido el parabolt en el agujero, se coloca la chapa y se fija mediante una tuerca, la cual se aprieta y va extrayendo el torno. Éste a su vez, al deslizar en el interior del agujero, provoca la expansión del anillo dentado al falcarse el cono distal en su interior. No debemos forzar excesivamente el anillo, una vez llegado al final. Tendremos la precaución de no dejar excesivamente fuera el torno al apretarlo. Es importante haber purgado la superficie para evitar palancas.

Químicos: Serán aquellos anclajes que se fijan a la roca mediante la aplicación de una resina química, o sea... un pegamento. Requiere de un taladro con el que realizar un agujero ligeramente superior a la métrica del tensor que vamos a colocar (2mm). La profundidad será suficiente como para alojar el tensor completo e incluso habrá que perforar la parte exterior para encastrarlo, lo cual dotará de mayor estabilidad al anclaje. El agujero tendrá una inclinación de 10-12º sobre la perpendicular, para mejorar su comportamiento ante las fuerzas de cizallamiento. En rocas muy blandas podemos realizar un ensanchamiento del agujero principal con una broca algo más fina y así al rellenarlos conseguimos mayor resistencia. Una vez realizado el agujero, se limpia bien con un soplador para eliminar el polvo, se cepilla y se aplica la resina. Ninguna resina funciona bien en agujeros muy mojados. Buscaremos siempre tensores con dibujo para que la resina se agarre lo mejor posible. En caso de utilizar tensor inox sin dibujo, imprescindible el uso de resina epoxi no acrílica, ya que ésta no agarraría correctamente. En caso de usar tensores con soldadura, ésta siempre quedará hacia arriba.

NOTA: Los tiempos de fraguado de las resinas pueden llegar incluso a los tres días. Por ello hay que dejar un cartel indicando el día que se aplicó la resina, el día en el que el anclaje estará operativo y una nota clara de ATENCIÓN NO UTILIZAR!!

INSTALACIONES ARTIFICIALES DE RAPEL

Ubicación.

A la hora de instalar anclajes para rápel en un barranco, tendremos que tener en cuenta aspectos como:

- Acceso a la instalación: altura, pasamanos, puntos de anclaje auxiliares, guiados,...
- Caída de piedras: tanto al montar como al rapelar.
- Cascadas (en carga y en estiaje)
- Rozamientos / recuperación: colocación de desviadores
- Posibles crecidas: inundación del cauce e impacto de objetos.

- Por todo ello, tendremos que elegir una ubicación que proteja los anclajes y los sitúe en el lugar más adecuado para su utilización en cualquier época y condiciones o bien, realizar dos equipamientos para según qué condiciones.

Número de anclajes.

Siempre realizaremos dos anclajes. A ser posible del tipo “químicos” y en función de la ubicación y la posibilidad de sufrir golpes y arrastres por crecidas elegiremos descuelgues con o sin cadena o argollas.

Mantenimiento.

En el equipo de todo Guía ha de incluirse material para el mantenimiento de las instalaciones de rápel, tanto durante la práctica de nuestra profesión como en visitas "ex proceso".

Este material constará de cintas para sustituir, cordino o cuerda, kit de instalación (espitador, spits, conos, chapas,...) para un caso de urgencia,...

En el caso de los anclajes químicos que se hayan visto deteriorados por una mala instalación o por el impacto de grandes piedras,... habrá que sustituirlos.

Valoración del estado de los anclajes de una instalación de «rápel».

A simple vista podremos valorar el estado de los anclajes al identificar aspectos como:

- Corrosión
- Deterioro
- Pérdida de fijación
- Antigüedad
- Desgaste por rozamiento (ocurre en algunos descuelgues con maillón)

NOMBRE DEL ANCLAJE ANCLAJE QUÍMICO (AMPOLLA QUÍMICA DE GOLPEO)

NORMATIVA GENERAL APLICABLE: CE EN 795 Y EN 959 / UIAA. EN COMBINACIÓN CON TENSORES QUÍMICOS NORMALIZADOS (CONSULTAR FABRICANTE EN CASO DE DUDAS).

CATEGORÍA DE ANCLAJE (ACTIVIDADES VERTICALES): ANCLAJE DE SEGURIDAD (PARA ACTIVIDADES VERTICALES).

FABRICANTES: FABRICADO POR FIXE, SPIT Y PETZL (HILTI) Y OTROS FABRICANTES.

SOPORTES COMPATIBLES:
.- DISEÑADO PARA INSTALARLO EN HORMIGÓN Y ROCA NATURAL.
.- SU RESISTENCIA FINAL, PUEDE LLEGAR A SER MAYOR QUE INCLUSO LA PROPIA ROCA.
.- SEGUIR FIELMENTE Y PASO A PASO, LAS INSTRUCCIONES RECOMENDADAS POR EL FABRICANTE.

DESCRIPCIÓN Y DATOS TÉCNICOS:
.- ADHESIVO EN AMPOLLA POR GOLPEO, MUY RÁPIDO DE UTILIZAR Y LIMPIO.
.- EXTREMADAMENTE RESISTENTE, ALTAS PRESTACIONES MECÁNICAS Y BUEN COMPORTAMIENTO AL ENVEJECIMIENTO.
.- NO REQUIERE DE ÚTIL ESPECÍFICO PARA SU INSTALACIÓN, MUY CÓMODO DE INSTALAR EN PASOS ACROBÁTICOS.
.- EL ANCLAJE TRABAJA POR ADHERENCIA NO PRODUCE LOS EFECTOS NEGATIVOS DE LA EXPANSIÓN.
.- MUY IMPORTANTE, HAY QUE RESPETAR EL TIEMPO DE FRAGUADO. (COMO MEDIDA PREVENTIVA, SEÑALIZAR LOS ANCLAJES QUE SE ENCUENTREN EN TIEMPO DE ESPERA, ETIQUETANDO EL ANCLAJE E INDICANDO LA HORA EXACTA A LA QUE SE HA INSTALADO).

APLICACIÓN DISCIPLINAS VERTICALES:
.- EQUIPAMIENTO* EN ESCUELAS DE ESCALADA DEPORTIVA Y DESCENSO DE CAÑONES.
.- INSTALACIONES FIJAS* EN CAVIDADES TURISTICAS Y TRAVESIAS EN CAVIDADES.
.- SOPORTAN ADECUADAMENTE LA FATIGA Y TENSIONES PRODUCIDAS POR EL TRANSITO DE PERSONAS.
.- NORMALIZADO COMO ANCLAJE DE SEGURIDAD EN CONJUNTO CON TENSORES FIXE Y PETZL.
*VALORAR POSIBILIDAD DE UTILIZAR ANCLAJE NORMALIZADO TIPO "TRIPLEX", YA QUE SE PUEDE SUSTITUIR POR OTRO DEPENDIENDO DE LA FRECUENCIA DE USO.

CARACTERÍSTICAS Y VENTAJAS: INSTALACIÓN MUY CÓMODA, NO ES RECOMENDABLE EN ROCAS FISURADAS, O MUY POROSAS.

REQUISITOS, EXIGENCIAS Y CONSEJOS DE INSTALACIÓN: MUY IMPORTANTE SEGUIR LAS INSTRUCCIONES DE INSTALACIÓN DEL FABRICANTE.

NOTAS TÉCNICAS: ATENCIÓN TODAS LAS RESINAS QUÍMICAS CADUCAN. SE DESACONSEJA LA INSTALACIÓN DE ESTAS RESINAS EN TEMPERATURAS INFERIORES A -0º, ZONAS PROPENSAS A CONTÍNUAS HELADAS, AGUJEROS MUY MOJADOS Y DÍAS MUY LLUVIOSOS. AUNQUE SU RESISTENCIA ES MUY ELEVADA EN CASI TODO TIPO DE SOPORTES HAY QUE EVITAR ROCAS AGRIETEADAS YA QUE PODRÍAMOS PERDER PARTE DEL PRODUCTO, EN EL MEDIO NATURAL ES PREFERIBLE UTILIZAR SIEMPRE, RESINAS CON APLICADOR DE PISTOLA, YA QUE GARANTIZAN QUE EL RELLENO SE HA PRODUCIDO. TAMBIEN HAY QUE RESALTAR QUE NO SE PUEDE ENCASTRAR LA ARGOLLA DEL TENSOR EN LA ROCA, MANIOBRA IMPRESCINDIBLE PARA EVITAR EL EFECTO PALANCA Y LA POSIBILIDAD DE GIRO.

NOMBRE DEL ANCLAJE ANCLAJE QUÍMICO (HY 150 MAX)

NORMATIVA GENERAL APLICABLE: CE EN 795 Y EN 959. EN COMBINACIÓN CON TENSORES QUÍMICOS NORMALIZADOS (CONSULTAR FABRICANTE EN CASO DE DUDAS).

CATEGORÍA DE ANCLAJE (ACTIVIDADES VERTICALES): ANCLAJE DE SEGURIDAD (PARA ACTIVIDADES VERTICALES).

FABRICANTES: FABRICADO EXCLUSIVAMENTE POR HILTI.

SOPORTES COMPATIBLES:
.- DISEÑADO PARA INSTALAR EN HORMIGÓN FISURADO/NO FISURADO Y PIEDRA NATURAL HOMOGENEA.
.- SU RESISTENCIA FINAL, PUEDE LLEGAR A SER MAYOR QUE INCLUSO LA PROPIA ROCA.
.- SEGUIR FIELMENTE Y PASO A PASO, LAS INSTRUCCIONES RECOMENDADAS POR EL FABRICANTE.

DESCRIPCIÓN Y DATOS TÉCNICOS:
.- ADHESIVO DE FRAGUADO REALMENTE RÁPIDO LAS CARGAS DE DISEÑO SON ALCANZADAS A LOS 30/40 MINUTOS A 20ºC.
.- EXTREMADAMENTE RESISTENTE, ALTAS PRESTACIONES MECÁNICAS Y BUEN COMPORTAMIENTO AL ENVEJECIMIENTO.
.- REQUIERE DE ÚTIL ESPECÍFICO PARA SU INSTALACIÓN (PISTOLA DE APLICACIÓN MANUAL O A BATERÍA).
.- EL ANCLAJE TRABAJA POR ADHERENCIA NO PRODUCE LOS EFECTOS NEGATIVOS DE LA EXPANSIÓN.
.- MUY IMPORTANTE, HAY QUE RESPETAR EL TIEMPO DE FRAGUADO. (COMO MEDIDA PREVENTIVA, SEÑALIZAR LOS ANCLAJES QUE SE ENCUENTREN EN TIEMPO DE ESPERA, ETIQUETANDO EL ANCLAJE E INDICANDO LA HORA EXACTA A LA QUE SE HA INSTALADO).

APLICACIÓN DISCIPLINAS VERTICALES:
.- TRABAJOS VERTICALES Y EN INDUSTRÍA COMO ANCLAJES DE ALTA RESPONSABILIDAD .
.- INSTALACIÓN DE ESCUELAS DE ESCALADA Y DESCENSO DE CAÑONES EN COMBINACIÓN DE TENSORES EN 959.
.- SOPORTAN ADECUADAMENTE LA FATIGA Y TENSIONES PRODUCIDAS POR EL TRANSITO DE PERSONAS.

CARACTERÍSTICAS Y VENTAJAS: INSTALACIÓN MUY RÁPIDA, CÓMODA Y LIMPIA. ACEPTA GRAN VARIEDAD DE SOPORTES (MATERIAL DE BASE). UNO DE LOS ANCLAJES QUÍMICOS MÁS POPULARES Y FIABLES.

REQUISITOS, EXIGENCIAS Y CONSEJOS DE INSTALACIÓN: MUY IMPORTANTE SEGUIR LAS INSTRUCCIONES DE INSTALACIÓN DEL FABRICANTE.

NOTAS TÉCNICAS: ATENCIÓN TODAS LAS RESINAS QUÍMICAS CADUCAN. SE DESACONSEJA LA INSTALACIÓN DE ESTAS RESINAS EN TEMPERATURAS INFERIORES A -5º, ZONAS PROPENSAS A CONTÍNUAS HELADAS, AGUJEROS MUY MOJADOS Y DÍAS MUY LLUVIOSOS. ETE TIPO DE APLICACIÓN GARANTIZA QUE EL RELLENO SE HA PRODUCIDO, INCLUSO EXISTIENDO PEQUEÑAS FISURAS INTERNAS. SE DEBE RELLENAR EL ORIFICIO REALIZADO PARA ENCASTRAR LA ARGOLLA DEL TENSOR EN LA ROCA. MUY IMPORTANTE, LIMPIAR ADECUADAMENTE LOS RESTOS DE RESINA UNA VEZ INTRODUCIDO EL TENSOR: ESPECIAL ATENCIÓN SI ES UNA VARILLA ROSCADA YA QUE SI SE ENSUCIA LA ROSCA Y NO LA LIMPIAMOS A TIEMPO, PODRÍAMOS INCLUSO PERDER LA POSIBILIDAD DE INSTALAR UNA PLAQUETA DE CONEXIÓN.

UF2476
Guia por Barrancos Secos y Acuático

GUIA POR BARRANCOS SECOS Y ACUATICOS

Y con esta parte llegamos al final de esta intensa formación. Vermos la importancia de la imagen, la comunicacion y las estrategias a seguir en ella, la comunicación no verbal, distribuciones del grupo dentro de los barrancos y el Liderazgo, etc. VAMOS A ELLO.....

IMAGEN PERSONAL DEL TÉCNICO/GUÍA Y CORPORATIVA DE LA ENTIDAD.

Cuando hablamos de la imagen personal no nos referimos solo a la forma de vestir sino a algo mucho más amplio, que incluye: postura, movimientos, rasgos físicos, cortesía, educación, higiene...

Es evidente que debemos de cuidar nuestra imagen personal por que es lo primero que ven de nosotros y, aun sin hablar, podemos transmitir datos y proyectamos nuestra personalidad a través de la imagen que ofrecemos al exterior.

Y si trabajamos para una empresa, somos aparte de nuestra propia imagen, la imagen de la empresa.

En cambio cuando hacemos referencia a la imagen corporativa de la entidad nos estamos refiriendo a las distintas percepciones, ideas o significados que las personas tienen con respecto a la misma a partir de su propia concepción psicológica. Por lo que podemos deducir que cada persona tendrá una imagen diferente de la empresa.

Entonces Juan, ¿Como podemos crearnos una imagen corporativa?, os estaréis preguntando.

Pues la imagen corporativa es una combinación de la actitud empresarial de los componentes y la identidad visual que ofrecen. Si uno de estos dos componentes falla, se crea una mala imagen corporativa.

Por lo tanto como anteriormente hemos afirmado, UN GUÍA SIEMPRE ES IMAGEN CORPORATIVA, bien de su propia empresa, bien de la empresa para la que trabaja.

Por lo que para establecer una buena imagen corporativa de cualquier entidad, se deberán tener en cuenta los aspectos artísticos, técnicos y de calidad de los productos y servicios propios. También la imagen de todos los integrantes de la empresa, desde los Jefes hasta el último empleado. Y atendiendo a la identidad visual expresaremos de forma simbólica con nuestro logo, tipografía, colores una identificación que normalmente llevaremos reflejada en nuestros uniformes.

Pautas de imagen y conducta en la actividades de conducción en el medio natural

Como hemos dicho la imagen corporativa es fundamental para lograr tener éxito en las actividades de conducción en el medio natural, este concepto hace referencia al valor perceptivo que el público tiene de la entidad y se forma como resultado acumulativo de todos los mensajes que emite la empresa. Para conseguir una imagen positiva, es fundamental que todos los mensajes emitidos a través de la empresa y sus servicios estén controlados, sean coherentes entre sí y comuniquen una idea de empresa previamente formulada en función de sus objetivos estratégicos.

Para construir una entidad poderosa, no sólo hay que tener unos buenos servicios y capacidad creativa, sinoque habrá de tener en cuenta los siguientes puntos:

a) Crear un nombre fácil de memorizar, aunque a veces la realidad nos demuestre lo contrario
b) Asociar el nombre con el mundo que rodea al producto
c) Diseñar un logotipo que transmita fortaleza y la diferencie de la competencia
d) Trasladar la identidad de marca a todos los elementos de la empresa

f) Destacar una sola característica del servicio en todas las áreas de comunicación, para que el producto se diferencie claramente de su competencia

g) No desarrollar una campaña publicitaria complicada que dificulte al consumidor memorizar el servicio ofrecido.

h) Organizar un sistema postventa eficaz y un efectivo departamento de atención al cliente.

Siguiendo estos puntos podremos crear una entidad fuerte y consolidada y con ello nos encontraremos diferentes ventajas, entre las que vamos a destacar:

1º.- Los costes de marketing se reducen puesto que el servicio ya es conocido

2º.- Permite subir los precios por encima de la competencia porque los consumidores perciben del servicio de mayor calidad.

3º.- La empresa puede extenderse porque el nombre de la marca encierra gran credibilidad

4º.- El servicio ofrece una defensa frente a la competencia de precios

<u>La promoción de la entidad a través de la imagen del guía responsable.</u>

Una empresa comporta todo aquello que engloba, y entre estos aspectos se encuentra el personal de la misma.

La integración del personal en la imagen corporativa no se refiere unicamente a la vestimenta y en incluir el logo de la empresa a la misma, pues integrar el personal en la imagen corporativa implica comportamientos y saber estar, tratando sobre todo las normas de cortesía y urbanidad.

Esto significa saber demostrar atención, respeto o afecto hacia las otras personas, en este caso nuestros clientes.

Como ya señalábamos anteriormente una forma de conseguir identificar al personal con los productos y/o servicios ofrecidos es la de incorporar su imagen corporativa al uniforme de los empleados.

Tenemos que conseguir asociar al personal con los productos y/o servicios para que los clientes, en el momento tengan alguna duda o necesiten ayuda sepan a quien acudir, unicamente con una visualización del personal.

Por lo tanto, todo Guía responsable en el desarrollo de actividades de conducción en el medio natural, deberá presentar unas características propias que aporten y muestren una imagen óptima sobre la entidad para la que trabajan.

ESTRATEGIAS DE ATENCIÓN Y SERVICIO ESPECIFICAS EN LAS ACTIVIDADES COMERCIALES DE CONDUCCIÓN EN EL MEDIO NATURAL.

En este tema vamos a ver diferentes estrategias a tener en cuenta en la atención y servicio en las actividades.

Presentación del profesional.

La presentación del profesional es una tarea complicada, y mas aún si no se tiene experiencia y no se practica, pero es fundamental puesto que automáticamente el grupo se creará una imagen del profesional y posiblemente y cuidando los detalles se mantendrá hasta el final de la actividad.

Debemos de desarrollar las siguientes habilidades:

- Confianza: Puesto que se la debemos de transmitir a los clientes que contratan la actividad con nosotros, se encuentren a gusto y no sientan dudas o miedo.
- Claridad y coherencia: Debemos de ganarnos la atención de los usuarios con un discurso de apertura sorprendente y novedoso. Explicar bien la actividad que van a realizar, que sepan lo que les espera y asegurate de que comprenden todo lo que explicas. No presupongas que los clientes lo han entendido todo y que ya están familiarizados con la "jerga" o palabras que tu utilizas, explícalo todo como si fuese para un desconocido. Y al final haces un pequeño resumen de todo los puntos importantes y terminas con una frase que debes de hacer tuya, con una cita celebre o algo parecido.
- Conciencia con respecto al tiempo: Ensaya bien tus presentaciones, al objeto de ajustarlas a unos tiempos establecidos y siempre hazlas dentro de tiempo. Permanece atento a las señales que te ofrece el publico de falta de atención, inquietud, etc.

Tras nuestra presentación ahora debemos de seguir unas pautas:

- Damos la bienvenida si no lo hemos hecho ya y nos presentamos en general al resto del grupo.
- Informaremos sobre el servicio a prestar
- Informaremos sobre potenciales peligros o limitaciones para la seguridad del usuario
- Fomentaremos la autonomía y confianza de los usuarios
- Inspiraremos en el usuario un sentido de respeto y estimularemos a compartir esta actitud con otros.
- Estableceremos una segmentación en grupo. (Niveles personales, propia percepción, experiencia, etc)
- Fomentaremos que todos los miembros del grupo se conozcan y compartan por igual la experiencia.
- Pautas de actuación en caso de Situaciones de riesgo, accidentes y/o situaciones inesperadas
- Debemos de especificar el establecimiento de normas dentro del grupo y su cumplimiento

Situaciones de riesgo.

Una situación de riesgo es aquella en la que se produce o existe alta probabilidad de ocurrencia de un hecho desagradable con consecuencias negativas para un grupo de personas.

Debemos de informar a las personas que se encuentren presentes de las pautas de comportamiento que deben de seguir para conservar la calma y la seguridad de ellos mismos y la del resto de personas allí presentes.

- Técnicas de comunicación en situaciones de riesgo
    - El colectivo en situación de riesgo tiene el derecho de conocer la información y actuar como un colaborador legítimo más. Tienen derecho a participar en las tomas de decisiones que afectan a su vida.
    - El informador planifica y adapta las estrategias a seguir en función de los objetivos, los públicos y las vías de comunicación que posea en la situación de riesgo colectivo
    - Responder a las preguntas de los afectados. Las personas se preocupan más por factores psicológicos como la confianza o la preocupación por los demás, que pos la situación de riesgo en si misma
    - El informador debe de ser sincero, franco y abierto. La persona que está en situación de riesgo tiene el derecho de conocer en todo momento la realidad de la situación y el grado de peligro que les atañe

• Coordinación de fuentes creíbles. Las comunicaciones sobre los riesgos deben de estar acompañadas de referencias que sean reales sobre los peligros que se presentan

• Los medios de difusión del riesgo colectivo deben transmitir la información con la mayor veracidad posible

• Hablar clara y comprensible mente con la gente. Si la persona en situación de riesgo observa indicios de engaños o mentiras, ello genera un malestar entre la multitud y gran desconfianza en la persona que pretende guiarles en el proceso de ayuda.

Despedida del usuario

Debemos de darle la importancia necesaria a este acto, puesto que el cliente debe de irse con una muy buena sensación, al ser posible con otra venta cerrada o medio pactada y con la sensación de que tenemos mucha ganas de que vuelva y que lo hemos pasado genial con él.

En cambio si esto no se produce el cliente se va con la sensación de que una vez le hemos sacado el dinero ya no nos importa. Y claro, esto no debe de ser así nunca.

CONTEXTO COMUNICATIVO Y ESTRATEGIAS DE COMUNICACIÓN.

¿Que es el contexto comunicativo? Pues es el que hace referencia a las características de la circunstancia en la cual se produce el intercambio verbal, relevante para interpretar el mensaje correctamente. Es decir deben de rodearse de unas mismas circunstancias como el lugar y el tiempo que ayudan a la comprensión del mensaje.

Ejem.

JUAN VIAJÓ (Esta afirmación no nos aporta la información suficiente para la decodificación del mensaje)

JUAN VIAJÓ A XORRET DE CATÍ PARA HACER UNA VÍA FERRATA. (Esta si que nos aporta toda la información necesaria para su comprensión)

1. **CLASIFICACIÓN SISTÉMICA DE LOS CONTEXTOS COMUNICATIVOS.**

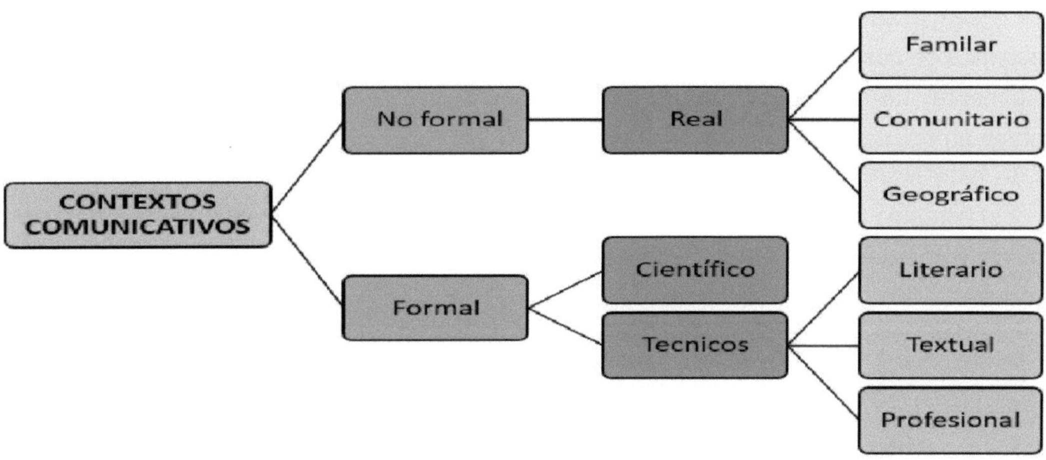

Nosotros realizaremos nuestras comunicaciones de dos formas. Escritas y Orales.

A todo el mundo, y si no a la gran mayoría, nos han enseñado en el colegio las comunicaciones escrita, por lo que no vamos a entrar en este capítulo.

Sin embargo a la hora de la comunicación oral si debemos de tener presentes los principios básicos para conseguir eficacia en la emisión de mensajes, y estos son:

• Claridad: Los mensajes orales deben de ser claros, fácilmente descodificados e inequívocos.

• Precisión: La información transmitida en el mensaje debe ser precisa y completa.

• Objetividad: La información transmitida por el emisor debe ser veraz, auténtica, lo más imparcial posible, es decir objetiva

• Oportuno: El mensaje debe transmitirse en el momento preciso, es decir, aquel en el cual surge efecto adecuado para el fin que se desea conseguir

• Interesante: El mensaje ha de ser atractivo para el receptor consiguiendo de esta manera una mayor motivación e implicación del mismo.

Para conseguir manejar correctamente este lenguaje oral, debemos de manejar un lenguaje asertivo. Esto quiere decir que se base en la expresión de lo que realmente uno piensa y desea de un modo directo, honesto y de manera adecuada.

Otro aspecto no menos importante para los Guías de Montaña es la COMUNICACIÓN NO VERBAL

Hay estudios que nos indican que el 60-70% de lo que comunicamos lo hacemos mediante el lenguaje no verbal; es decir, gestos, apariencia, postura, mirada y expresión.

Sus características son las siguientes:

- Mantiene una relación con la comunicación verbal, pues suelen emplearse juntas
- En muchas ocasiones actúa como reguladora del proceso de comunicación, contribuyendo a ampliar o reducir el significado del mensaje
- Los sistemas de comunicación no verbal varían según las culturas
- Generalmente, cumple mayor número de funciones que el verbal, pues lo acompaña, completa, modifica o sustituye en ocasiones.

Dentro de esta comunicación no verbal podemos diferenciar el lenguaje Icónico, en el cual no vamos a entrar, y el lenguaje corporal o Kinésica que es la ciencia que estudia la comunicación no verbal a través de los movimientos del cuerpo y para ello cuenta la postura corporal, los gestos, la expresión facial, la mirada y la sonrisa.

En esta última vamos a centrar nuestra atención.

La postura corporal.

La podemos dividir en:

- Posición:
  - Es la predisposición del cuerpo a aceptar a otros en la interacción.
  - Podemos hablar de posiciones abiertas de manera que ni los brazos ni las piernas separen a un interlocutor de los otros
  - También podemos hablar de posiciones cerradas, en las que el cuerpo mantiene una protección o barrera con el interlocutor, como puede ser el cruzar los brazos. No es una barrera física en si mismo, pero la percepción que se tiene es que no está dispuesto a interaccionar con los otros.
- Orientación:
  - Es el angulo en el que el cuerpo está dirigido a los demás.
  - Si una persona se coloca frente a otra, está indicando implicación y deseo de interactuar con el otro
  - Si una persona no quiere interactuar se colocará de lado o de espaldas
  - Si una persona desea competir con otra, por regla general, se sienta enfrente, si por el contrario quiere colaborar o cooperar se sienta a su lado.
- Movimiento:
  - Transmite dinamismo y energía
  - Cuando este no concuerda con la comunicación no verbal tiende a distraer al interlocutor y produce nerviosismo. Sin embargo la escasez o ausencia puede producir la sensación de excesiva formalidad.

Los Gestos

Los dividiremos para su estudio en:

- Gestos emblemáticos
  - Son los gestos emitidos intencionadamente y que tienen un significado conocido, como levantar la mano para saludar
- Gestos ilustrativos
  - Son gestos emitidos intencionadamente pero que no tienen necesariamente un significado conocido, sino que acompañan al lenguaje verbal de manera que lo realza y enfatiza
- Gestos emotivos
  - Son parecidos a los ilustrativos en el sentido que acompañan al lenguaje verbal, pero la diferencia de estos, reflejan el estado emotivo de la persona (ansiedad, alegría, etc)
- Gestos reguladores de la interacción
  - Son gestos que realizan el que escucha y el que habla.
  - Son utilizados para dar inicio o finalizar una conversación o frenarla
- Un ejemplo sería: Asentir con la cabeza rápidamente significa tengo ganas de que acabes y si lo hace lentamente significa te estoy prestando atención
- Gestos adaptadores
  - Son los utilizados cuando el estado emocional no acompaña o es incompatible con el mensaje que se quiere dar. Habría que tener y ensayar una serie de gestos para adaptarlos a la situación

EJERCICIO:

Mirar todos los gestos de esta imagenee ir diciendo que es lo que expresan.

<u>Factores que afectan a la comunicación con el grupo en actividades de turismo activo.</u>

Existen, o pueden existir, una serie de obstáculos en cualquier proceso de comunicación:

- Relacionados con el emisor:
    - No expresar claramente el mensaje.
    - Decir algo inadecuado o desagradable.
    - Cambiar el tema de conversación.
    - No centrarse en el tema de que se trata.
    - No mirar al receptor.
    - No estar pendiente de las señales que emite el receptor.
    - Decir algo que no se corresponde con los gestos que hace.
    - Despreciar las opiniones de los demás.
    - No admitir el debate.
    - Dar más consejos de los necesarios.
- Relacionados con el receptor:
    - No escuchar.
    - No comprender lo que dice el emisor.
    - No pedir explicaciones al emisor.
    - Interrumpir al emisor cuando está hablando.
    - Hacer o pensar en algo diferente a lo que el emisor le cuenta.
    - Entender algo distinto a lo que el emisor le quiere transmitir.
    - Tomarse los comentarios como algo personal.
    - La fatiga.
    - Problemas físicos.
- Relacionados con el mensaje:
    - Mensaje ambiguo, poco claro.
    - Mensaje demasiado breve.
    - Mensaje demasiado amplio.
    - Uso de muletillas.
    - Frases sin terminar.
    - No expresar la idea principal, dando muchos rodeos.
    - La burla y el sarcasmo.
- Relacionados con el contexto:
    - No buscar el momento oportuno.
    - No elegir el lugar adecuado.
    - Las interferencias (ruidos).
    - No tener en cuenta las personas que están alrededor.

- Relacionadas con el código:
  - No usar el mismo código que la persona con la que hablamos o escuchamos.
  - No adaptar el vocabulario a la situación o a la persona con la que hablamos.
  - Utilizar expresiones propias de jergas o lenguaje técnico.
  - Hablar con doble sentido.

Recomendaciones para optimizar el proceso comunicativo en actividades de turismo activo.

En general, hay unos factores que favorecen la comunicación son los siguientes:

- Sentirse acogido/a.
- No sentirse juzgado/a.
- Mostrar un talante abierto.
- Escuchar e interesarse por la persona y por lo que dice.
- No relacionar todo lo que se escucha con uno mismo.
- No estar a la defensiva.
- Procurar hablar más de lo que une que de lo que separa.

Por otro lado, para el mejor funcionamiento de la comunicación, hay que seguir algunos principios o criterios deactuación:

Emisor:

- Dar por supuesto que el mensaje será distorsionado.
- Habituarse a planificar la comunicación.
- Definir claramente los objetivos.
- Buscar el feed-back del desarrollo de la comunicación.
- Que no trate de impresionar.

Mensaje:

- Que sea inteligible al receptor.
- Que esté bien organizado, estructurado y coherente con las ideas previas.
- Que sea simple y sencillo.
- Terminología de referencia común.
- Que reclame la atención y el interés.
- Que sea fácil de interpretar.
- Que su contenido sea pertinente y convincente.
- Repetir los conceptos clave.
- Comparar, utilizando ejemplos, destacando similitudes y diferencias.
- Que produzca el máximo efecto posible.
- Si el mensaje es extenso, hay que resumir al final.

Canal:

- Que sea el más adecuado (grupo/contenido/objetivo).
- El más rentable.
- El de mayor impacto.
- El que mejor domine el emisor.

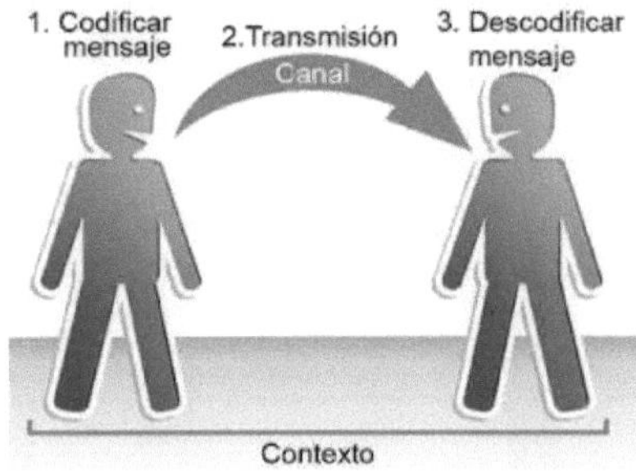

Además, hay que tener en cuenta otros aspectos para una comunicación positiva y eficaz:

- Los aspectos verbales. Para sintonizar con los receptores tendremos en cuenta que:
  - El tono de la voz sea lo más armonioso posible.
  - El volumen sea adecuado al espacio y al número de personas.
  - La velocidad al hablar no ha de ser muy rápida ni demasiado lenta.
  - El timbre que acentúe solo lo que queremos destacar.
  - El vocabulario adaptado al grupo en función de su edad y sus conocimientos.
- Los aspectos no verbales. En relación con la expresión del cuerpo:
  - La postura ha de ser relajada, atenta.
  - Las manos relajadas, a la vista, sin ponerlas delante de la boca.
  - Los brazos en posición abierta, de recepción.
  - La utilización de la sonrisa en la recepción del grupo y en los juegos de preguntas y respuestas para animar a la participación.
  - La expresión de la cara refleja actitudes, "la cara es el espejo del alma".
  - La mirada indica que estamos atentos, sirve para captar señales no verbales del grupo y sirve para regular los turnos de palabra. Ha de ser limpia y dirigida frecuentemente a los ojos de los interlocutores.
  - La ubicación respecto al grupo ha de estar siempre cuidada.
  - Actitud de escucha activa. "El secreto de un buen comunicador no es ser interesante, sino estar interesado".

- El entorno. En el medio natural es frecuente que estemos expuestos a inclemencias meteorológicas (viento, lluvia, nieve, frío, calor, etc.), factores que distorsionan la comunicación (como el ruido de un río), o las características del espacio en el que estamos, por ejemplo, si se trata de lugares peligrosos o no.

Todos estos factores pueden afectar negativamente a la comunicación, con lo que hay que valorar si podemos encontrar un lugar y/o momento mejor para comunicarnos o compensar esos factores negativos del entorno, con una verificación o comprobación de la información recibida, utilización del canal (auditivo o visual) o códigos (palabras, gestos, señales luminosas, pitidos de silbato, tirones de cuerda, etc.) que mejor se adapten a la situación.

Las normas de la comunicación deben ser conocidas y claras por/para todos los miembros del grupo. Se aclaran y acuerdan al principio de la actividad, estableciendo el/los código/s y el/los canal/es que se vayan a utilizar durante la actividad.

Por diferentes motivos podemos necesitar varios sistemas de comunicación. Esto tiene que estar planeado en la programación de la actividad y especificar lo dicho antes en cuanto a código y canal a utilizar y el momento en que se va a utilizar ese código.

Acordar varios tipos de comunicación en función de las condiciones:

- Con visión directa. Por voz directa, signos o luces.
- Sin visión directa: Por voz directa, silbato, señales o marcas, sistemas de comunicación (emisoras, walkies, teléfonos).

SELECCIÓN DE LAS TÉCNICAS DE COMUNICACIÓN A UTILIZAR CON LOS USUARIOS: VERBALES, GESTUALES Y ASERTIVAS.

Tanto los movimientos del cuerpo como los gestos, la entonación y el ámbito espacial muestran que la comunicación es un sistema integrado entre las palabras y la expresión.

Es imposible no emitir gestos ni expresión en una conversación.

Veamos las técnicas:

- Verbales
  - El volumen:
    - continuo
    - constante
    - sin altibajos ni matices
    - sin elevar demasiado
  - El tono
    - indica seguridad, por lo que debe de ser firme
    - si está tembloroso puede revelar inseguridad o miedo
  - La Entonación
    - produce la expresividad de la charla
    - hay que variarla para que no resulte monótona y aburrida
    - hay que usarla bien (exclamaciones, preguntas, afirmaciones, etc)
  - La velocidad
    - Punto medio de velocidad
  - La Fluidez
    - Facilidad para hilar palabras
    - Evitar mala pronunciación, balbuceo, sonidos extraños
- Gestuales
  - Gestos cerrados
    - Cruzar las piernas, los brazos, cogerse las manos, entrelazar los dedos
    - Queremos protegernos inconscientemente
  - Gestos abiertos
    - Producen acercamiento, apertura, confianza, comodidad
    - Si los gestos no se corresponden o hay incongruencia podemos estar indicando

ENGAÑO (Ojo con esto)

- Asertivas
  - Respetar
  - Ser directo y claro
  - Ser honesto
  - Saber modular las propias emociones
  - Saber respetar y reconocer las emociones de los demás
  - Saber decir “no”
  - Saber escuchar

CONDUCCIÓN DE GRUPOS POR BARRANCOS SECOS Y ACUÁTICOS

DISTRIBUCIÓN, ORGANIZACIÓN Y CONTROL DEL GRUPO EN FUNCIÓN DE LA ACTIVIDAD Y DE LOS USUARIOS.

A la hora de realizar una actividad en el medio natural es importante tener establecida una distribución, y control del grupo, basándonos en los siguientes parámetros:

DISTRIBUCIÓN, ORGANIZACIÓN Y CONTROL DEL GRUPO
COLOCACIÓN Y DESPLAZAMIENTO DEL GUÍA Y DE LOS USUARIOS
EJERCICIO DE LIDERAZGO DEL GUÍA DURANTE LA ACTIVIDAD

Colocación y desplazamiento del Guía y de los participantes en la actividad :

Colocación y desplazamiento del Guía

El guía debe ser consciente de su posición durante la actividad y durante la sesión, justificándola según los objetivos que persiga:

- Fuera del grupo: El guía se coloca en una posición en la que controla a todo el grupo. Por ejemplo, al dar la información inicial, al ofrecer algún conocimiento de resultados grupal o cuando quiere observar cómo es la participación haciendo un “Barrido con la mirada”.

- Dentro del grupo: El guía se posiciona por el interior del grupo. Por ejemplo, cuando proporciona conocimiento de resultados individualmente o cuando quiere aumentar la motivación y participa con los usuarios.

No es recomendable abusar de ninguna posición determinada. Lo interesante es buscar la posición equilibrada en función de la edad del grupo y, del tipo de sesión que se imparta.

Colocación de los participantes

Cuando dividimos el grupo en subgrupos, la actividad se puede presentar bajo diversas formas de organización. Debemos buscar siempre la que resulte más participativa y eficaz en función de la tarea que queramos enseñar.

Algunas posibilidades son las siguientes:

• Tareas idénticas para todos los grupos
• Misma tarea de aprendizaje con diferentes niveles de dificultad
• Tareas diferentes, con distintos contenidos de enseñanza
• Circuitos: Tareas diferentes en cada grupo, en las que cada cierto tiempo o número de repeticiones, se va rotando para que todos pasen por todas las actividades
• Mini-circuitos: Se preparan estaciones con actividades de aprendizaje que estarán relacionadas con una tarea principal
• Recorrido general: Consiste en una serie de tareas organizadas de forma consecutiva por las que van pasando los usuarios uno detrás de otro.

Ejercicio de liderazgo del guía durante la actividad:

El liderazgo del guía constituye uno de los roles más importantes asociados a la posición del miembro dentro de la estructura grupal. El líder orienta y conduce al grupo hacía unos objetivos determinados manteniendo al grupo cohesionado.

Durante el itinerario el líder tiene un papel dinamizador, presentando las siguientes funciones:

• Producción: relacionado con el contenido de la actividad el líder relacionará los temas a tratar y recordará los objetivos del grupo, a su vez señalará el progreso del grupo desde su inicio hasta su actualidad

• Facilitación: El líder debe propiciar un clima de comunicación entre los integrantes del grupo, tiene que resaltar que todas las aportaciones de todas las personas son importantes para el grupo

• Regulación: Es una de la funciones más difíciles. El líder tiene que interpretar los sentimientos y emociones que salen del grupo (especialmente de los conflictos) para asegurarse la unidad funcional (es decir, conseguir la meta del grupo)

Actuaciones para dinamizar la actividad:

• Estimular la participación: creando un buen clima grupal, asegurándose de que la mayoría de las personas intervienen y forman parte del grupo, sin agobiar a aquellas más tímidas o silenciosas

• Intervenir cuando el grupo se bloquea: es necesario que primero se analice el motivo de bloqueo o la falta de entendimiento si se trata de un conflicto interpersonal

• Llevar al grupo hacia los objetivos propuestos: Se trata de centrar las intervenciones de los miembros del grupo en la dirección al tema a tratar, es decir, la toma de conciencia del momento en el que se encuentran respecto a los objetivos marcados por el grupo

Los roles en el liderazgo se centran en dos perspectivas:

• Rol socioemocional: Es decir el líder que se centra en el bienestar personal y social de todos los miembros de su grupo, busca la cohesión y facilita la comunicación grupal.

• Rol de tarea: Es el líder centrado en la meta-objetivo del grupo, busca que el trabajo sea los más efectivo posible.

Definición de líder y liderazgo:

En psicología social estos dos términos, líder y liderazgo, han sido utilizados y tratados por importantes autores: Weber, Freud, Lebon. Se trata de un término polisémico con el que se designan diferentes fenómenos. Se llama líder tanto a la persona que ocupa un puesto de dirección, como a la persona más influyente de un grupo natural.

Además, entre estos dos términos se puede establecer una diferencia:

• Liderazgo se refiere a un proceso grupal básico mediante el que el líder lleva a cabo sus funciones en el grupo, de tal forma que influye sobre él.

• Líder es el individuo que lleva a cabo la función del liderazgo en el grupo.

Han sido muchas las definiciones que los distintos autores han dado sobre el líder, incidiendo cada uno en diferentes aspectos. En las distintas definiciones se pueden ver reflejadas una serie de características que se le atribuyen a la persona que detenta el liderazgo. Destacan dos:

“El líder es la persona que consigue llevar a cabo las normas que el grupo valora más. Esta conformidad le otorga su alta categoría, que atrae a la gente e implica el derecho de asumir el control del grupo.”
(Homans, 1950)

“Se considera líder tanto a la persona que ocupa algún puesto de dirección en algún nivel de la jerarquía de una gran empresa industrial, como a la persona más influyente de un grupo natural.”
(Consideración actual de líder)

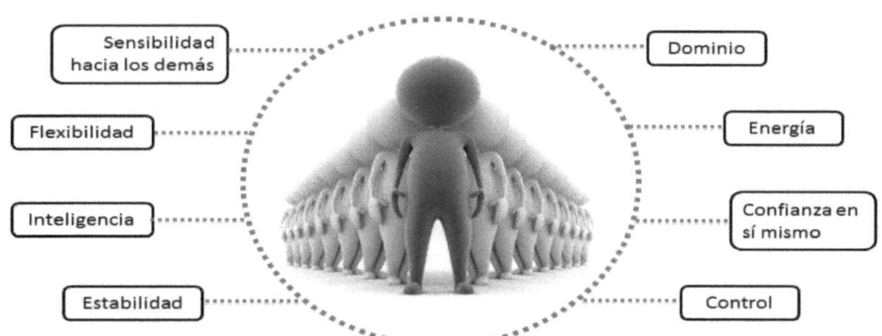

Liderazgo formal y liderazgo informal o emergente.

El liderazgo formal es aquél impuesto de alguna manera al grupo. El liderazgo informal es el que surge de la propia de dinámica del grupo y de entre los miembros del grupo. En el liderazgo prevalecen los procesos de influencia recíproca, mientras que en el liderazgo formal la influencia tiende a ser unidireccional.

Hay acuerdo entre los investigadores de este tema, respecto a las diferencias entre en liderazgo formal y el informal. El desacuerdo surge en el momento de decidir si todos los modelos o teorías se pueden aplicar por igual al liderazgo informal y al formal o impuesto. Normalmente se ha identificado al liderazgo formal o impuesto con los aspectos negativos de esta función, ya que de alguna forma, el líder informal o emergente es el portavoz de los intereses de la mayoría de los miembros del grupo y puede actuar como contrapeso o freno de la tendencia autocrática del líder formal.

La cuestión es cómo identificar a ese/a líder informal. En este sentido, se puede entender que es el líder natural:

- Quien sabe, quien interpreta y quien encuentra soluciones.
- Quien racionaliza.
- Quien intenta unir al grupo y enfrentarlo al líder formal.
- Quien busca seducir y se impone con su facilidad de palabra.
- Quien hace avanzar la discusión, llena los silencios y reduce la angustia.
- Quien desarrolla sueños y fantasías en los miembros del grupo.

Factores que producen el liderazgo.

Hay factores que derivan de la especial dotación personal del líder y otros que dependen de las situaciones particulares de cada grupo.

• Nivel de actividad verbal: un líder es el individuo que más frecuentemente condiciona el curso de las conversaciones y el tema de las mismas, el que más afirmaciones, negaciones e interrogaciones hace, y el que mayor número de respuestas y propuestas recibe. Hay que tener en cuenta que el nivel de actividad verbal requerido no es sólo cuestión de cantidad, sino también de calidad.

• Semejanza con el resto del grupo: el grupo requiere, por una parte, un líder parecido, similar y cercano al estilo medio de sus miembros, pero no quiere que sea, al mismo tiempo, una persona del montón, una medianía o alguien tan corriente como el resto del grupo.

• Legitimación de la autoridad: uno de los factores que producen liderazgo es la designación o legitimación oficial de una posición y autoridad. En efecto, prescindiendo de las cualidades de un recién nombrado jefe, por el mero hecho de tomar posesión o por demostrar la legitimidad de su posición de liderazgo en el grupo, la gente tiende a percibirle como tal.

Funciones del líder.

Las funciones del líder son muchas y variadas, dependiendo del grupo y sus características y metas. Las funciones generales que se le pueden atribuir son:

- Manejar y dirigir un grupo de personas.
- Planificar la tarea.
- Incitar a que los miembros de un grupo compartan unos objetivos y los hagan suyos, y ayudarles a conseguirlos.
- Controlar las relaciones internas.
- Es el experto del grupo y, por tanto, debe funcionar como el representante externo del mismo y modelo para sus miembros.
- Receptor de los aspectos positivos y negativos del grupo.
- Transmisor de seguridad al grupo.
- Otras posibles funciones podrían relacionarse e incluirse en alguna de las que aquí hemos recogido.

Características y rasgos del líder.

Los rasgos que caracterizan a un líder son muchos y variados. Los autores que han estudiado el tema no se ponen de acuerdo sobre la mayor importancia de unos y otros. Lo que sí está claro es que cada grupo valorará una serie de rasgos en su líder en función del objetivo que se haya propuesto, y los fines que persigue determinarán unos u otros
rasgos en el líder.

Existen pruebas que demuestran que los líderes pueden ser un poco más altos, más inteligentes, más entusiastas, tienden a tener más confianza en sí mismos y a participar más en la sociedad que aquellas personas que no lo son. Sin embargo, es imposible predecir y utilizar esta afirmación al seleccionar y preparar a los líderes.

Es cierto también que el líder de un grupo tiende a tener más atributos positivos que cualquier otro miembro. No obstante, estos rasgos positivos nunca deben ser tan extremos que hagan considerar al líder como una persona fuera del grupo, inalcanzable o que incluso provoquen su rechazo.

En la emergencia de un liderazgo interactúan las características de un miembro concreto del grupo y las expectativas de los otros y del grupo como totalidad. Desde la perspectiva de los seguidores, el liderazgo carismático puede ser considerado como un fenómeno pasajero. Si el líder, a partir de un cierto momento ya no satisface las expectativas de los miembros, estos dejan de considerarlo como tal. Las características más importantes de los líderes transformacionales/carismáticos es que son capaces de modificar actitudes, creencias, valores y necesidad de los miembros de su grupo, infundiéndoles una nueva visión de la realidad y motivándolos a comprometerse personalmente y a trascender sus propios intereses personales en beneficio de unos objetivos superiores.

Tipos de líder.

Clasificación tradicional (establecida por Lewin, Lippit y White) según la cual existen tres tipos de líderes:

- Autoritario: ordena y toma las decisiones por sí mismo. Debe asumir una considerable responsabilidad con relación a la asignación de las diferentes tareas de los miembros del grupo.
- Democrático: busca que sea el grupo el que establezca las propuestas a llevar a cabo. Siempre que ello resulte posible, las normas que vayan a adoptar serán una cuestión de decisión del grupo de discusión y debate. Todos deberán poseer plena libertad y el grupo se divide las responsabilidades.
- Laissez-faire: desempeña un papel más bien pasivo en la participación social.

Deja una completa libertad al grupo en relación con el procedimiento y las actividades del grupo, pero aporta su información y ayuda cuando así se lo piden.

Al hacer sugerencias, debe tomar un mínimo de iniciativa.

Estos mismos autores llevaron a cabo un experimento con esta clasificación. Se compararon 4 grupos de niños de 11 años, mientras participaban en reuniones semanales de clubes bajo los tres tipos de liderazgo adulto. Conclusiones a las que llegaron:

- Existía una mayor conexión en los grupos democráticos que en los autoritarios.
- Se encontraron signos directos e indirectos de descontento y rebelión contra el líder autoritario.
- El líder autoritario fue más activo que cualquiera de los otros tipos de líder.
- En general, los grupos prefirieron en primer lugar al líder democrático, en segundo lugar el liberal o permisivo y por último al autoritario.

En el estudio de Lewin, Lippit y White se concluyó que:

- El líder de estilo democrático era el más apreciado. El clima del grupo era más amistoso y equilibrado.
- Con el líder autocrático había más agresión, más dependencia del líder y más orientación hacia el egoísmo.
- Con el líder permisivo se observó una alta agresividad a causa de la frustración experimentada por la falta de atención del líder.

Por lo que se refiere a la productividad, se observaron variaciones en el rendimiento de los grupos conducidos con un estilo autocrático en comparación con los que estaban sujetos a un estilo democrático. Los grupos liderados democráticamente pasaban de un porcentaje de dedicación del 50% en presencia del líder, al 46% en su ausencia; mientras que en el liderazgo autocrático se pasaba del 52% de producción en su presencia, al 16% en su ausencia.

En grupos de solución de problemas, algunos autores observaron que cuando el problema requería una coordinación de trabajo grupal, era más eficaz el estilo autocrático, pero si eran problemas complejos y sujetos a cambios constantes era más eficaz el estilo democrático o de responsabilidad compartida. Aquellas situaciones en que se requería una acción inmediata (situaciones de emergencia), era más eficaz confiar la responsabilidad a un solo miembro que coordinase las diversas acciones.

Según Hersey y Blanchart no hay un estilo ideal de conducta del líder que sea adecuada en todas las situaciones. El líder eficaz analiza primero las necesidades de las situación y después adapta su estilo para satisfacerlas o, si cabe, para establecer los medios para modificar alguno o todos los elementos de la situación. Según esta teoría un estilo eficaz de liderazgo está vinculado fundamentalmente al nivel de madurez de los seguidores. A medida que aumenta el nivel de madurez, relacionada como la realización de la tarea, el líder ha de reducir progresivamente su liderazgo instrumental (objetivos o tareas a cumplir) e incrementar el expresivo (de mantenimiento o de relaciones), teniendo
en cuenta que el primer principio que debe guiar la conducta del líder es evitar que sus acciones impliquen interferencias en el trabajo o las relaciones interpersonales de los seguidores.

El coliderazgo.

Otro fenómeno que está siendo objeto de estudio es el del coliderazgo o asignación de más de un líder formal a un mismo grupo. En organizaciones es frecuente la existencia de un consejo directivo como instancia superior para evitar el poder unipersonal. El término coliderazgo se utiliza también para designar al equipo formado por un líder y su ayudante, aunque el término se utiliza básicamente para designar la díada formada por dos líderes con poder y autoridad equivalentes.

En los estudios e investigaciones realizadas se ha evidenciado que hay dificultades en el ejercicio del coliderazgo. Según Brown (1988) habrían de existir buenas razones para justificar la presencia en el grupo de dos líderes formales. Los beneficios se concretarían en:

• Enriquecimiento que representa para el grupo la combinación de las características diferenciales de los dos líderes.

• El hecho de ofrecerse como modelo de relación interpersonal.

• La mayor atención que pueden recibir los miembros, sobre todo en grupos grandes.

• El hecho de que favorecen el desarrollo profesional del liderazgo, gracias al feed-back constante que se pueden proporcionar los dos líderes.

• Garantiza la presencia de uno de ellos en caso de ausencia o enfermedad del otro.

En este sentido se aconseja un único líder si el grupo es reducido, la tarea es simple y los miembros están motivados para llevarla a cabo. El coliderazgo, por otro lado, exige preparación. Los líderes han de ser compatibles, han de coincidir en las ideas, sistemas de valores, expresión de sentimientos, uso de la autoridad y control.

Finalmente, subrayar que el liderazgo es un fenómeno omnipresente, a pesar de que no se explicite en los términos de liderazgo y líder, ya que se expresa y manifiesta a través de los diversos aspectos de la estructura y los procesos de interacción (influencia) del grupo.

CARACTERIZACIÓN DE PROCEDIMIENTOS Y ESTRATEGIAS DE CONDUCCIÓN DE GRUPOS

La planificación y selección de ligar para la realización de las actividades de orientación y desenvolvimiento en el medio, fundamentalmente en los espacios naturales, deberá realizarse, siempre que sea posible, en función de la información sobre las características de la zona. Sin olvidar los criterios de seguridad de los participantes, los responsables de la organización de la actividad deberán

- Respetar las normativa y legislación vigentes
- Considerar las recomendaciones de la Administración competente por lo que respecta al uso y protección del espacio
- Considerar, atendiendo a la información disponible en cada caso, los ciclos vitales de las especies presentes y las características propias de la fauna, flora y ecosistema Siempre que sea posible (respetando exigencias deportivas y criterios de seguridad de los participantes) los responsables de la práctica evitarán aquellas rutas o aquellos lugares que, por el hecho de ser muy concurridos, presenten un ecosistema más dañado. En éste sentido, se seguirán, si las hay, las recomendaciones de la Administración y/o de los organismos competentes en cuanto a capacidad de carga de la zona escogida para la practica.

La formación de los participantes incluirá aspectos relativos al respeto por la naturaleza y de los valores propios del medio, a la importancia de su conservación, y a las medidas para evitar o minimizar los impactos generados por la práctica.

Aplicación de las normas de la empresa en cuanto a recepción, relación y despedida de los participantes

En atención directa con un usuario es la más personal y rica en la comunicación. Podemos utilizar un lenguaje verbal y un lenguaje no verbal.

En la atención directa se pueden distinguir diferentes fases:

1. Recepción: Es muy importante, ya que es la primera impresión que va a tener nuestro usuario. La forma de recibirlo determinará todo el proceso de comunicación. De tal forma que es importante mantener una sonrisa constante, dar la bienvenida y mostrar satisfacción por su llegada
2. Sondeo: Nos sirve para conocer la motivación, las necesidades y expectativas de nuestro usuario. Para poder conocer estos aspectos preguntaremos, mantendremos una escucha activa e intentaremos comprender lo que desea desde su punto de vista
3. Confirmación: Es muy importante asegurarse de que han sido comprendidas las necesidades del usuario y cómo espera que éstas sean atendidas
4. Asesoramiento: Se informa al cliente cómo puede satisfacer sus necesidades a través de nuestros servicios. La información se dará de forma completa y sincera. No es aconsejable omitir información que pueda ser útil en la satisfacción de estas necesidades del cliente. Si es necesario, se ofrecerán vías alternativas si las que hemos ofrecido con anterioridad no le convencen.
5. Relación: La relación con el cliente debe ser buena, es importante que exista una relación óptima entre los profesionales de la actividad y los participantes
6. Despedida: En la despedida el usuario retiene la última imagen de nosotros y puede influir en que vuelva o no. Por lo tanto, la despedida ha de ser amable y personalizada. Es preciso que nos aseguremos de que el cliente se marcha satisfecho.

Elección justificada de la información inicial; descripción de la actividad

En un primer contacto el guía informa al grupo sobre la duración de la visita, el tipo de actividades que se van a desarrollar y toda aquella información que considere relevante.

- Preámbulo:
  - Con el propósito de introducir al público en la actividad el guía realiza una breve exposición oral incidiendo en las siguientes cuestiones.
    - Tema de la actividad, haciendo una pequeña descripción de la muestra que va a ver
    - Programa a realizar, indicando las actividades propuestas

- Comunicación de las normas de comportamiento:
  - Antes de comenzar la visita tienen que explicarse una serie de reglas básicas de conducta
    - Actuar con cortesía, respeto y educación
    - Escuchar en silencio y con atención las explicaciones
    - Permanecer con el grupo designado
    - Andar despacio para tener mas tiempo de contemplación
    - Hablar en voz baja y observar el silencio
    - No tocar nada que no debamos tocar
    - Abstenerse de comer y beber en los lugares no indicados por el Guía
    - No tirar desperdicios
    - etc
  - Entrega de materiales si procede
    - En el caso de que la metodología empleada en la visita lo requiera, se proporciona a los visitantes los medios necesarios en equipamiento requerido
  - Realización de actividad
    - En el transcurso de la visita se alterna distintos tipos de actividades, que funcionan como estímulo o forma de acercamiento (intelectual y emocional) al medio general, generando un espacio lúdico de reflexión

Demostración de la técnica individual y de la utilización de material: errores tipo en la ejecución técnica y en la aplicación del esfuerzo, criterios de valoración.

Cuando hablamos de técnica individual, nos referimos a la “destreza y habilidad de una persona, en un arte, deporte o actividad, que requiere usar estos procedimientos o recursos, que se desarrollan por el aprendizaje y la experiencia”.

Cuando realizamos un barranco y normalmente antes de inciar el guía debe de realizar una pequeña demostración de la técnica, desarrollando como se va a llevar a cabo la actividad y como se utiliza el material, unas directrices clave para la utilización de material son fundamentales ya que, sin ellas, podemos correr el riesgo de sufrir graves accidentes.

Transmisión de normas y procedimientos necesarios para mantener las condiciones de seguridad durante la actividad.

En la actualidad, nos encontramos con una demanda creciente de seguridad, cuando se realizan actividades de tiempo libre. Por ello, es necesaria una valoración creciente de la salud, la seguridad y la protección. Ya que nos encontramos con un déficit de instalaciones y diferentes criterios de valoración de riesgos entre titulares.

Es muy importante por parte del equipo hacer hincapié en estos términos y al mismo tiempo ser ejemplo de ellos para garantizar al cliente no solo la propia seguridad, sino también, que parezca que existe toda la seguridad.

Pasos especiales.

a) Tipos de pasos especiales: naturales / artificiales. Hay dos grandes clases de pasos especiales:

Naturales:

- Pendientes de hierba, rocas, piedras o caos de bloques.
- Trepar y destrepar.
- Zonas resbaladizas expuestas.
- Vadeo de ríos o cursos de agua.

Artificiales:

- Vías ferratas: peldaños, clavijas, etc.
- Cadenas, sirgas y pasamanos.

b) Tipos de ayudas y protecciones.

Ayudas pasivas:

- Indicaciones.
- Colocarnos abajo de un destrepe y arriba en una trepada.
- Colocarnos en el lado del valle en un paso expuesto.
- Colocarnos a la cabeza, pero en un lateral para que todos nos oigan.

Ayudas activas:

- Colocar los pies en un destrepe o trepada.
- Apoyarse en la pierna del guía para empezar o finalizar una trepada/destrepe.
- Coger de la mochila desde arriba al final de la trepada.
- Apoyarse en nosotros (nos colocaremos en la parte de abajo) para un descenso en zigzag por una pendiente fuerte o resbaladiza. El guía sujetará la cintura del participante y éste se apoyará con su brazo en el hombro más cercano del guía.
- Descenso en fila cogiendo cada miembro del grupo, con una sola mano, a quien tiene delante por el asa de su mochila. La otra mano la tendremos libre o nos serviremos de un bastón. La progresión ha de ser coordinada y manteniendo nuestra dirección en el sentido de la pendiente (no avanzar en horizontal a la pendiente). Esta forma de progresar la podemos utilizar en pendiente fuertes en terreno nevado, hierba, barro o con piedras pequeñas resbaladizas.
- Apoyo mutuo, sucesivo, entre los participantes.
- Maniobras de seguridad con cuerda:

▪ Descuelgues (simple o poleado).
▪ Ascensión por cuerda fija (con o sin nudos).
▪ Aseguramiento al cuerpo.
▪ Pasamanos.
▪ Rápel.

Mixtas: combinación de ayudas pasivas y activas.

c) Indicaciones al grupo: antes, durante y después. El esquema de actuación en pasos especiales, es el siguiente:

Antes:

- Colocaremos al grupo en zona segura.
- Nos tomaremos un momento para pensar y visualizar cómo lo vamos a hacer.
- Explicación al grupo de la técnica que realizaremos.
- Demostración, si es posible.
- El tono de voz debe variar para captar la atención del grupo.

Durante:

- Aseguraremos el paso más crítico (ayudas activas, pasivas o mixtas).
- Recordaremos las instrucciones más relevantes.
- Exageraremos los gestos que más nos interese recalcar.
- Control del grupo hasta que lleguen todos a una zona segura.

Después:

- Ubicar al grupo en una zona segura para su reagrupamiento.
- Controlaremos hasta la última persona en hacer el paso.

ADAPTACIÓN DEL ITINERARIO A LAS CARACTERÍSTICAS DEL GRUPO DE PARTICIPANTES

Cuando realizamos diferentes itinerarios, debemos de tener en cuenta el colectivo con el que contamos, para así adaptar el itinerario hacía las características del usuario, también es importante tener en cuenta qué riesgos y peligros pueden producirse, para así poder solventarlos de forma mas eficaz.

Usuarios con y sin limitación de su autonomía personal

La autonomía personal se define como la manera de pensar por sí mismo, su decisión. La autonomía personal implica al derecho de cada persona de poder tomar las decisiones que afectan a su vida personal, y especialmente el de poder vivir en el lugar que uno quiera y ser atendido por las personas (asistencias personal) que uno desee.

Todo profesional encargado de conducir grupos por barrancos, debe ser consciente de que algunos de los usuarios que demandan esta actividad pueden presentar limitaciones de su autonomía personal, de ahí, la importancia de adaptar el itinerario a las características de los participantes y la propia preparación que el mismo guía debe adoptar.

Identificación y reconocimiento de los posibles riesgos a asumir durante la realización del itinerario

A la hora de realizar un itinerario por barrancos existen diferentes riesgos que debemos identificar, reconocer y asumir para poder disminuir el peligro que éstos suponen.

Ya vimos que podíamos analizar estos peligros y calificarlos en OBJETIVOS Y SUBJETIVOS.